物联网的技术开发与应用研究

WULIANWANG DE JISHU KAIFA YU YINGYONG YANJIU

申时凯　佘玉梅　著

NORTHEAST NORMAL UNIVERSITY PRESS
WWW.NENUP.COM
东北师范大学出版社

图书在版编目(CIP)数据

物联网的技术开发与应用研究 / 申时凯，佘玉梅著．
-- 长春：东北师范大学出版社，2017.4（2024.8 重印）
ISBN 978-7-5681-3040-0

Ⅰ.① 物… Ⅱ.① 申… ② 佘… Ⅲ.① 互联网络—应用
② 智能技术—应用 Ⅳ.①TP393.4②TP18

中国版本图书馆 CIP 数据核字 (2017) 第 083967 号

□策划编辑：王春彦
□责任编辑：卢永康　□封面设计：优盛文化
□责任校对：赵忠玲　□责任印制：张允豪

东北师范大学出版社出版发行
长春市净月经济开发区金宝街 118 号（邮政编码：130117）
销售热线：0431-84568036
传真：0431-84568036
网址：http://www.nenup.com
电子函件：sdcbs@mail.jl.cn
河北优盛文化传播有限公司装帧排版
三河市同力彩印有限公司
2017 年10月第 1 版　2024 年8月第 3 次印刷
幅画尺寸：170mm×240mm　印张：17　字数：321 千

定价：56.00 元

前言

物联网是国家战略性新兴产业中信息产业发展的核心领域，将在国民经济发展中发挥重要作用。目前，物联网是全球研究的热点问题，很多国家把它的发展提到了国家战略高度，称之为继计算机、互联网之后世界信息产业的第三次浪潮。

全书共分10章，围绕物联网的核心技术及物联网技术的应用问题，分别从物联网技术的概念、现状、基本架构和产业链、国内外物联网技术的发展趋势、业界普遍认同的物联网层次划分方法，进行了阐述，同时将相关的关键技术纳入其中，力求内容完整、层次清楚。尤其在第5章至第9章，分别从智能家居、智能物流、智能化社区医疗服务、精细农业、智能交通系统等应用领域入手详细进行了研究，第10章介绍了在“中国制造2025”“互联网+”等新的历史机遇的推动下，物联网未来发展的方向与前景预测。全书由申时凯、佘玉梅共同策划，其中，第1章~第7章由申时凯撰写，第8章~第10章由佘玉梅撰写。

本书的研究工作得到了云南省科技计划项目（NO. 2011FZ176）、昆明市物联网应用技术科技创新团队、昆明学院物联网应用技术科研创新团队（NO.2015CXTD04）、昆明学院应用型人才培养改革创新项目－应用型本科计算机类专业实践教学基地的资助。

由于作者水平所限，书中错误和不足之处在所难免，恳请专家、读者批评指正。

申时凯　佘玉梅

2017年2月于昆明

目 录

第一章 绪论 001

第一节 物联网的定义与特点研究 / 001
一、物联网的定义 / 001
二、物联网的特点 / 003
第二节 物联网的基本架构与标准分析 / 006
一、物联网的基本架构 / 006
二、物联网的标准分析 / 009
第三节 物联网产业链现状与未来前景展望 / 010
一、物联网产业链现状 / 010
二、物联网未来前景展望 / 018

第二章 核心环节之一：感知识别层 020

第一节 条形码技术 / 020
一、一维条形码 / 020
二、二维条形码 / 024
第二节 EPC 技术 / 026
一、EPC 技术发展背景 / 026
二、EPC 编码 / 028
第三节 传感器技术 / 031
一、初识传感器 / 032
二、常用传感器 / 033
三、手机中的传感器 / 038
四、手机中的摄像头 / 045
五、手机中的电子指南针 / 048
六、手机中的三轴陀螺仪 / 050
七、手机中的重力传感器 / 052

第四节 RFID / 053
一、RFID 技术概述 / 053
二、RFID 标签 / 054
三、RFID 基本工作原理 / 056
四、RFID 标签的分类 / 057
五、RFID 应用系统组成与工作流程 / 060
六、基于 RFID 技术的 ETC 系统设计 / 061
第五节 生物识别技术 / 065
一、生物识别技术概述 / 065
二、指纹识别技术 / 066
三、声纹识别技术 / 067
四、面部识别技术 / 070
五、静脉识别技术 / 071
六、虹膜识别技术 / 073

第三章 核心环节之二：网络构建层与通信技术 076

第一节 无线传感器网络概述 / 076
一、无线传感器网络概念与体系结构 / 076
二、无线传感器网络关键技术 / 078
三、无线传感器网络的特点 / 080
四、无线传感器网络的应用 / 081
五、无线传感器网络所面临的挑战 / 083
第二节 ZigBee 技术 / 084
一、ZigBee 技术概述 / 084
二、ZigBee 的特点 / 085
三、ZigBee 无线网络通信信道 / 087
四、ZigBee 无线网络拓扑结构 / 088
五、ZigBee 技术的应用领域 / 088
六、ZigBee 协议栈概述 / 089
第三节 蓝牙技术 / 091
一、蓝牙技术的起源 / 091
二、蓝牙技术的基本定义 / 092

三、蓝牙技术的协议 / 092
四、蓝牙技术的内容 / 094
五、蓝牙技术发展的各个阶段 / 095
六、蓝牙技术的特点 / 095
七、蓝牙技术的主要应用 / 097
八、蓝牙技术对未来的影响 / 098
第四节 无线 WiFi 技术 / 098
一、WiFi 技术突出的优势 / 098
二、WiFi 与其他通信方式结合 / 100
三、家庭无线网络中 WiFi 的实现 / 101
第五节 移动通信技术 / 101
一、移动通信发展史 / 101
二、3G 移动通信技术 / 103
三、4G 移动通信技术 / 107
第四章 核心环节之三：数据管理层 111
第一节 云计算 / 111
一、云计算的概念 / 111
二、云计算的定义与基本模型 / 113
三、云计算的基础架构要求 / 115
四、构建与交付云计算 / 115
五、云计算技术的应用 / 116
六、云安全与管理 / 117
第二节 大数据 / 118
一、大数据的基本概念 / 118
二、大数据的分类 / 122
三、物联网发展对大数据的促进作用 / 123
第三节 物联网 M2M / 124
第四节 物联网的安全问题 / 130
一、物联网的安全问题 / 130
二、物联网安全架构 / 132
三、物联网安全的关键技术 / 132

四、WSN 中路由协议受到的攻击　/　133
五、在物联网安全问题中的几个关系　/　135

第五章　物联网趋势下的智能家居产品设计与研究　136

第一节　智能家居的定义　/　136
一、智能家居的概念　/　136
二、智能家居的产业链　/　136
三、智能家居的市场发展趋势　/　137
第二节　智能家居产品设计分析　/　138
一、智能家居产品分析　/　138
二、智能家居产品与传统家居产品的区别分析　/　139
三、智能家居产品的设计原则　/　144
四、智能家居产品的发展趋势　/　145
第三节　智能家居产品用户需求分析　/　148
一、人群基本分析　/　148
二、老年人特殊群体分析　/　149
三、我国网民的发展情况　/　151
四、移动智能设备的消费者行为分析　/　151
五、照片分享行业研究分析　/　153
六、用户深入调研　/　154
第四节　智能相框产品设计与创新　/　159
一、智能相框产品设计　/　160
二、产品界面交互设计与创新点　/　163

第六章　基于物联网的物流产业融合与研究　167

第一节　物联网与中国物流产业发展　/　167
一、物联网与中国物流产业发展　/　167
二、物联网技术突破与物流产业融合　/　169
第二节　物联网与物流产业的产业融合理论与动力机制　/　170
一、物联网与物流产业融合的理论　/　170
二、物联网与物流产业融合的基础和动力机制　/　176
第三节　物联网与物流产业融合的模式　/　179

一、物联网对物流业的产业内融合模式 / 179
二、物联网与物流产业融合模式 / 184
第四节 基于物联网的物流产业融合发展对策分析 / 187
一、阻碍基于物联网的物流产业融合进程的主要因素 / 187
二、推进我国基于物联网的物流产业融合的对策建议 / 188

第七章 基于物联网发展的智能化社区医疗服务与研究 191

第一节 智能社区医疗服务概念与现状分析 / 191
一、智能社区医疗服务概念 / 191
二、智能社区医疗服务的现状分析 / 195
第二节 智能社区医疗服务的发展前景预测 / 206
一、物联网应用在智能医疗行业的市场规模 / 206
二、物联网应用在智能医疗行业的发展前景预测 / 207
第三节 提升智能社区医疗服务效果的对策 / 208
一、强化智能社区医疗的发展理念 / 208
二、制定并统一智能社区医疗服务的技术标准 / 209
三、突破物联网相关技术核心 / 210
四、控制智能社区医疗服务的建设成本和收费体系 / 211
五、成立完善的智能社区医疗服务管理机构 / 213

第八章 物联网在精细农业实现中的应用 214

第一节 物联网技术在环境可控农业中的应用 / 214
一、系统需求分析 / 214
二、系统设计原理 / 214
三、系统总体框架设计 / 215
四、数据采集 / 215
五、数据传输 / 217
六、数据存储 / 218
七、控制终端 / 219
第二节 物联网技术在农产品流通中的应用 / 219
一、应用背景 / 219
二、物联网在农产品加工环节的设计 / 220

三、物联网在农产品运输环节的设计　/　220
四、物联网在农产品仓储环节的设计　/　221
五、物联网在农产品零售环节的设计　/　222
第三节　物联网在水产养殖中的应用　/　223
一、水产养殖物联网技术的研究意义　/　223
二、水产养殖物联网技术的研究现状　/　223
三、水产养殖物联网系统总体框架　/　224
五、水产养殖物联网系统网络层　/　225
六、水产养殖物联网系统应用层　/　226
七、系统运营效果　/　226

第九章　物联网环境下智能交通系统模型设计及架构研究　227

第一节　物联网技术对智能交通系统的影响分析　/　227
一、智能交通系统研究综述　/　227
二、物联网技术对智能交通系统的影响分析　/　230
第二节　物联网环境下智能交通系统模型与架构设计　/　232
一、现有智能交通运输模式　/　232
二、物联网环境下智能交通模型　/　233
三、物联网环境下智能交通系统架构　/　234
第三节　物联网环境下智能交通系统方案评价及应用研究　/　237
一、物联网环境下 ITS 方案的评价需求　/　237
二、物联网环境下 ITS 方案的评价指标体系　/　238
三、物联网环境下 ITS 方案的评价方法选择　/　240

第十章　新的历史机遇推动物联网大发展　242

第一节　“互联网 +”国家行动计划　/　242
一、什么是“互联网 +”　/　242
二、“互联网 +”的几点解读　/　243
三、“互联网 +”的层次分析　/　244
四、“互联网 +”行动计划战略目标　/　245
第二节　物联网催生了制造方式的工业革命　/　246
一、对现有工业制造方式困局的反思　/　246

二、对新的一次工业革命的认同　/　247
三、物联网精准制造方式的革命　/　249
四、物联网与“工业 4.0”　/　252
第三节　物联网与“中国制造 2025”　/　253
一、什么是“中国制造 2025”　/　253
二、重点行业融合创新工程　/　253
三、智能化、智慧化之势——“智慧地球”概念　/　254
四、物联网助力创造“中国智造”的新格局　/　256
参考文献　257
后记　/　259

第一章 绪 论

第一节 物联网的定义与特点研究

一、物联网的定义

历史上，信息化产业共经历了三次浪潮，20世纪40～50年代，计算机的出现掀起了信息化产业的第一次革命浪潮；20世纪90年代初，互联网的出现掀起了信息化产业的第二次革命浪潮；从2010年起，物联网掀起了信息化产业的第三次革命浪潮。历史上出现的每次信息革命浪潮都能给人类带来翻天覆地的变化。计算机的出现使人类进入了机器时代，计算机可以取代人类大脑做很多逻辑性工作；互联网的出现让人与人之间的沟通不再受距离的限制，同时又使得全球资源共享，给人类带来了极大的方便；然而，物联网的出现，更可以给人类带来意想不到的便利，使得生活工作全部智能化。那么，到底什么才是物联网呢？

物联网是新一代信息技术的重要组成部分。物联网的英文名称叫“The Internet of Things”。顾名思义，物联网就是“物物相连的互联网”。这有两层意思：第一，物联网的核心和基础仍然是互联网，是在互联网基础上的延伸和扩展的网络；第二，其用户端延伸和扩展到了任何物体与物体之间，进行信息交换和通信。因此，物联网的定义是：通过射频识别（RFID）、红外感应器、全球定位系统、激光扫描器等信息传感设备，按约定的协议，把任何物体与互联网相连接，进行信息交换和通信，以实现对物体的智能化识别、定位、跟踪、监控和管理的一种网络。

这里的“物”要满足以下条件才能够被纳入“物联网”的范围：

① 要有相应信息的接收器；

② 要有数据传输通路；

③ 要有一定的存储功能；

④ 要有 CPU；

⑤ 要有操作系统；

⑥ 要有专门的应用程序；

⑦ 要有数据发送器；

⑧ 遵循物联网的通信协议；

⑨ 在世界网络中有可被识别的唯一编号。

早在 1999 年，美国便提出了传感网的概念，其定义是：通过射频识别（RFID）、红外感应器、全球定位系统、激光扫描器等信息传感设备，按约定的协议，把任何物品与互联网相连接，进行信息交换和通信，以实现智能化识别、定位、跟踪、监控和管理的一种网络概念。这就是现在所说的物联网。

2008 年 5 月，欧洲智能系统集成技术平台（EPOSS）在《Internet of Things in 2020》中提出，物联网的英文名称为“The Internet of Things”，由该名称可见，物联网就是“物物相连的互联网”。

在 2010 年 3 月，我国政府工作报告所附的注释中对物联网的定义是：通过信息传感设备，按照约定的协议，把任何物品与互联网连接起来，进行信息交换和通信，以实现智能化识别、定位、跟踪、监控和管理的一种网络。它是在互联网的基础上延伸和扩展的网络。

英文百科 Wikipedia 对物联网的定义是：In computing，the Internet of Things refers to a network of objects，such as household appliances.It is often a self configuring wireless network.The concept of the internet of things is attributed to the original Auto-ID Center，founded in 1999 and based at the time in MIT.

实际上，物联网是中国人的发明，整合了美国 CPS（Cyber Physical Systems）、欧盟 IoT（Internet of Things）和日本 U-Japan 等概念，是一个基于互联网、传统电信网等信息载体，让所有能被独立寻址的普通物理对象实现互联互通的网络。普通对象设备化、自治终端互联化和普适服务智能化是其三个重要特征。物联网在中国的解释还有如下描述：

物联网（Internet of Things）指的是将无处不在（Ubiquitous）的末端设备（Devices）和设施（Facilities），包括具备“内在智能”的传感器、移动终端、工业系统、楼控系统、家庭智能设施、视频监控系统等，以及“外在使能”（Enabled）的，如贴上 RFID 的各种资产（Assets）、携带无线终端的个人与车辆等“智能化物件或动物”，或“智能尘埃”（Mote），通过各种无线和 / 或有线的长距离和 / 或短距离通信网络实现互联互通（M2M）、应用大集成（Grand Integration），以及基于云计算的 SaaS 营运等模式，在内网（Intranet）、专网（Extranet）和 / 或互联网（Internet）

环境下，采用适当的信息安全保障机制，提供安全可控乃至个性化的实时在线监测、定位追溯、报警联动、调度指挥、预案管理、远程控制、安全防范、远程维保、在线升级、统计报表、决策支持、领导桌面（集中展示的 Cockpit Dashboard）等管理和服务功能，实现对“万物”的“高效、节能、安全、环保”的“管、控、营”一体化。

2005 年 11 月 27 日，在突尼斯举行的信息社会峰会上，国际电信联盟发布了《ITU 互联网报告 2005：物联网》，对物联网做了业界比较公认的如下定义：

通过二维码识读设备、射频识别（RFID）装置、红外感应器、全球定位系统和激光扫描器等信息传感设备，按约定的协议，把任何物品与互联网相连接，进行信息交换和通信，以实现智能化识别、定位、跟踪、监控和管理的一种网络。

根据国际电信联盟（ITU）的定义，物联网主要解决物品与物品（Thing to Thing，T2T），人与物品（Human to Thing，H2T），人与人（Human to Human，H2H）之间的互联。但是与传统互联网不同的是，H2T 是指人利用通用装置与物品之间的连接，从而使得物品连接更加简化，而 H2H 是指人之间不依赖于 PC 而进行的互联。因为互联网并没有考虑到对于任何物品连接的问题，故使用物联网来解决这个传统意义上的问题。许多学者讨论物联网过程中，经常会引入一个 M2M 的概念，可以解释成为人到人（Man to Man）、人到机器（Man to Machine）、机器到机器（Machine to Machine）。从本质上而言，人与机器、机器与机器的交互，大部分是为了实现人与人之间的信息交互。

从某种意义上来说互联网是物联网灵感的来源；反之，物联网的发展又进一步推动互联网向一种更为广泛的“互联”演进，这样一来，人们不仅可以和物体“对话”，物体和物体之间也能“交流”。

物联网和互联网发展有一个最本质的不同点是两者发展的驱动力不同。互联网发展的驱动力是个人，因为，互联网的开放性和人人参与的理念，互联网的生产者和消费者在很大程度上是重叠的，极大地激发了以个人为核心的创造力。而物联网的驱动力必须是来自企业，因为，物联网的应用都是针对实物的，而且涉及的技术种类比较多，在把握用户的需求以及实现应用的多样性方面有一定的难度。物联网的实现首先需要改变的是企业的生产管理模式、物流管理模式、产品追溯机制和整体工作效率。实现物联网的过程，其实是一个企业真正利用现代科技技术进行自我突破与创新的过程。

二、物联网的特点

一般认为，物联网具有以下三大特征。

① 全面感知。利用 RFID、传感器、二维码等随时随地获取物体的信息。

② 可靠传递。通过无线网络与互联网的融合，将物体的信息实时准确地传递给用户。

③ 智能处理。利用云计算、数据挖掘以及模糊识别等人工智能技术，对海量的数据和信息进行分析和处理，对物体实施智能化的控制。

欧盟委员会提出物联网有以下三方面特性。

① 不能简单地将物联网看作互联网的延伸，物联网建立在特有基础设施上，将是一系列新的独立系统，当然，部分基础设施仍要依存于现有的互联网。

② 物联网将伴随新的业务共同发展。

③ 物联网包括了多种不同的通信模式，物与人通信，物与物通信，其中特别强调了包括机对机通信（M2M）。

对物联网认识方面有以下几个误区。

误区之一：把传感器网络或 RFID 网等同于物联网。事实上传感技术也好，RFID 技术也好，都仅仅是信息采集技术之一。除传感技术和 RFID 技术外，GPS、视频识别、红外、激光、扫描等所有能够实现自动识别与物物通信的技术都可以成为物联网的信息采集技术。传感网或者 RFID 网只是物联网的一种应用，但绝不是物联网的全部。

误区之二：把物联网当成互联网的无边无际的无限延伸，把物联网当成所有物的完全开放、全部互联、全部共享的互联网平台。实际上物联网绝不是简单的全球共享互联网的无限延伸。即使互联网也不仅仅指通常认为的国际共享的计算机网络，互联网也有广域网和局域网之分。物联网既可以是平常意义上的互联网向物的延伸，也可以根据现实需要及产业应用组成局域网、专业网。现实中没必要也不可能使全部物品联网，也没必要使专业网、局域网都必须连接到全球互联网共享平台。今后的物联网与互联网会有很大不同，类似智慧物流、智能交通、智能电网等专业网；智能小区等局域网才是最大的应用空间。

误区之三：认为物联网就是物物互联的无所不在的网络，因此认为物联网是空中楼阁，是目前很难实现的技术。事实上物联网是实实在在的，很多初级的物联网应用早就在为大家服务着。物联网理念就是在很多现实应用基础上推出的聚合型集成的创新，是对早就存在的具有物物互联的网络化、智能化、自动化系统的概括与提升，它从更高的角度升级了大家的认识。

误区之四：把物联网当成个筐，什么都往里装；基于自身认识，把仅仅能够互动、通信的产品都当成物联网应用。如，仅仅嵌入了一些传感器，就成了所谓的物联网家电；把产品贴上了 RFID 标签，就成了物联网应用等。

物联网与 RFID、传感器网络和泛在网有以下关系。

1. 传感器网络与 RFID 的关系

RFID 和传感器具有不同的技术特点，传感器可以监测感应到各种信息，但缺乏对物品的标识能力，而 RFID 技术恰恰具有强大的标识物品能力。尽管 RFID 也经常被描述成一种基于标签的，并用于识别目标的传感器，但 RFID 读写器不能实时感应当前环境的改变，其读写范围受到读写器与标签之间距离的影响。因此提高 RFID 系统的感应能力，扩大 RFID 系统的覆盖能力是亟待解决的问题。而传感器网络较长的有效距离将拓展 RFID 技术的应用范围。传感器、传感器网络和 RFID 技术都是物联网技术的重要组成部分，它们的相互融合和系统集成将极大地推动物联网的应用，其应用前景不可估量。

2. 物联网与传感器网络的关系

传感器网络（Sensor Network）的概念最早由美国军方提出，起源于 1978 年美国国防部高级研究计划局（DARPA）开始资助卡耐基梅隆大学进行分布式传感器网络的研究项目，当时此概念局限于由若干具有无线通信能力的传感器节点自组织构成的网络。

随着近年来互联网技术和多种接入网络以及智能计算技术的飞速发展，2008 年 2 月，ITU-T 发表了《泛在传感器网络（Ubiquitous Sensor Networks）》研究报告。在报告中，ITU-T 指出传感器网络已经向泛在传感器网络的方向发展，它是由智能传感器节点组成的网络，可以以“任何地点、任何时间、任何人、任何物”的形式被部署。该技术可以在广泛的领域中推动新的应用和服务，从安全保卫和环境监控，到推动个人生产力和增强国家竞争力。从以上定义可见，传感器网络已被视为物联网的重要组成部分，如果将智能传感器的范围扩展到 RFID 等其他数据采集技术，从技术构成和应用领域来看，泛在传感器网络等同于现在提到的物联网。

3. 物联网与泛在网络的关系

泛在网是指无所不在的网络，又称泛在网络。最早提出 U 战略的日本和韩国给出的定义是：无所不在的网络社会，将是由智能网络、最先进的计算技术，以及其他领先的数字技术基础设施武装而成的技术社会形态。根据这样的构想，U 网络将以“无所不在”“无所不包”“无所不能”为基本特征，帮助人类实现“4A”化通信，即在任何时间、任何地点、任何人、任何物都能顺畅地通信。相对于物联网技术的当前可实现性来说，泛在网属于未来信息网络技术发展的理想状态和长期愿景。

第二节　物联网的基本架构与标准分析

一、物联网的基本架构

如同物联网的定义一样，目前，物联网还没有统一的、公认的体系架构。结合物联网工业行情分析，物联网的架构可以从两方面理解：① 物联网的体系架构；② 物联网的技术体系架构。

1. 物联网的体系架构

现在，较为公认的物联网体系架构分为三个层次：末端感知设备、融合性通信设施和服务支持体系，简单表述为感知层、网络层、应用层。

（1）感知层，是实现物联网全面感知的基础

以 RFID、传感器、二维码等为主，利用传感器采集设备信息，利用射频识别技术在一定范围内实现发射和识别。主要功能是通过传感设备识别物体，采集信息。例如在感知层中，信息化管理系统利用智能卡技术，作为识别身份、重要信息系统密钥；建筑中用传感器节点采集室内温度、湿度等，以便及时进行调整。

（2）网络层，是服务于物联网信息汇聚、传输和初步处理的网络设备和平台

通过现有的三网（互联网、广电网、通信网）或者下一代网络 NGN，远距离无缝传输来自传感网所采集的巨量数据信息；它负责对传感器采集的信息进行安全无误的传输，并对收集到的信息进行分析处理，并将结果提供给应用层。同时，网络层“云计算”技术的应用确保建立实用、适用、可靠和高效的信息化系统和智能化信息共享平台，实现对各类信息资源的共享和优化管理。

（3）应用层，主要解决信息处理和人机界面问题，即输入输出控制终端

如手机、智能家电的控制器等，主要通过数据处理及解决方案来提供人们所需要的信息服务。应用层直接接触用户，为用户提供丰富的服务功能，用户通过智能终端在应用层上定制需要的服务信息：如查询信息、监控信息、控制信息等。下面是在应用层中的应用举例，例如回家前用手机发条信息，空调就会自动开启；家里漏气或漏水，手机短信会自动报警。随着物联网的发展，应用层会大大拓展到各行业，给大家带来实实在在的方便。

目前，描述物联网的体系架构时，多采用 ITU-T 建议中描述的 USN（Ubiquitous Sensor Network）高层架构。自下而上分为底层传感器网络、泛在传感器网络接入网络、泛在传感器网络基础骨干网络、泛在传感器网络中间件、泛在传感器网络应用

平台5个层次。

USN分层架构的一个最大特点是依托下一代网络（Next Generation Network，NGN）架构，各种传感器网络在最靠近用户的地方组成无所不在的网络环境，用户在此环境中使用各种服务，NGN则作为核心的基础设施为USN提供支持。实际上，在ITU的研究技术路线中，并没有单独针对物联网的研究，而是将人与物、物与物之间的通信作为泛在网络的一个重要功能，统一纳入了泛在网络的研究体系中。ITU在泛在网络的研究中强调两点，一是要在NGN的基础上，增加网络能力，实现人与物、物与物之间的泛在通信；二是在NGN的基础上，增加网络能力，扩大和增加对广大公众用户的服务。

另外，还有欧美支持的EPCglobal“物联网”体系架构和日本的Ubiquitous ID（UID）物联网系统。EPCglobal和泛在ID中心（Ubiquitous IDcenter）都是为推进RFID标准化而建立的国际标准化团体，我国也正在积极制定符合国情的物联网标准和架构。马华东等专家按照网络分层的原理，将物联网分成对象感控层、数据传输层、服务支持层、应用服务层构成的四层体系架构。其中对象感控层实现对物理对象的感知和数据获取，并利用执行器对物理对象进行控制；数据传输层提供透明的数据传输能力；服务支持层主要提供对网络获取数据的智能处理和服务支持平台；应用服务层将信息转化为内容提供服务。

综合以上研究，本研究在四层模型的基础之上进行研究，并对其做相应的扩展，扩展后的物联网体系结构为：对象感控层、网络传输层、服务支持层、应用服务层。其中对象感控层实现对物理对象的感知和数据获取，并利用执行器对物理对象进行控制，包括使用电子标签RFID识别的各种物体、广泛部署的传感器节点及其构成的无线传感器网络、各种智能体、机器人以及自然人；网络传输层通过各种有线网络、无线网络提供透明的信息传输能力；服务支持层主要提供对感知和获取到的各种信息进行智能处理和服务支持平台，包括智能计算、云计算等；应用服务层根据不同的应用领域将信息提供给服务。

2. 物联网的技术体系架构

（1）体系结构：在公开发表物联网应用系统的同时，很多研究人员也发表了若干个物联网的体系结构，例如物品万维网的体系结构（Web of Things，WoT），它定义了一种面向应用的物联网，把万维网服务嵌入到系统中，可以采用简单的万维网服务形式使用物联网。这是一个以用户为中心的物联网体系结构，试图把互联网中成功的、面向信息获取的万维网应用结构移植到物联网上，用于简化物联网的信息发布和获取。

物联网的自主体系结构是为了适应于异构的物联网无线通信环境而设计的体系

结构。该自主体系结构采用自主通信技术。自主通信是以自主件（selfware）为核心的通信，自主件在端到端层次以及中间结点，执行网络控制面已知的或者新出现的任务，自主件可以确保通信系统的可进化特性。物联网的自主体系结构包括了数据面、控制面、知识面和管理面，数据面主要用于数据分组的传递；控制面通过向数据面发送配置报文，优化数据面的吞吐量以及可靠性；知识面提供整个网络信息的完整视图，并且提炼成为网络系统的知识，用于指导控制面的适应性控制；管理面协调和管理数据面、控制面和知识面的交互，提供物联网的自主能力。

物联网的自主体系结构特征主要是由STP/SP协议栈和智能层取代了传统的TCP/IP协议栈，这里的STP和SP分别表示不智能传送协议（Smart Transport Protocol）和智能协议（Smart Protocol），物联网结点的智能层主要用于协商交互结点之间STP/SP的选择，用于优化无线链路之上的通信和数据传送，满足异构物联网设备之间的联网需求。

这种面向物联网的自主体系结构涉及的协议栈较为复杂，只能适用于计算资源较为富裕的物联网结点。目前物流仓储的物联网应用都依赖于产品电子代码（EPC）网络，该网络主要组成部件包括产品电子代码（EPC），这是一种全球范围内标准定义的产品数字标识；电子标签和阅读器，电子标签通常采用射频标识（RFID）技术存储EPC，阅读器是一种阅读电子标签内存储的EPC，并且传递给物流仓储管理信息系统的装置。EPC网络包括以下3个层次。

1）实体和内部层次：该层由EPC、RFID标签、RFID阅读器、EPC中间件组成。这里的EPC中间件实际上屏蔽了各类不同的RFID之间的信息传递技术，把物品的信息访问和存储转化成为一个开放的平台。

2）商业伙伴之间的数据传输层：这层最重要的部分是EPC2IS，企业成员利用EPC2IS服务器处理被ALE过滤之后的信息。这类信息可以用于内部或者外部商业伙伴之间的信息交互。

3）其他应用服务层：这层最重要的部分是ONS，ONS用于发现所需的EPC2IS的地址。EPC2global（全球EPC管理机构）委托全球著名的域名服务机构VeriSign（威瑞信）公司提供ONS全球服务，全球至少有10个数据中心提供ONS服务。

物联网体系结构设计应该遵循以下5条原则：

① 多样性原则；

② 时空性原则；

③ 互联性原则；

④ 安全性原则；

⑤ 坚固性原则。

（2）技术结构：物联网技术涉及诸多领域，依据物联网技术架构可划分 4 个层次，对象感控技术、网络传输技术、服务支持技术以及应用服务技术。

① 对象感控技术：对象感控技术是物联网的基础，是应用于物联网底层负责采集物理世界中发生的物理事件和数据，实现对外部世界信息的感知和识别控制的技术。它包括多种发展成熟度差异性很大的技术，如传感器与传感器网络、RFID 标识与读写技术、条形码与二维码技术、机器人智能感知技术、遥测遥感技术等。

② 网络传输技术：网络传输技术是通过泛在的互联功能，实现感知信息高可靠性、高安全性传送的技术，是物联网信息传递和服务支持的基础设施。包括互联网技术、无线通信技术以及卫星通信技术等各种网络接入与组网技术。

③ 服务支持技术：服务支持技术是实现物联网“可运行 - 可管理 - 可控制”的信息处理和利用技术，包括云计算与各种智能计算技术、数据库与数据挖掘技术等。

④ 应用服务技术：应用服务技术是指可以直接支持各种物联网应用系统运行的技术，包括物联网信息共享技术、物联网数据存储技术以及各种行业物联网应用系统。

二、物联网的标准分析

1. 物联网标准化的意义

没有统一的 HTML 式的数据交换标准是物联网发展的一大瓶颈，物联网发展的最大瓶颈既不是 IP 地址不够问题，也不是一定要攻克下什么关键技术才能发展。寻址问题可以通过多种方式解决，包括通过发放统一 UID 等方式解决，IPv6 或 IPv9 固然重要，但传感网的很多底层通信介质可能很难运行 IP Stack。一些传感器和传感器网络关键技术的攻关也很重要，但那是“点”的问题，不是“面”的问题。大面的问题还是数据表达、交换与处理的标准，以及应用支持的中间件架构问题。清华同方从 2004 年起就推出了 ezM2M 物联网业务基础中间件产品和 OMIX 数据交换标准（产品中还实现了中国移动的 WMMP 标准），中国电信也推出了 MDMP 标准，但是一个或几个企业的力量是有限的，既然物联网产业已经被提到国家战略的高度，如果以国家层面的高度来推进物联网数据交换标准和中间件标准，一定能够发挥整体效果而且要比制定其他通信层和传感器的技术攻关见效快。

数据交换标准主要落地在物联网 DCM 三层体系的应用层和感知层，配合传输层通道，目前国外已提出很多标准，如 EPCglobal 的 ONS/PML 标准体系，还有 Telematics 行业推出的 NGTP 标准协议及其软件体系架构以及 EDDL、M2MXML、BITXML、OBIX 等，传感层的数据格式和模型也有 TransducerML、SensorML、IRIG、CBRN、EXDL、TEDS 等，目前的挑战是把这些现有标准融合，实现一个统一的

HTML 式物联网数据交换大集成应用标准，如果国家能够整合资源，这个标准的建立具备一定的可行性。不过由于其涉及面广，整体协调难度大，只有受到监管层和高层领导的高度重视，委托国家级的综合性物联网标准委员会（目前的一些标准组织多半还是更多地关注于传输层标准，或行业应用标准，如 RFID 和 WSN 无线通信标准等，统筹能力不够，视野不够宽）具体实施才有可能实现这个目标。

从物联网架构的角度出发，物联网标准化意义有以下 3 个：

① 通过标准，可以方便参与其中的各个物品、个人、公司、企业、团体以及机构实现标准技术，使用物联网的应用，享受物联网的建设成果和便利条件；

② 通过标准，可以促进未来的物联网解决方案的竞争性和兼容增进各种技术解决方案之间的互相通信、操作能力；

③ 随着全球 / 全局信息生成和信息收集基础设施的逐步建立，国际质量和诚信体系标准将变得至关重要。

当前物联网标准研制有以下两个主要任务：

① 筹备物联网标准联合工作组，做好相关标准化组织间的协调；

② 做好物联网顶层设计，完善物联网标准体系建设。

2. 国际标准化组织

涉及物联网的相关标准分别由不同的国际标准化组织和各国标准化组织制定。国际标准由 ISO（国际标准化组织）和 IEC（国际电工委员会）负责制定；中国国家标准由中国工业与信息化部与国家标准化管理委员会负责制定；相关行业标准则由国际、国家的行业组织制定，例如国际物流编码协会（EAN）与美国统一代码委员会（UCC）制定的用于物体识别的 EPC 标准。

第三节 物联网产业链现状与未来前景展望

一、物联网产业链现状

1. 物联网产业链分析

物联网的产业链非常完整，从元器件到设备软件产品、信息服务解决方案提供、平台运营与维护联网 3 个功能层都包含了硬件产品、硬件设备到软件产品系统方案，还有公共管理系统、行业应用系统以及第三方物联网平台的运营与维护服务，基于对物联网三层架构的认识，构建了物联网产业链，可见，完整的物联网产业链主要包括核心感知和控制器件提供商、感知层末端设备提供商、网络提供商、软件与行业解决方案提供商、系统集成商、运营及服务提供商六大环节。

（1）核心感知和控制器件提供商

感应器件是物联网标识、识别以及采集信息的基础和核心，感应器件主要包括RFID传感器（生物物理和化学等）、智能仪器仪表GPS等；主要控制器件包括微操作系统执行器等，它们用于完成“感”“知”后的“控”类指令的执行。在这一环节上，国内物联网技术水平相比国外发达国家还有很大差距，特别是在高端产品市场。不过，目前国内也有一些企业在进行相关芯片的研发和生产，但还没形成规模。

（2）感知层末端设备提供商

感知层的末端设备具有一定独立功能，典型设备如传感节点设备、传感器网关等完成底层组网（自组网）功能的末端网络产品设备，以及射频识别设备传感系统及设备智能控制系统及设备等。这一环节也是目前物联网产业最大的受益者。在物联网导入期，首先受益的是RFID和传感器厂商，这是因为RFID和传感器需求量最为广泛，且厂商目前最了解客户需求。RFID和传感器是整个网络的触角，所以潜在需求量最大。

（3）网络提供商

对于物联网数据传输提供支持和服务，包括互联网、电信网、广电网、电力通信网专网以及其他网络等。

（4）软件与行业解决方案提供商

软件产品开发商和行业解决方案提供商主要提供以下产品和服务。

1）感知层的主要软件产品：包括微操作系统嵌入式操作、系统实时数据库运行、集成环境信息安全软件组网通信、软件等产品。

2）处理层的软件产品：包括网络操作系统、数据库、中间件、信息安全软件等软件开发，其中中间件是物联网应用中的关键软件，它是衔接相关硬件设备和业务应用的桥梁，主要是对传感层采集来的数据进行初步加工，使得众多采集设备得来的数据能够统一，便于信息表达与处理语义，具有互操作性，实现共享，便于后续处理应用。

3）行业解决方案：行业解决方案提供商提供了应用和服务。对于各行业或各领域的系统解决方案，目前物联网的应用遍及智能电网、智能交通、智能物流、智能家具、环境保护、医疗、金融服务业、公共安全、国防军事等领域，根据不同行业的应用特点，需要提出个性化的解决方案。

中间件与应用软件可谓是物联网产业链条中的关键因素，是其核心和灵魂。物联网软件可包含：M2M中间件和（嵌入式）Edgeware（也可以统称软件网关）、实时数据库、运行环境和集成框架、通用的基础构件库，以及行业化的应用套件等。从中间件平台来看，目前已经有少数国内 IT 企业在进行相关的开发和研究。

不过，由于进行中间平台的研发，不仅需要大量的资金，同时也需要有很强的上下游资源整合能力，否则很难完成，因此，对于大多数 IT 渠道而言，并不是一个很好的选择。

在 PC 上面开发中间件，不用考虑平台如何，因此 PC 的软硬件标准都是统一的。但物联网不同，即便是同一行业内的不同应用，所涉及的传感器都有很大差别，因此，企业在进行中间件平台的研发时，必须要有很强的下游资源整合能力，使其能够适应各种终端设备。

应用软件可以说是物联网产业链上市场空间最大的一块，而且这一环节和 IT 渠道的关系也最为紧密。因此，对于大多数渠道商而言，尤其是一些具有行业积淀的 IT 渠道，选择这一环节切入无疑是最合适的。

（5）系统集成商

根据客户需求，将实现物联网的硬件软件和网络集成为一个完整解决方案，提供给客户的厂商，部分系统集成商也提供软件产品和行业解决方案。这也是整个产业链中市场空间比较大的一块，因为物联网所包含的范围非常广，而且标准也五花八门，因此，在用户端进行项目的实施时，肯定需要集成商进行产品和应用方案的整合。不过，与传统 IT 集成商不同的是，物联网系统集成商除了要对硬件产品和技术比较熟悉，对于行业的具体应用也要有很深的了解，甚至不只是一两个行业，必须要有很好的跨行业应用整合能力，否则很难成为合格的物联网解决方案集成商。在物联网发展中，系统集成商将会开始受益，而且也最具有发展前景。

（6）运营及服务提供商

这是指行业的、领域的物联网应用系统的专业运营服务商，为客户提供统一的终端设备鉴权、计费等服务，实现终端接入控制、终端管理、行业应用管理、业务运营管理、平台管理等服务。无论是政府公共服务领域还是纯粹的商业领域，第三方服务都是物联网平台运行的重要方向。

可以想象，未来物联网将会产生海量信息的处理和管理需求、个性化数据分析的要求，这些需求必将催生物联网运营商的需求量，因此，对物联网运营商而言，面临的将是一个从无到有的市场，增长空间非常大。

这一环节也是整个物联网产业链中最具持续性的环节。运营商从无到有的过程可能会比较长，但未来的收益空间也最大，受益期会和整个物联网的生命周期一样长。目前中关村物联网产业联盟中，已经有企业在进行相关的尝试，而且动作比较大。不过，从短期来看，运营及服务提供商的增长空间不大，大概五年之后，可能会有新型的物联网增值运营商出现。

2. 物联网核心产业链的组成

“感”“知”“控”技术构成了物联网的功能核心，感知层和处理层直接相关的产业构成了核心产业链，涉及了硬件软件和服务等各种业态。

物联网应用中，没有感知和控制的需求，就没有数据传输和数据处理的需求，单纯从物联网实现的功能角度分析，感知层的关联产业和企业处于物联网产业链的关键地位，感知层涉及的企业包括核心感知器件提供商、感知层末端设备提供商和软件开发商，它们是物联网产业的基础产业链。拥有自主知识产权的感应器件的研发、设计和制造是我国物联网产业发展的核心环节，与此相关的射频芯片、传感器芯片和系统芯片等核心芯片设计和生产商，以及感应器件制造商是扶持发展的重点之一。

物联网底层实现了“感”，要实现对物品的“知”，然后实现对物品的“控”，处理层的智能处理发挥着必不可少的作用，处理层的软件开发商、系统集成商、运营服务商在物联网产业链中具有重要地位，在一个应用系统建成以后，持续的应用和经济价值来源于处理层的服务，未来商业模式的创新也要基于处理层的平台服务模式构建在一个实际的物联网应用完成建设后，其经济价值、社会价值都是通过运行服务商实现的，这是实现物联网核心价值的关键环节。因此，在物联网发展处于应用推广试点示范的前期，产品生产商、技术开发商和解决方案提供商处于主导地位，它们占据了技术应用市场。而当物联网市场真正成熟进入市场成熟期后，新兴的信息技术服务企业——物联网平台运营服务商，在物联网产业链中真正发挥着主导地位，它们会成为物联网产业的主角，占据的是物联网服务市场，能够真正产生网络产业、平台产业特有的零边际成本，将促进用户锁定、高规模效益的经济效能。

物联网传输层属于独立运行服务的成熟通信网络，技术成熟、应用成熟、商业模式也比较成熟，属于物联网的网络支持服务系统，不应该属于物联网核心产业链的内容。当然，通信网络运营商如果基于自己的传输网络优势，向上、下的感知层处理层的服务延伸，提供应用系统的运维服务，此时已经不是传统意义的网络传输提供商了，它提供的是物联网的行业专网运营维护服务，属于运营维护服务商了。

（1）物联网的服务类型

根据物联网自身的特征，物联网应该提供以下几类服务：

① 联网类服务物品标识、通信和定位；

② 信息类服务信息采集、存储和查询；

③ 操作类服务远程配置、监测、远程操作和控制；

④ 安全类服务用户管理、访问控制、事件报警、入侵检测、攻击防御；

⑤ 管理类服务故障诊断、性能优化、系统升级、计费管理服务。

以上罗列的是通用物联网的服务类型集合，根据不同领域的物联网应用需求，以上服务类型可以进行相应的扩展或裁剪。物联网的服务类型是设计和验证物联网体系结构和物联网系统的主要依据。

（2）物联网在实际中的应用

物联网在智能交通、智能工业、智能环保、智能家居、智能医疗及城市治理体系的现代化等方面有较多的应用。

1）交通。智能交通包括公交视频监控、智能公交站台、电子票务、车管专家和公交手机一卡通、红绿灯自动控制和交通违章监管等业务；其中车联网是智能交通中的发展重点方向。车联网的定义就是由车辆位置、速度和路线等信息构成的巨大交互网络。通过 GPS、RFID、传感器、摄像头图像处理等，车辆可以完成自身环境和状态信息的采集，通过互联网技术，所有的车辆可以将自身的各种信息传输汇聚到中央处理器，通过计算机技术，这些大量车辆的信息可以被分析和处理，从而计算出不同车辆的最佳路线、及时汇报路况和安排信号灯周期。

车联网系统是指利用先进传感技术、网络技术、计算技术、控制技术、智能技术，对道路和交通进行全面感知，实现多个系统间大范围、大容量数据的交互，对每一辆汽车进行交通全程控制，对每一条道路进行交通全时空控制，以提供交通效率和交通安全为主的网络与应用。

试想，在交通拥堵的繁华都市，多少上班族每天花费大量的时间用在上班途中，再加上每天的道路拥堵造成的时间上的浪费，每个人每天不知道浪费了多少时间和生命，如果能够改善这一状况，那么每个人的人生相当于又增加了不同长度的寿命。

2）工业。智能工业是将具有环境感知能力的各类终端，基于泛在技术的计算模式、移动通信等不断融入工业生产的各个环节，大幅提高制造效率，改善产品质量，降低产品成本和资源消耗，将传统工业提升到智能化的新阶段。工业和信息化部制定的《物联网“十二五”发展规划》中将智能工业应用示范工程归纳为：生产过程控制、生产环境监测、制造供应链跟踪、产品全生命周期监测，促进安全生产和节能减排。

在制造业方面，物联网应用于企业原材料采购、库存、销售等领域，通过完善和优化供应链管理体系，提高了供应链效率，降低了成本。空中客车（Airbus）通过在供应链体系中应用传感网络技术，构建了全球制造业中规模最大、效率最高的供应链体系。

在生产过程方面，物联网技术的应用提高了生产线过程检测、实时参数采集、生产设备监控、材料消耗监测的能力和水平。生产过程的智能监控、智能控制、智能诊断、智能决策、智能维护水平不断提高。钢铁企业应用各种传感器和通信网络，在生产过程中实现对加工产品的宽度、厚度、温度的实时监控，从而提高了产品质量，优化了生产流程。

产品设备监控管理各种传感技术与制造技术融合，实现了对产品设备操作使用记录、设备故障诊断的远程监控。GE Oil&Gas 集团在全球建立了 13 个面向不同产品的 i-Center，通过传感器和网络对设备进行在线监测和实时监控，并提供设备维护和故障诊断的解决方案。

工业安全生产管理把感应器嵌入和装备到矿山设备、油气管道、矿工设备中，可以感知危险环境中工作人员、设备机器、周边环境等方面的安全状态信息，将现有分散、独立、单一的网络监管平台提升为系统、开放、多元的综合网络监管平台，实现实时感知、准确辨识、快捷响应、有效控制。

3）环保。实施对水质的实时自动监控，预防重大或流域性水质污染；对空气质量做出自动监测。

环保监测与环保设备的融合在物联网方面实现了对工业生产过程中产生的各种污染源及污染治理各环节关键指标的实时监控。在重点排污企业排污口安装无线传感设备，不仅可以实时监测企业排污数据，而且可以远程关闭排污口，防止突发性环境污染事故的发生。电信运营商已开始推广基于物联网的污染治理实时监测解决方案。

4）家居。智能家居（smart home，home automation）是以住宅为平台，利用综合布线技术、网络通信技术、安全防范技术、自动控制技术、音视频技术，将家居生活有关的设施集成，构建高效的住宅设施与家庭日常事务的管理系统，提升家居安全性、便利性、舒适性、艺术性，并实现环保节能的居住环境。

家庭自动化是智能家居的一个重要系统，在智能家居刚出现时，家庭自动化甚至就等同于智能家居，今天它仍是智能家居的核心之一，但随着网络技术在智能家居方面的普遍应用，网络家电 / 信息家电的成熟，家庭自动化的许多产品功能将融入这些新产品中去，从而使单纯的家庭自动化产品在系统设计中越来越少，其核心地位也将被家庭网络 / 家庭信息系统所代替。它将作为家庭网络中的控制网络部分在智能家居中发挥作用。

家庭自动化是指利用微处理电子技术，来集成或控制家中的电子电器产品或系统，例如，照明灯、咖啡炉、电脑设备、保安系统、暖气及冷气系统、视频及音响系统等。家庭自动化系统主要是以一个中央微处理机（Central processor nit，CPU），接收来自相关电子电器产品（外界环境因素的变化，如太阳初升或西落等所造成的光线变化等）的信息后，再以既定的程序发送适当的信息给其他电子电器产品。中央微处理机必须透过许多界面来控制家中的电器产品，这些界面可以是键盘，也可以是触摸式荧幕、按钮、电脑、电话机、遥控器等；消费者可发送信号至中央微处理机，或接收来自中央微处理机的信号。

网络家电也是智能家居和一个应用方面，它是指将普通家用电器利用数字技术、网络技术及智能控制技术设计改进的新型家电产品。网络家电可以实现互联组成一个家庭内部网络，同时这个家庭网络又可以与外部互联网相连接。

智能安防可以说是智能家居应用的一大亮点。随着人们居住环境的升级，人们越来越重视自己的个人安全和财产安全，对人、家庭以及住宅小区的安全方面提出了更高的要求；同时，经济的飞速发展伴随着城市流动人口的急剧增加，给城市的社会治安增加了新的难题。要保障小区的安全，防止偷抢事件的发生，就必须有自己的安全防范系统，人防的保安方式难以适应人们的要求，智能安防已成为当前的发展趋势。

视频监控系统已经广泛地存在于银行、商场、车站和交通路口等公共场所，但实际的监控任务仍需要较多的人工完成，而且现有的视频监控系统通常只是录制视频图像，提供的信息是没有经过解释的视频图像，只能用作事后取证，没有充分发挥监控的实时性和主动性。为了能实时分析、跟踪、判别监控对象，并在异常事件发生时提示、上报，为政府部门、安全领域及时决策、正确行动提供支持，视频监控的“智能化”就显得尤为重要。

智能安防系统可以实现对陌生人入侵、煤气泄漏、火灾等情况提前及时发现并通知主人，甚至可以通过遥控器或者门口控制器进行布防或者撤防。这样，视频监控系统可以依靠安装在室外的摄像机有效地阻止小偷进一步行动，并且也可以在事后取证给警方提供有利证据。

5）医疗行业。智慧医疗的发展分为七个层次：一是业务管理系统，包括医院收费和药品管理系统；二是电子病历系统，包括病人信息、影像信息；三是临床应用系统，包括计算机医生医嘱录入系统（CPOE）等；四是慢性疾病管理系统；五是区域医疗信息交换系统；六是临床支持决策系统；七是公共健康卫生系统。

总体来说，中国的医疗处在第一、第二阶段向第三阶段发展的阶段，还没有建立真正意义上的CPOE，主要是缺乏有效数据，数据标准不统一，加上供应商欠缺临床背景，在从标准转向实际应用方面也缺乏标准指引。我国要想从第二阶段进入到第五阶段，涉及许多行业标准和数据交换标准的形成，这也是未来需要改善的方面。

在远程智慧医疗方面，国内发展比较快，比较先进的医院在移动信息化应用方面，其实已经走到了许多国家的前面。比如，可实现病历信息、病人信息、病情信息等的实时记录、传输与处理利用，使得在医院内部和医院之间通过联网，实时地、有效地共享相关信息。这一点对于实现远程医疗、专家会诊、医院转诊等可以起到很好的支持作用，主要源于政策层面的推进和技术层的支持。但目前欠缺的是长期运作模式，缺乏规模化、集群化的产业发展，此外还面临成本高昂、安全性及隐私问题等，这也是促进未来智慧医疗发展的原因。

鉴于目前智慧医疗的应用现状，物联网技术的发展和成熟，使得物联网技术在医疗卫生领域的应用拥有巨大潜力，能够帮助医院实现对医疗对象（如病人、医生、护士、设备、物资、药品等）的智能化感知和处置，支持医院内部医疗信息、设备信息、药品信息、人员信息、管理信息的数字化采集、处理、存储、传输、决策等，实现医疗对象管理可视化、医疗信息数字化、医疗流程闭环化、医疗决策科学化、服务沟通人性化，能够满足医疗健康信息、医疗设备与用品、公共卫生安全的智能化管理与监控等方面的需求，从而解决医疗平台支撑薄弱、医疗服务水平整体较低、医疗安全隐患等问题。医疗服务应用模式主要有身份确认、人员定位及监控、就诊卡双向数据通信、移动医疗监护、生命体征采集。医药管理应用模式主要有药品供应链管理、药品防伪、服药状况监控、生物制剂管理。医疗器械管理应用模式主要有手术器械管理，消毒包的管理，医疗垃圾处理，高价、放射性、锐利器械的追溯。

6）物流业。目前物流信息系统能够实现对物流过程智能控制与管理的还不多，物联网及物流信息化还仅仅停留在对物品自动识别、自动感知、自动定位、过程追溯、在线追踪、在线调度等一般的应用。专家系统、数据挖掘、网络融合与信息共享优化、智能调度与线路自动化调整管理等智能管理技术应用还有很大差距。

目前只是在企业物流系统中，部分物流系统可以做到与企业生产管理系统无缝结合，智能运作；部分全智能化和自动化的物流中心的物流信息系统，可以做到全自动化与智能化物流作业。下面介绍几种主要物联网技术在物流业应用前景。

① RFID：联网的发展给 RFID 在物流业应用带来良好的发展机遇。随着物联网技术的发展，在物流领域，RFID 的应用将会由点到面，逐步拓展到更广的领域。

② GPS：随着物联网技术的发展，基于 GPS/GIS 的移动物联网技术在物流业将获得巨大发展，以实现对物流运输过程的车辆与货物进行联网和监控，对移动的货运车辆进行定位与追踪等。预计未来几年中国物流领域对 GPS 系统市场需求将以每年 30% 以上的速度递增。

③ WSN：WSN 在物流中的应用还有待时日。要使 WSN 在物流中得到广泛应用需要解决许多关键技术问题，最先应用无线传感器网络的几个典型物流领域，可能是仓储环境监测、在运物资的实时跟踪监测、危险品物流管理和冷链物流管理等，以及 GPS 等相关技术在物流可视化管理与智能定位追踪方面的应用。

④ 智能机器人：在中国现代物流系统中，智能机器人主要有两种类型：一种是从事堆码踩物流作业的码垛机器人；另一种是从事自动化搬运的无人搬运小车 AGV。

码垛机器人技术在不断发展，未来可成为物流领域物联网作业的一个执行者，进行高效的堆码跺及分拣作业。随着传感技术和信息技术的发展，AGV也在向智能搬运车方向发展。随着物联网技术的应用，无人搬运车将成为物流领域物联网的一个重要的智慧终端。

目前，物联网在物流行业的应用，在物品可追溯领域的技术与政策等条件都已经成熟，应加快全面推进；在可视化与智能化物流管理领域应该开展试点，力争取得重点突破，取得有示范意义的案例；在智能物流中心建设方面需要物联网理念进一步提升，加强网络建设和物流与生产的联动；在智能配货的信息化平台建设方面应该统一规划，全力推进。

除上述应用领域以外，物联网还可以在智能物流方面，打造集信息展现、电子商务、物流配载、仓储管理、金融质押、园区安保、海关保税等功能为一体的物流园区综合信息服务平台；在M2M应用；在智能城市方面，用于城市的数字化管理和安全监控；在精准农业方面，通过实时采集温度、湿度、光照、CO_2浓度，以及土壤温度、叶面湿度等参数，实现对指定设备自动关启的远程控制等。

总之，物联网的应用领域可以说是无处不在，只要用心创造，付诸实践，物联网可以在世界的每一个角落生根发芽，发展壮大。

二、物联网未来前景展望

物联网使物品和服务功能都发生了质的飞跃，这些新的功能将给使用者带来进一步的效率、便利和安全，由此形成基于这些功能的新兴产业。物联网通过智能感知、识别技术与普适计算、泛在网络的融合应用，被称为继计算机、互联网之后世界信息产业发展的第三次浪潮，物联网被视为互联网的应用拓展，应用创新是物联网发展的核心，以用户体验为核心的创新2.0是物联网发展的灵魂。物联网需要信息高速公路的建立，移动互联网的高速发展以及固话宽带的普及是物联网海量信息传输交互的基础。依靠网络技术，物联网将生产要素和供应链进行深度重组，成为信息化带动工业化的现实载体。

据业内人士估计，中国物联网产业链每年将创造1 000亿元左右的产值，它已经成为后3G时代最大的市场兴奋点。有业内专家认为，物联网一方面可以提高经济效益，大大节约成本；另一方面可以为全球经济的复苏提供技术动力。目前，加拿大、英国、德国、芬兰、意大利、日本、韩国等都在投入巨资深入研究探索物联网。同时，有专家认为，物联网架构建立需要明确产业链的利益关系，建立新的商业模式，而在新的产业链推动矩阵中，核心则是明确电信运营商的龙头地位。

物联网的发展，也是以移动技术为代表的普适计算和泛在网络发展的结果，带动的不仅仅是技术进步，而是通过应用创新进一步带动经济社会形态、创新形态的变革，塑造了知识社会的流体特性，推动面向知识社会的下一代创新（创新 2.0）形态的形成。移动及无线技术、物联网的发展，使得创新更加关注用户体验，用户体验成为下一代创新的核心。开放创新、共同创新、大众创新、用户创新成为知识社会环境下的创新新特征，技术更加展现其以人为本的一面，以人为本的创新随着物联网技术的发展成为现实。作为物联网的积极推动者的欧盟则梦想建立“未来物联网”。

欧盟信息社会和媒体司公布的《未来互联网 2020：一个业界专家组的愿景》报告指出，欧洲正面临经济衰退、全球竞争、气候变化、人口老龄化等诸多方面的挑战，未来互联网不会是万能灵药，但应该坚信，未来互联网将会是这些方面以及其他方面解决方案的一部分甚至是主要部分。报告谈及的未来互联网的 4 个特征：未来互联网基础设施将需要不同的架构；依靠物联网的新 Web 服务经济将会融合数字世界和物理世界，从而带来产生价值的新途径；未来互联网将会包括各种物品；未来互联网的技术空间和监管空间将会分离。作者认为，当务之急是摆脱现有技术的束缚，价值化频谱，以及信任和安全至关重要，用户驱动创新带来社会变化，鼓励新的商业模式。

物联网将成为全球信息通信行业的万亿元级新兴产业。到 2020 年之前，全球接入物联网的终端将达到 500 亿个。我国作为全球互联网大国，未来将围绕物联网产业链，在政策市场、技术标准、商业应用等方面重点突破，打造全球产业高地。物联网是继计算机、互联网和移动通信之后的又一次信息产业的革命性发展。目前物联网被正式列为国家重点发展的战略性新兴产业之一。物联网产业具有产业链长、涉及多个产业群的特点，其应用范围几乎覆盖了各行各业。

物联网连接物品，达到远程控制的目的，或实现人和物或物和物之间的信息交换。当前物联网行业的应用需求和领域非常广泛，潜在市场规模巨大。物联网产业在发展的同时还将带动传感器、微电子、视频识别系统一系列产业的同步发展，带来巨大的产业集群生产效益。物联网是当前最具发展潜力的产业之一，将有力带动传统产业转型升级，引领战略性新兴产业的发展，实现经济结构和战略性调整，引发社会生产和经济发展方式的深度变革，具有巨大的战略增长潜能，是后危机时代经济发展和科技创新的战略制高点，已经成为各个国家构建社会新模式和重塑国家长期竞争力的先导力。

第二章　核心环节之一：感知识别层

与人体结构中皮肤和五官的作用相似，感知层是物联网的“皮肤”和“五官”。它的功能是识别物体和采集信息，感知层包括二维码标签和识读器、RFID 标签和读写器、摄像头 GPS、传感器、终端、传感器网络等。

第一节　条形码技术

一、一维条形码

1. 身边的条形码

在大型超市，可以看到收银员手持一个设备，对着客户选中的商品一扫，计算机屏幕就显示出所选商品的品名和价格。这是怎么一回事呢？原来在这些商品上面，都有一组粗细不同、间隔不等的竖条，上面还有一组数字，其实这种标识就是接下来要介绍的条形码，收银员操作的设备叫作条形码阅读器。

条形码系统是随着计算机与信息技术的发展而诞生的，它是集编码、印刷、识别、数据采集和处理于一身的综合技术，条形码的出现极大地方便了商品流通，现代社会已经离不开商品条形码。据统计，目前我国已有 50 万种产品使用了国际通用的商品条形码。

条形码（Bar Code）是一种产品代码（Product Code），由一组宽窄不同且间隔不等的平行线条和相应的数字组成。条形码可以表示商品的多种信息，通过光电扫描输入计算机，从而判断出这件商品的产地、制造企业名称、品名规格、价格等一系列产品信息，大大提高了商品管理的效率。

例如，读者正在阅读的这本书的封底上也有一组条形码。它并不是什么“防伪标志”，只是为了便于管理。条形码阅读器是一种特殊的信息输入设备，可以通过键盘接口或串行口与计算机相连接。条形码的信息在进入条形码阅读器之后，可以转化为计算机能够识别的数据，供进一步处理之用。条形码也可以复制在卡片上，制作成为条码卡，通过刷卡的方式读出信息。例如，条形码可以记录员工的个人信息，通过刷卡机就能记录考勤情况。

2. 什么是一维条形码

上述介绍的条形码属于一维条形码，简称一维码。一维码是由一组规则排列的条、空及对应的字符组成的标记。普通的一维码在使用过程中仅作为识别信息，它的具体内容和含义是要通过计算机系统的数据库来提取相应的信息。一维码通常只在水平方向表达信息，而在垂直方向则不提供任何信息。

一维码是迄今为止最经济和实用的一种自动识别技术，它具有如下优点。

（1）输入速度快：条形码输入的速度是键盘输入的 5 倍，并且能实现即时数据输入。

（2）可靠性高：键盘输入数据的出错率为 1/300，利用光学字符识别技术的出错率为 1/10，而采用条形码技术的误码率低于 1/10，表明它输入数据的出错概率非常低。

（3）灵活实用：条形码标识既可以作为一种识别手段单独使用，也可以与相关识别设备组成一个联合系统，提供自动化程度更高的识别功能，还可以与其他控制设备连接起来实现自动化管理。

（4）制作简单：条形码标签易于制作，对设备和材料没有特殊要求。识别设备操作简便，不需要特殊培训，且设备的价格也相对便宜。

一维码可以提高信息录入的速度、减少差错率，但是传统的一维码也存在如下问题：数据容量较小，存储容量通常仅为 30 个字符左右；存储数据类型比较单一，一维码只能表示字母和数字；空间利用率较低，一维码只利用了一个空间方向来表达信息，且条形码尺寸相对较大；安全性能低、使用寿命短，一维码容易受到磨损，且在受到损坏后不能正确地被阅读。根据应用的需要，为了避免一维码的上述不足，人们研制并开发了二维条形码。

3. 条形码的扫描原理

从技术原理来看，条形码（这里未加区分时默认为一维条形码）是一种二进制代码，由一组规则排列的“条”“空”及其对应字符组成，用于表示一定的物品信息。条形码中的“条”指对光线反射率较低的部分，“空”指对光线反射率较高的部分，它们的组合供条形码识读设备进行扫描识读，其对应字符由一组阿拉伯数字组成，供人们直接识读或通过键盘向计算机输入数据时使用。这一组条、空和相应的数字所表示的信息内容是相同的。

条形码的扫描需要扫描器，扫描器利用自身的光源来照射条形码，再利用光电转换器来接收反射的光线，将反射光线的明暗转换为数字信号。

条形码的译码原理如下：激光扫描器通过一个激光二极管发出一束光线，照射到一个来回摆动的旋转棱镜上，反射后的光线穿过阅读窗口照射到条码表面，光线经过条或空的反射后返回阅读器，用一个镜子进行采集、聚焦，通过光电转换器转换成电信号，该信号将通过扫描器或终端上的译码软件进行译码。

无论采取哪种规则印制的条形码，它们都是由静区、起始字符、数据字符和终止字符组成，有的条形码在数据字符和终止字符之间可能还有校验字符。

条形码各组成部分的含义如下：

（1）静区：顾名思义，这是不携带任何信息的空白区域，起提示作用，位于条形码起始和终止部分的边缘的外侧；

（2）起始字符：这是条形码的第一位字符，具有特殊的结构，当扫描器读取该字符时，便开始正式读取代码了；

（3）数据字符：这是条形码的主要信息内容；

（4）校验字符：它用于检验读取的数据是否正确，不同的编码规则可能会使用不同的校验规则；

（5）终止字符：这是条形码的最后一位字符，也具有特殊的结构，用于告知代码扫描完毕，同时还起到检验计算的作用。

一个完整的条形码组成序列依次为：静区（前）、起始符、数据符、C 中间分割符（主要用于 EAN 码）、（校验符）、终止符、静区（后）。

4. 条形码的特征

（1）唯一性：同种规格、同种产品对应同一个产品代码，同种产品、不同规格应对应不同的产品代码。根据产品的不同性质，如重量、包装、规格、气味、颜色和形状等，需要赋予不同的商品代码。

（2）永久性：产品代码一经分配，就不再更改，并且是终身的。如果这种产品不再生产，那么它对应的产品代码只能搁置起来，不得再分配给其他的产品。

（3）无含义性：为了保证代码有足够的容量，以适应产品频繁更新换代的需要，最好采用无含义的顺序码。无含义性原则指商品代码中的每一位数字不表示任何与商品有关的特定信息，有含义的编码通常会导致条形码编码容量的损失。厂商在编制商品项目代码时，通常使用无含义的流水号。

商品条形码的标准尺寸是 37.29mm × 26.26mm，放大倍率是 0.8 ~ 2.0。如果印刷面积允许，应选择 1.0 倍率以上的条形码以满足识读要求。放大倍数越小的条形码，印刷精度要求越高，当印刷精度不能满足要求时，容易造成条形码识读困难。

由于条形码的识读利用了条形码的条和空的颜色对比度，通常采用浅色作为“空”的颜色，如白色、橙色和黄色，采用深色作为“条”的颜色，如黑色、暗绿色和深棕色。最好的颜色搭配是黑“条”、白“空”。根据条形码检测的实践经验表明，红色、金色和浅黄色不宜作为“条”的颜色，透明色、金色不能作为“空”的颜色。

5. 条形码的码制

条形码的 / 编码方法称为码制。目前世界上常用的码制包括 EAN 条形码、UPC（统一产品代码）条形码、交叉二五条形码（Interleaved2/5Bar Code），三九条形码、库德巴（Codabar）条形码和 128 条形码（Code 128）等，最常使用的是 EAN 商品条形码。

（1）EAN 条形码：EAN 条形码也被称为通用商品条形码，由国际物品编码协会制定，是目前国际上使用最广泛的一种商品条形码。我国目前在国内推广使用的也是这种商品条形码。EAN 商品条形码分为 EAN-13（标准版）和 EAN-8（缩短版）两种类型。

EAN-13 通用商品条形码一般由前缀部分、制造厂商代码、商品代码和校验码组成。商品条形码中的前缀码是用于标识国家或地区的代码，只有国际物品编码协会组织才具有这种前缀码的赋码权，如规定 00 ~ 09 代表美国、加拿大，45 ~ 49 代表日本，690 ~ 692 代表中国大陆，471 代表我国台湾地区，

EAN-13 条形码的制造厂商代码由各个国家或地区的物品编码组织确定，我国由国家物品编码中心分配制造厂商的代码。EAN-13 条形码的商品代码是用于标识具体商品的编码，具体产品的生产企业具有商品代码的赋码权。按照规定要求，生产企业自己决定在何种商品上，使用哪些阿拉伯数字作为商品条形码。商品条形码最后采用 1 位校验码，来校验商品条形码中左起第 1 ~ 12 位数字代码的正确性。

EAN-8 条形码是指用于标识的数字代码为 8 位的商品条形码，由 7 位数字表示的商品项目代码和 1 位数字表示的校验码组成。

（2）UPC 条形码：1973 年美国统一编码协会（简称 UCC）在 IBM 公司的条形码系统基础上创建了 UPC 码系统。这种条形码只能表示数字，主要用于美国和加拿大地区的工业、医药、仓库等部门。它具有 A、B、C、D、E 共五个版本，版本 A 包括 12 位数字，版本 E 包括 7 位数字。

UPC 条形码 A 版的编码方案如下：第 1 位是数字标识，已经由 UCC（统一代码委员会）建立；第 2 ~ 6 位是生产厂家的标识号（包括第 1 位）：第 7 ~ 11 位是唯一的厂家产品代码；第 12 位是校验位。

（3）交叉二五条形码：这种码制是由美国 Intermec 公司在 1972 年发明的，初期主要用于仓储和重工业领域，1987 年日本将引入的交叉二五条形码标准化后用于储运方面的识别与管理。

这种条形码是不定长的，每个字符是由 5 个单元（2 宽 3 窄）组成的条码。它

的所有“条”和“空”都表示代码，第1个数字由“条”开始，第2个数字由“空”组成，空白区比窄条宽10倍。这种条形码目前主要用于商品批发、仓库、机场、生产/包装识别等场合。交叉二五条形码的识读率高，可用于固定扫描器的扫描，在所有一维条形码中的密度最高。

（4）三九条形码：这种条形码是在1974年由美国Intermec公司的戴维·利尔博士研制，能表示字母、数字和其他一些符号，共43个字符：A ~ Z、0 ~ 9、-、.、$、/、+、%、*。三九条形码的长度是可以变化的，通常用“*”号作为起始/终止符，校验码不用代码，密度介于每英寸3 ~ 9.4个字符，空白区是窄条的10倍，主要用于工业、图书和票证自动化管理。1980年美国国防部将三九条形码确定为军事编码。

（5）库德巴条形码：1972年美国人蒙纳奇·马金研制出库德巴码。这种条形码可表示数字0 ~ 9、字符$、+、-，还有只能用做起始/终止符的a、b、c、d四个字符。库德巴条形码的长度可变，没有校验位，每个字符表示为4“条”、3“空”。这种条形码主要用于物料管理、图书馆、血站和机场包裹派送等。

（6）128条形码。在20世纪80年代初，人们围绕提高条形码符号的信息密度，开展了多项研究，128条形码就是其中的研究成果。这种条形码可用于表示高密度的数据，字符串可变长，内含校验码。128条形码由106个不同的条形码字符组成，每个条形码字符具有三种含义不同的字符集，分别为A、B、C。128条形码就是利用这3个交替的字符集，实现对128个ASCII码的编码，主要用于工业、仓库和零售批发。

二、二维条形码

在水平和垂直方向的二维空间存储信息的条形码，称为二维条形码（2D bar code），简称二维码。二维码是根据某种特定的几何图形和规律，在二维平面上利用黑白相间的图形来记录数据信息。在代码编制上它巧妙地利用了构成计算机内部逻辑基础的“0”、比特流的概念，使用了若干个与二进制相对应的几何形体来表达文字和数据信息。二维码能在横向和纵向两个方位同时表达信息，因而可以在很小的面积内表达大的信息内容。

与一维码类似，二维码也有许多不同的编码方法即码制，通常可分为三种类型：线性堆叠式二维码、矩阵式二维码和邮政码。

1.线性堆叠式二维码

这种二维码是在一维码编码原理的基础上，将多个一维码在纵向进行堆叠，典型的码制包括Code16K、Code 49、PDF417。其中，PDF417码是由留美华人王寅敬博士发明的，PDF是取英文Portable Data File（便携式数据文件）三个单词首字母的缩写。由于PDF417条形码的每一符号字符都是由4个“条”和4个“空”构成，如果将组成条形码的最窄条或空称为一个模块，则上述的4个“条”和4个“空”的总模块数必定为17，因而称为417码或PDF417码。

PDF417码的条形码有3～90行，每一行占一个起始部分、数据部分和终止部分。它的字符集包括所含128个字符，最大数据含量是1 850个字符。PDF417码不需要连接数据库，它本身可存储大量数据，主要用于医院、驾驶证、物料管理和货物运输等方面的应用。当这种条形码受到一定破坏时，错误纠正功能可以使条形码正确解码。

2. 矩阵式二维码

这种二维码利用黑、白像素在矩阵空间的不同分布进行编码，典型的码制包括Aztec、Maxi Code、QR Code、Data Matrix等。Aztec码由美国韦林公司研制，最多可容纳3832个数字或3067个字母字符，或者1914个字节的数据。Maxi code码由美国联合包裹速递服务公司研制，用于包裹速递的分拣和跟踪。Data Matrix码主要用于电子行业小零件的标识，如Intel的处理器的背面就印制有这种条形码。

3. 邮政码

邮政码是利用不同长度的“条”进行编码，主要用于邮件编码，如Postnet、BP04-state。Postnet（邮政数字编码技术）条形码用于对美国邮件的ZIP代码进行编码，Postnet代码必须为数字，每个数字均由五个条形组成的图样来表示。

总体来说，与一维码相比，二维码具有明显的优势，主要体现在以下方面：

（1）由于在两个维度上进行编码，二维码的数据存储量显著提高，数据容量更大；

（2）增加了数据类型，超越了字母和数字的限制；

（3）由于采用两个维度的组合来存储信息，比同样信息的一维码所占用的空间尺寸要小，因而提高了空间利用率，使得条形码的相对尺寸变小；

（4）提高了保密性和抗损毁能力。

2009年12月10日，我国铁道部对火车票进行了升级改版。新版火车票明显的变化是车票下方的一维条码变成二维防伪条码，火车票的防伪能力增强。进站口检票时，检票人员通过二维条码识读设备对车票上的二维条形码进行识读，系统自动辨别车票的真伪并将相应信息存入系统中。

但是，二维码不能取代一维码。一维码的信息容量小，依赖数据库和通信网络，但识读的速度快，识读设备的成本低：二维码的数据容量大，无须依赖数据库和通信网络，但当条形码密度大时，识读速度较慢，且识读设备的成本较高。因此，二维码和一维码可以各自发挥优势，不能相互取代。

例如，关于大家熟悉的条形码在超市中的应用问题，超市商品采用一维码标识，其实这些标识只含有一串数字信息。收银员扫描条形码后显示的商品名称、生产厂家、保质期、价格等详细信息，都是通过这串数字信息在访问数据库之后获得的查询结果。如果将这些一维码替换为二维码，将商品的相关信息存储在二维码中，尽管扫描后不需要访问数据库就可以直接获得相关信息，但是商品流通中各个环节对价格等的管理控制就无法实现了，因此仍然必须采用一维码。

第二节 EPC 技术

一、EPC 技术发展背景

20 世纪 70 年代，商品条码的出现引发了商业的第一次革命，一种全新的商业运作形式大大减轻了员工的劳动强度，顾客可以在一个全新的环境中选购商品，商家也获得巨大的经济效益。时至今日，许多人都享受到了条码技术带来的便捷和好处。21 世纪的今天，一种基于射频识别技术的电子产品标签——EPC 标签产生了。它将再次引发商业模式的变革——购物结账时，再也不必等售货员将商品一一取出、扫描条码、结账，而是在瞬间实现商品的自助式智能结账，人们称之为 EPC 系统。EPC 系统是在计算机互联网的基础上，利用 RFID、无线数据通信等技术，构造的一个覆盖世界上万事万物的实物互联网（Internet of Things）。

1999 年麻省理工学院成立了 Auto-ID Center，致力于自动识别技术的开发和研究。Auto-ID Center 在美国统一代码委员会（UCC）的支持下，将 RFID 技术与 Internet 结合，提出了产品电子代码（EPC）概念。国际物品编码协会与美国统一代码委员会将全球统一标识编码体系植入 EPC 概念当中，从而使 EPC 纳入全球统一标识系统。

2003 年 11 月 1 日，国际物品编码协会（EAN/UCC）正式接管了 EPC 在全球的推广应用工作，成立了 EPCglobal，负责管理和实施全球的 EPC 工作。EPCglobal 授权 EAN/UCC 在各国的编码组织成员负责本国的 EPC 工作，各国编码组织的主要职责是管理 EPC 注册和标准化工作，在当地推广 EPC 系统和提供技术支持以及培训 EPC 系统用户。在我国，EPCglobal 授权中国物品编码中心作为唯一代表负责我国 EPC 系统的注册管理、维护及推广应用工作。同时，EPCglobal 于 2003 年 11 月 1 日将 Auto-ID 中心更名为 Auto-IDLab，为 EPCglobal 提供技术支持。

EPCglobal 的成立为 EPC 系统在全球的推广应用提供了有力的组织保障，EPCglobal 旨在改变整个世界，搭建一个可以自动识别任何地方、任何事物的开放性的全球网络，即 EPC 系统，可以形象地称其为“物联网”。在物联网的构想中，RFID 标签中存储的 EPC 代码，通过无线数据通信网络把它们自动采集到中央信息系统，实现对物品的识别。进而通过开放的计算机网络实现信息交换和共享，实现对物品的透明化管理。

EPC编码是EPC系统的重要组成部分，它是对实体及实体的相关信息进行代码化，通过统一并规范化的编码建立全球通用的信息交换语言。

EPC编码是EAN.UCC在原有全球统一编码体系基础上提出的，它是新一代的全球统一标识的编码体系，是对现行编码体系的一个补充。

1.什么是EPC

1998年麻省理工学院的两位教授提出，以射频识别技术为基础，对所有的货品或物品赋予其唯一的编号的方案，来进行唯一的标识。这一标识方案采用数字编码，并且通过实物互联网来实现对物品信息的进一步查询。这一技术设想催生了EPC和物联网概念的提出。即利用数字编码，通过一个开放的、全球性的标准体系，借助于低价位的电子标签，经由互联网来实现物品信息的追踪和即时交换处理，在此基础上进一步加强信息的收集、整合和互换，并用于生产和物流决策。

EPC又称为电子产品编码。EPC最终目标是为每一个商品建立全球的、开放的编码标准。

2.EPC的产生

20世纪70年代开始大规模应用的商品条码（Bar Code for Commodity），现在已经深入到日常生活的每个角落，以商品条码为核心的EAN.UCC全球统一标识系统，已成为全球通用的商务语言。目前已有100多个国家和地区的120多万家企业和公司加入了EAN.UCC系统，上千万种商品应用了条码标识。EAN.UCC系统在全球的推广加快了全球流通领域信息化、现代物流及电子商务的发展进程，提升了整个供应链的效率，为全球经济及信息化的发展起到了举足轻重的推动作用。

商品条码的编码体系是对每一种商品项目的唯一编码，信息编码的载体是条码，随着市场的发展，传统的商品条码逐渐显示出来一些不足之处。

GTIN体系是对一族产品和服务，即所谓的“贸易项目”，在买卖、运输、仓储、零售与贸易运输结算过程中提供唯一标识。虽然GTIN标准在产品识别领域得到了广泛应用，却无法做到对单个商品的全球唯一标识。而新一代的EPC编码则因为编码容量的极度扩展，能够从根本上革命性地解决了这一问题。

虽然条码技术是EAN.UCC系统的主要数据载体技术，并已成为识别产品的主要手段，但条码技术存在如下缺点。

（1）条码是可视的数据载体识读器，必须“看见”条码才能读取它，必须将识读器对准条码才有效。相反，无线电频率识别并不需要可视传输技术，RFID标签只要在识读器的读取范围内就能进行数据识读。

（2）如果印有条码的横条被撕裂、污损或脱落，就无法扫描这些商品。而RFID

标签只要与识读器保持在既定的识读距离之内，就能进行数据识读。

（3）现实生活中对某些商品进行唯一的标识越来越重要，如食品、危险品和贵重物品的追溯。而条码只能识别制造商和产品类别，而不是具体的商品。牛奶纸盒上的条码到处都一样，辨别哪盒牛奶已超过有效期将是不可能的。

二、EPC 编码

1. EPC 编码原则

（1）唯一性

EPC 提供对实体对象的全球唯一标识，一个 EPC 代码只标识一个实体对象。为了确保实体对象的唯一标识的实现，EPCglobal 采取了以下措施。

1）足够的编码容量：EPC 编码冗余度见表 2-1。从世界人口总数（大约 65 亿）到大米总粒数（粗略估计 1 亿亿粒），EPC 有足够大的地址空间来标识所有这些对象。

表 2-1 EPC 编码冗余度

比特数	唯一编码数	对象
23	6.0 × 106 / 年	汽车
29	5.6 × 108 使用中	计算机
33	6.0 × 109	人口
34	2.0 × 1010 / 年	剃刀刀片
54	1.3 × 1016 / 年	大米粒数

2）组织保证：必须保证 EPC 编码分配的唯一性，并寻求解决编码冲突的方法，EPCglobal 通过全球各国编码组织来负责分配各国的 EPC 代码，建立相应的管理制度。

3）使用周期：对一般实体对象，使用周期和实体对象的生命周期一致。对特殊的产品，EPC 代码的使用周期是永久的。

（2）简单性

EPC 的编码既简单又能同时提供实体对象的唯一标识。以往的编码方案，很少能被全球各国各行业广泛采用，原因之一是编码的复杂导致不适用。

（3）可扩展性

EPC 编码留有备用空间，具有可扩展性。EPC 地址空间是可发展的，具有足够的冗余，确保了 EPC系统的升级和可持续发展。

（4）保密性与安全性

EPC 编码与安全和加密技术相结合，具有高度的保密性和安全性。保密性和安全性是配置高效网络的首要问题之一。安全的传输、存储和实现是 EPC 能否被广泛采用的基础。

2. EPC 编码关注的问题

（1）生产厂商和产品

目前世界上的公司估计超过 2 500 万家，考虑今后的发展，10 年内这个数目有望达到 3 900 万家，EPC 编码中厂商代码必须具有一定的容量。

对厂商来讲，产品数量的变化范围很大，通常，一个企业产品类型数均不超过10万种（参考EAN成员组织）。对于中小企业来讲，产品类型就更不会超过10万种。

（2）内嵌信息

在 EPC 编码中不嵌入有关产品的其他信息，如货品重量、尺寸、有效期、目的地等。

（3）分类

此分类是指将具有相同特征和属性的实体进行管理和命名，这种管理和命名的依据不涉及实体的固有特征和属性，通常是管理者的行为。

例如，一罐颜料在制造商那里可能被当成库存资产，在运输商那里可能是“可堆叠的容器”，而回收商则可能认为它是有毒废品。在各个领域，分类是具有相同特点物品的集合，而不是物品的固有属性。

（4）批量产品编码

给批次内的每一样产品分配唯一的 EPC 代码，同时该批次也可视为一个单一的实体对象，分配一个批次的 EPC 代码。

（5）载体

EPC 是 EPC 代码存储的物理媒介，对所有的载体来讲，其成本与数量成反比。EPC 要广泛采用，必尽最大可能地降低成本。

3. EPC 编码结构

EPC 代码是新一代的与 EAN.UPC 码兼容的新的编码标准，在 EPC 系统中 EPC 编码与现行 GTIN 相结合，因而 EPC 并不是取代现行的条码标准，而是由现行的条码标准逐渐过渡到 EPC 标准或者是在未来的供应链中 EPC 和 EAN.UCC 系统共存。

EPC 中码段的分配是由 EAN.UCC 来管理的。在我国，EAN.UCC 系统中 GTIN 编码是由中国物品编码中心负责分配和管理。同样，ANCC 也已启动 EPC 服务来满足国内企业使用 EPC 的需求。

EPC 代码是由一个版本号加上另外三段数据（依次为域名管理者、对象分类、序列号）组成的一组数字。其中版本号标识 EPC 的版本号，它使得 EPC 随后的码段可以有不同的长度；域名管理是描述与此 EPC 相关的生产厂商的信息，例如，“可口可乐公司”；对象分类记录产品精确类型的信息，例如，“美国生产的 330ml 罐装减肥可乐（可口可乐的一种新产品）”；序列号唯一标识货品，它会精确地告诉消费者所说的究竟是哪一罐 330ml 罐装减肥可乐。

4. EPC 编码类型

目前，EPC 代码有 64 位、96 位和 256 位 3 种。为了保证所有物品都有一个 EPC 代码，并使其载体——标签成本尽可能降低，建议采用 96 位，这样其数目可以为 2.68 亿个公司提供唯一标识，每个生产厂商可以有 1 600 万个对象种类，并且每个对象种类可以有 680 亿个序列号，这对未来世界所有产品已经非常够用了。

鉴于当前不用那么多序列号，所以只采用 64 位 EPC，这样会进一步降低标签成本。但是随着 EPC-64 和 EPC-96 版本的不断发展，使得 EPC 代码作为一种世界通用的标识方案已经不足以长期使用，所以出现了 256 位编码。至今已经推出 EPC-96 Ⅰ型，EPC-64 Ⅰ型、Ⅱ型、Ⅲ型，EPC-256 Ⅰ型、Ⅱ型、Ⅲ型等编码方案。

（1）EPC-64 码

目前研制出了三种类型的 64 位 EPC 代码。

1）EPC-64 Ⅰ型：Ⅰ型 EPC-64 编码提供 2 位的版本号编码、21 位的 EPC 域名管理编码、17 位的对象分类和 24 位序列号。该 64 位 EPC 代码包含最小的标识码。21 位的 EPC 域名管理分区就会允许二百万个组使用该 EPC-64 码。对象种类分区可以容纳 131 072 个库存单元远远超过 UPC 所能提供的，这样就可以满足绝大多数公司的需求。24 位序列号可以为 1 600 多万单品提供空间。

2）EPC-64 Ⅱ型除了Ⅰ型 EPC-64 码，还可采用其他方案来适合更大范围的公司、产品和序列号的要求。建议采用 EPC-64 Ⅱ型来适合众多产品以及价格反应敏感的消费品生产者。

那些产品数量超过两万亿，并且想要申请唯一产品标识的企业，可以采用 EPC-64 Ⅱ型。

采用 34 位的序列号，最多可以标识 17 179 869 184 件不同产品。与 17 位对象分类区结合（允许多达 8192 对象分类），每一个工厂可以为 140 737 488 355 328 或者超过 140 万亿不同的单品编号。这远远超过了世界上最大的消费品生产商的生产能力。

3）EPC-64 Ⅲ型。除了一些大公司和正在应用 UCC. EAN 编码标准的公司外，为了推动 EPC 应用过程，打算将 EPC 扩展到更加广泛的组织和行业。希望通过扩展分区模式来满足小公司、服务行业和组织的应用。因此，除了扩展单品编码的数量，就像第二种 EPC-64 那样，也会增加可以应用的公司数量来满足要求。

通过把域名管理分区增加到26位，EPC-64 Ⅲ型可以提供67 108 864个公司来采用64位EPC编码。6 700多万个号码已经超出世界公司的总数，因此现在已经足够用的了。

采用17位对象分类分区，这样可以为8 192种不同种类的物品提供空间。序列号分区采用24位编码，可以为超过800万（224=8388608）的商品提供空间。因此对于这6 700多万个公司，每个公司允许超过680亿（236=68719476736）的不同产品采用此方案进行编码。

（2）EPC-96码

EPC-96 Ⅰ型的设计目的是成为一个公开的物品标识代码。它的应用类似于目前的统一产品代码（UPC），或者UCC.EAN的运输集装箱代码。

域名管理负责在其范围内维护对象分类代码和序列号。域名管理必须保证对ONS可靠的操作，并负责维护和公布相关的产品信息。域名管理的区域占据28个数据位，允许大约2.68亿家制造商。这超出了UPC-12的十万个和EAN-13的一百万个的制造商容量。对象分类字段在EPC-96代码中占24位。这个字段能容纳当前所有的UPC库存单元的编码。序列号字段则是单一货品识别编码。EPC-96序列号对所有的同类对象提供36位的唯一辨识号，其容量为236=68719476736。与产品代码相结合，该字段将为每个制造商提供1.1×1028个唯一的项目编号——超出了当前所有已标识产品的总容量。

（3）EPC-256码

EPC-96和EPC-64是作为物理实体标识符的短期使用而设计的。在原有表示方式的限制下，EPC-64和EPC-96版本的不断发展，使得EPC代码作为一种世界通用的标识方案已经不足以长期使用。更长的EPC代码表示方式一直以来就广受期待并酝酿已久。EPC-256就是在这种情况下应运而生的。

256位EPC是为满足未来使用EPC代码的应用需求而设计的。因为未来应用的具体要求目前还无法准确地知道，所以256位EPC版本必须可以扩展以便其不限制未来的实际应用。多个版本就提供了这种可扩展性。

第三节　传感器技术

20世纪90年代，一个名叫克里斯·皮斯特的研究人员曾经有过一个疯狂的梦想：人们会在地球上撒上不计其数的微型传感器，每个传感器都比米粒还小。他把这些传感器叫作“智能尘埃”。“智能尘埃”就像地球的电子神经末梢一样，能将地球上的每件事都监控起来。“智能尘埃”配有计算设备、传感设备、无线电台以及使用寿命很长的电池。它不是普通意义上的尘埃，而是一种廉价而又智能的微型无线传感器，它们互相联系，形成独立运行的网络，可以监测气候情况、车流量、地震损害等。它被誉为改变世界运行方式的技术。未来的“智能尘埃”甚至可以悬浮在空中几个小时，搜集、处理和发射信息，它仅靠电池就能工作多年。如把“智能尘埃”应用在军事领域，可以把大量“智能尘埃”装在宣传品、子弹或炮弹上，或在目标地点成批地撒落下去，形成严密的监视网络，敌国的军事力量和人员、物资的流动自然一清二楚。

一、初识传感器

世界是由物质组成的，各种事物都是物质的不同形态。人们为了从外界获得信息，必须借助于感觉器官。人的五官——眼、耳、鼻、舌、皮肤分别具有视、听、嗅、味、触觉等直接感受周围事物变化的功能，人的大脑对五官感受到的信息进行加工、处理，从而调节人的行为活动。人们在研究自然现象、规律以及生产活动中，有时需要对某一事物的存在与否作定性了解，有时需要进行大量的实验测量以确定对象量值的确切数据，所以单靠人的自身感觉器官的功能是远远不够的，需要借助于某种仪器设备来完成，这种仪器设备就是传感器。传感器是人类五官的延伸，是信息采集系统的首要部件。

关于传感器的概念国家标准 GB7665–1987 是这样定义的：“能感受规定的被测量，按照一定的规律转换成可用信号的器件或装置。通常由敏感元件和转换元件组成。”也就是说，传感器是一种检测装置，能感受到被测量的信息，并能将检测感受到的信息，按一定规律变换成为电信号或其他所需形式的信息输出，以满足信息的传输、处理、存储、显示、记录和控制等要求。它是实现自动检测和自动控制的首要环节。

传感器是构成物联网的基础单元，是物联网的耳目，是物联网获取相关信息的来源，具体来说，传感器是一种能够对当前状态进行识别的元器件。当特定的状态发生变化时，传感器能够立即察觉出来，并且能够向其他的元器件发出相应的信号，用来告知状态的变化。

目前，传感器技术广泛应用在工业生产、日常生活和军事等各个领域。

在工业生产领域，传感器技术是产品检验和质量控制的重要手段，同时也是产品智能化的基础。传感器技术在工业生产领域中广泛应用于产品的在线检测，如零件尺寸、产品缺陷等，实现了产品质量控制的自动化，为现代品质管理提供了可靠保障。另外，传感器技术与运动控制技术、过程控制技术相结合，应用于装配定位等生产环节，促进了工业生产的自动化，提高了生产效率。

传感器技术在智能汽车生产中至关重要。传感器作为汽车电子自动化控制系统的信息源、关键部件和核心技术，其技术性能将直接影响到汽车的智能化水平。目前普通轿年约需要安装几十至近百个传感器，而豪华轿车传感器的数量更是多达两百余个。发动机部分主要安装温度传感器、压力传感器、转速传感器、流量传感器、气体浓度和爆震传感器等，它们需要向发动机的电子控制单元（ECU）提供发动机的工作状况信息，对发动机的工作状态进行精确控制。汽车底盘使用了车速传感器、踏板传感器、加速传感器、节气门传感器、发动机转速传感器、水温传感器、油温传感器等，从而实现了控制变速器系统、悬架系统、动力转向系统、制动防抱死系统等功能。车身部分安装有温度传感器、湿度传感器、风盘传感器、日照传感器、车速传感器、加速度传感器、测距传感器、图像传感器等，有效地提高了汽车的安全性、可靠性和舒适性等。

在日常生活领域，传感器技术也日益成为不可或缺的一部分。首先，传感器技术广泛应用于家用电器，如数码相机和数码摄像机的自动对焦，空调、冰箱、电饭煲等的温度检测，遥控接收的红外检测等；其次，办公商务中的扫描仪和红外传输数据装置等也采用了传感器技术；第三，医疗卫生事业中的数字体温计、电子血压计、血糖测试仪等设备同样是传感器技术的产物。

在科技军事领域，传感器技术的应用主要体现在地面传感器，其特点是结构简单、便于携带、易于埋伏和伪装，可用于飞机空投、火炮发射或人工埋伏到交通线上和敌人出现的地段，用来执行预警、地面搜索和监视任务，当前的军事领域使用的传感器主要有震动传感器、声响传感器、磁性传感器、红外传感器、电缆传感器、压力传感器和扰动传感器等。传感器技术在航天领域中的作用更是举足轻重，用于火箭测控、飞行器测控等。

二、常用传感器

1. 温度传感器

温度是表征物体冷热程度的物理量。在人类社会的产生、科研和日常生活中，温度的测量都占有重要的地位。温度传感器可用于家电产品中的空调、干燥器、电冰箱、微波炉等；还可用在汽车发动机的控制中，如测定水温、发动机吸气等；也广泛用于检测化工厂的溶液和气体的温度。但是温度不能直接测量，只能通过物体随温度变化的某些特征来间接测量。

用来度量物体温度数值的标尺称为温标，它规定温度的度数起点（零点）和测量温度的基本单位。目前，国际上用得较多的温标有华氏温标、摄氏温标、热力温标和国际实用温标。温度传感器有各种类型，根据敏感元件与被测介质接触与否，可分为接触式和非接触式两大类；按照传感器材料及电子元件特性，可分为热电阻和热电偶两类。在选择温度传感器时，应考虑到诸多因素，如被测对象的湿度范围、传感器的灵敏度、精度和噪声、响应速度、使用环境、价格等。下面主要对接触式和非接触式传感器进行介绍。

（1）接触式温度传感器：接触式温度传感器的监测部分与被测对象良好接触，又称温度计。通过传导或对流达到热平衡，从而使温度计的示值能直接表示被测对象的温度。一般测量精度较高。在一定的测温范围内，温度计也可测量物体内部的温度分布。但对于运动物体、小目标或热容量很小的对象，则会产生较大的测量误差。常用的温度计有双金属温度计、玻璃液体温度计、压力式温度计、电阻温度计、热敏电阻和温差电偶等。它们广泛用于工业、农业、商业等部门，在日常生活中人们也常常使用这些温度计。随着低温技术在国防工程、空间技术、冶金、电子、食品、医药和石油化工等部门的广泛应用和超导技术的研究，测量 120K（热力温标）以下温度的低温温度计得到了发展，如低温气体温度计、蒸汽压温度计、声学温度计、世子温度计、低温热电阻和低温温差电偶等。低温温度计要求感温元件体积小、精准度高、复现性和稳定性好。利用多孔高硅氧玻璃渗碳烧结而成的渗碳玻璃热电阻，就是低温温度计的一种感温元件，可用于测量 1.6 ~ 300K 范围内的温度。

（2）非接触式温度传感器：非接触式温度传感器的敏感元件与被测对象互不接触，又称非接触式测温仪表。这种仪表可用来测量运动物体、小目标和热容量小或温度变化迅速（瞬间）对象的表面温度，也可用于测量温度场的温度分布。

最常用的非接触式测温仪表是基于黑体辐射（黑体是一种理想的物质；它能百分百吸收射在它上面的辐射而没有任何反射；使它显示成一个完全的黑体。在某一特定温度下，黑体辐射出它的最大能量，称为黑体辐射。）的基本定律，形成的辐射测温表。辐射测温法包括亮度法（见光学高温计）、辐射法（见辐射法高温计）和比色法（见比色温度计）。各类辐射测温方法只能测出对应的光度温度、辐射温度或比色温度。只有对黑体（吸收全部辐射并不反射光的物体）所测温度才是真实温度。如欲测定物体的真实温度，则必须进行材料表面发射率的修正。而材料表面发射率，不仅取决温度和波长，还与表面状态、涂膜和微观组织等有关，因此很难精确测量。在自动化生产中，往往需要利用辐射测温法，来测量或控制某些物体的表面温度，如冶金中的钢带轧制温度、锻件温度和各种熔融金属在冶炼炉或坩埚中的温度，在这些具体情况下，物体表面发射率的测量是相当困难的。对于固体表面温度的自动测量和控制，可以采用附加的反射镜，与被测表面一起组成黑体空腔。附加辐射的影响能提高被测表面的有效辐射和有效发射系数。利用有效发射系数，通过仪表对实测温度进行相应的修正，最终可得到被测表面的真实温度。

2. 湿度传感器

随着时代的发展，湿度及对湿度的测量和控制，对人们的日常生活显得越来越重要。如气象、科研、农业、纺织、机房、航空航天、电力等部门，都需要采用湿度传感器来进行测量和控制，对湿度传感器的性能指标要求也越来越高，对环境温度、湿度的控制以及对工业材料水分值的监测和分析，都已成为比较普遍的技术环境条件之一。

（1）基本概念

1）绝对湿度和相对湿度：湿度是空气中含有水蒸气的多少。它通常用绝对湿度和相对湿度来表示，空气的干湿程度与单位体积的空气里所含水蒸气的多少有关，在一定温度下，一定体积的空气中，水汽密度愈大，气压也愈大，密度愈小，气压也愈小。所以通常是用空气里水蒸气的压强来表示湿度的。湿度是表示空气的干湿程度的物理量。空气的湿度有多种表示方式，如绝对湿度、相对湿度、露点等。

绝对湿度表示每立方米空气中所含的水蒸气的量，单位是 kg/m^3；相对湿度表示空气中的绝对湿度与同温度下的饱和绝对湿度的比值，得数是一个百分比。也就是指在一定时间内，某处空气中所含水汽量与该气温下饱和水汽量的百分比。

2）露点：露点的概念有两种解释，一种是使空气里原来所含的未饱和水蒸气变成饱和时的温度称为露点。另一种是空气的相对湿度变成100%时，也就是实际水蒸气压强等于饱和水蒸气压强时的温度，称为露点。单位习惯上常用摄氏温度表示。人们常常通过测定露点，来确定空气的绝对湿度和相对湿度，所以露点也是空气湿度的一种表示方式。例如，当测得在某一气压下空气的温度是20℃，露点是12℃，那么就可从表中查得20℃时的饱和蒸汽压为17.54mmHg（kPa），12℃时的饱和蒸汽压为10.52mmHg。则此时：空气的绝对湿度 p=10.52mmHg，空气的相对湿度 B=（10.52/17.54）×100%=60%。采用这种方法来确定空气的湿度，有着重大的实用价值。

（2）湿度传感器分类

湿度传感器基本上都为利用湿敏材料对水分子吸附能力或对水分子产生物理效应的方法测量湿度。有关湿度测量，早在16世纪就有记载。许多古老的测量方法，如干湿球温度计、毛发湿度计和露点计等至今仍被广泛采用。现代工业技术要求高精度、高可靠和连续地测量湿度，因而陆续出现了种类繁多的湿敏元件。

湿敏元件主要分为两大类：水分子亲和力型湿敏元件和非水分子亲和力型湿敏元件。利用水分子有较大的偶极矩，易于附着并渗透入固体表面的特性制成的湿敏元件称为水分子亲和力型湿敏元件。例如，利用水分子附着或浸入某些物质后，其电气性能（电阻值、介电常数等）发生变化的特性可制成电阻式湿敏元件、电容式湿敏元件；利用水分子附着后引起材料长度变化，可制成尺寸变化式湿敏元件，如毛发湿度计。金属氧化物是离子型结合物质，有较强的吸水性能，不仅有物理吸附，而且有化学吸附，可制成金属氧化物湿敏元件。这类元件在应用时附着或浸入被测的水蒸气分子，与材料发生化学反应生成氢氧化物，或一经浸入就有一部分残留在元件上而难以全部脱出，使重复使用时元件的特性不稳定，测量时有较大的滞后误差和较慢的反应速度。目前应用较多的均属于这类湿敏元件。另一类非亲和力型湿敏元件利用其与水分子接触产生的物理效应来测量湿度。例如，利用热力学方法测量的热敏电阻式湿度传感器，利用水蒸气能吸收某波长段的红外线的特性制成的红外线吸收式湿度传感器等。

3. 超声波传感器

（1）基本概念

声波是一种机械波，是机械振动在介质中的传播过程。频率为 20Hz ~ 20kHz 能为人耳所听到的，称为可听声波；低于 20Hz 的称为次声波；高于 2×105Hz 的称为超声波。

超声波传感器是利用超声波的特性研制而成的传感器。超声波振动频率高于可听声波。可换能晶片在电压的激励下，发生振动能产生超声波。它具有频率高、波长短、绕射现象小的特点，特别是方向性好，能够成为射线而定向传播等。超声波对液体、固体的穿透能力很强，在不透明的固体中它可穿透几十米的深度。超声波碰到杂质或分界面，会发生显著反射，反射成回波碰到活动物体能产生多普勒效应。因此，超声波检测广泛应用在工业、国防、生物医学等方面。

超声波探头主要由压电晶片组成，既可以发射超声波也可以接收超声波。小功率超声探头多用来探测。它有许多不同的结构，可分直探头（纵波）、斜探头（横波）、表面波探头（表面波）、兰姆波探头（兰姆波）、双探头（一个探头反射、一个探头接收）等。

（2）工作原理

超声波是一种在弹性介质中的机械振荡，有两种形式：横向振荡（横波）及纵向振荡（纵波）。在工业应用中主要采用纵向振荡。超声波可以在气体及固体中传播，其传播速度不同。另外，它也有折射和反射现象，并且在传播过程中有衰减。在空气中传播超声波的频率较低，一般几万赫兹，而在液体及固体中则频率较高。它在空气中衰减较快，在液体及固体中衰减较小，传播较远。利用超声波的特性可做成各种超声波传感器，再配上不同的电路，可制成各种超声测量仪器及装置，并在通信、医疗、家电等各方面得到广泛应用。

（3）系统组成

超声波传感器系统由发送传感器（或称波发送器）、接收传感器（或称波接收器）、控制部分与电源部分组成。发送器传感器，由发送器与使用直径为 15cm 左右的陶瓷振子的换能器组成，是将陶瓷振子的电振动能量转换成超声波能量并向空气辐射。而接收传感器由陶瓷振子换能器与放大电路组成，换能器接收超声波产生机械振动，将其转换成电能量作为传感器接收器的输出，从而对发送的超声波进行检测。而实际使用中用作发送传感器的陶瓷振子，也可以用作接收器传感器的陶瓷振子，控制部分主要对发送器发出的脉冲链频率、占空比及系数调制和计数及探测距离等进行控制。超声波传感器电源（或称信号源）可用 DC12V 或 24V。

4. 气敏传感器

人类的日常生活和生产活动与周围的环境密切相关，现代生活接触到的易燃、易爆、有毒等对人体有害气体的机会日益增多，如氢气、天然气、液化石油气、一氧化碳等。气敏传感器就是能够感知环境中某种气体及浓度，从而对环境进行检测、监控、报警的一种敏感器件。

由于气体种类繁多，性质各不相同，不可能用一种传感器检测所有类别的气体，因此，能实现气－电转换的传感器种类很多，按构成气敏传感器材料可分为半导体和非半导体两大类，目前实际使用最多的是半导体气敏传感器。

半导体气敏传感器是利用待测气体与半导体表面接触时，产生的电导率等物理性质变化来检测气体的。按照半导体与气体相互作用时产生的变化，只限于半导体表面或深入到半导体内部，可分为表面控制型和体控制型，前者半导体表面吸附的气体与半导体间发生电子接收，结果使半导体的电导率等物理性质发生变化，但内部化学组成不变；后者半导体与气体的反应，使半导体内部组成发生变化，而使电导率变化。按照半导体变化的物理特性，又可分为电阻型和非电阻型，电阻型半导体气敏元件是利用敏感材料接触气体时，其阻值变化来检测气体的成分或浓度；非电阻型半导体气敏元件是利用其他参数，如二极管伏安特性和场效应晶体管的阈值电压变化来检测被测气体的。

气敏传感器是暴露在各种成分的气体中使用的，由于检测现场温度、湿度的变化很大，又存在大量粉尘和油雾等，所以其工作条件较恶劣，而且气体对传感元件的材料会产生化学反应物，附着在元件表面，往往会使其性能变差。因此，对气敏元件有下列要求：能长期稳定工作，重复性好，响应速度快，共存物质产生的影响小等。用半导体气敏元件组成的气敏传感器主要用于工业上的天然气、煤气，石油化工等部门的易燃、易爆、有毒等有害气体的监测、预报和自动控制。

半导体气敏传感器由于具有灵敏度高、响应时间和恢复时间快、使用寿命长以及成本低等优点，从而得到了广泛的应用。按其用途可分为以下几种类型：气体泄漏报警、自动控制、自动测试等。

三、手机中的传感器

随着技术的进步，手机已经不再是一个简单的通信工具，而是具有综合功能的便携式的电子设备。可以用手机听音乐、看电影、拍照等。手机变得无所不能。在这种情况下，各种传感器在手机中得到广泛应用。

下面主要介绍了几种典型的传感器及其在手机中的应用，如磁控传感器、光线传感器、触摸传感器（触摸屏的典型应用）、图像传感器（手机摄像头的应用）、磁阻传感器（电子指南针）、加速传感器（三轴陀螺仪）等。这些传感器的应用为智能手机增加感知能力，使手机能够知道自己做什么，甚至是具体动作。

1. 手机中的磁控传感器

在手机中磁控传感器主要包括干簧管和霍尔元件。干簧管和霍尔元件都是通过磁信号来控制线路通断的传感器，主要用在翻盖、滑盖手机的控制电路中。由于干簧管易碎等原因，现在手机中很少见到干簧管传感器了，使用最多的是霍尔传感器（也叫霍尔元件）。

（1）手机中的干簧管传感器

由于干簧管传感器主要应用于老式的手机中，在新型手机中已经很少采用了，所以只对干簧管传感器进行简单介绍。

1）干簧管传感器的外形特征：干簧管传感器就是一个密闭的玻璃管内有两个簧片，干簧管传感器分为常开型和常闭型。

2）干簧管传感器的工作原理：干簧管传感器是利用磁场信号来控制的一种线路开关器件。干簧管传感器又被称为磁控管传感器。干簧管传感器的外壳一般是一根密封的玻璃管，在玻璃管中装有两个铁质的弹性簧片电极，玻璃管中充有某种惰性气体。平时玻璃管中的两个簧片是分开的，当有磁性物质靠近玻璃管时，在磁场磁力线的作用下，管内的两个簧片被磁化而互相吸引接触，使两个引脚所接的电路连通。外磁场消失后，两个簧片由本身的弹性而分开，线路就断开。

在实际运用中，通常使用磁铁来控制这两根金属片的接通与否，所以，又称其为磁控管传感器。磁控管传感器在手机中常常被用于翻盖手机、折叠式手机电路中，特别是早期的摩托罗拉、爱立信、三星手机使用最多。通过翻盖的动作，使翻盖上磁铁控制磁控管传感器闭合或断开，从而挂断电话或接听电话等。

在采用干簧管传感器结构的手机中，除有一个干簧管传感器外，还有一个辅助磁铁，手机在通话时，磁铁应远离干簧管传感器，故这类手机有个共同的特点，就是磁铁在翻盖上（翻盖式手机）或听筒旁（折叠式手机）。如果手机既不是折叠式，又不是翻盖式，则不需采用干簧管传感器。

3）干簧管传感器的故障特征：干簧管传感器本身是一种玻璃管，而玻璃易碎，所以干簧管传感器很容易损坏，特别是摔过的手机尤其如此。当干簧管传感器损坏时，手机会出现一些很复杂的故障，如部分或全部按键失灵、开机困难、不显示等。

（2）手机中的霍尔传感器

霍尔传感器是一个使用非常广泛的电子器件，在录像机、电动车、汽车、电脑散热风扇中都有应用。在手机中主要应用在原来的翻盖或滑盖的控制电路中，通过翻盖或滑盖的动作来控制挂掉电话或接听电话、锁定键盘及解除键盘锁等。

1）霍尔传感器的外形特征：霍尔传感器的作用与干簧管传感器一样，工作原理非常相似，都是在磁场作用下直接产生通与断的动作。霍尔传感器是一种电子元件，其外形封装很像三极管，但看起来比三极管更“胖”一些。在手机中，霍尔传感器的封装有 3 个引脚的，也有 4 个引脚的。

2）霍尔效应：所谓霍尔效应，是指磁场作用于载流金属导体、半导体中的载流子时，产生横向电位差的物理现象。

金属的霍尔效应是 1879 年被美国物理学家霍尔发现的。当电流通过金属箔片时，若在垂直于电流的方向施加磁场，则金属箔片两侧面会出现横向电位差。半导体中的霍尔效应比金属箔片中更为明显，而铁磁金属在居里温度以下将呈现极强的霍尔效应。利用霍尔效应可以设计制成多种传感器。

由于通电导线周围存在磁场，其大小与导线中的电流成正比，故可以利用霍尔元件测量出磁场，就可确定导线电流的大小。利用这一原理可以设计制成霍尔电流传感器。其优点是不与被测电路发生电接触，不影响被测电路，不消耗被测电源的功率，特别适合于大电流传感器。

如果把霍尔传感器集成的开关按预定位置有规律地布置在物体上，当装在运动物体上的永磁体经过它时，可以从测量电路上测得脉冲信号。根据脉冲信号系列可以传感出该运动物体的位移。若测出单位时间内发出的脉冲数，则可以确定其运动速度。

3）霍尔传感器：利用霍尔效应做成的半导体元件就是霍尔元件（霍尔传感器）。

霍尔传感器可用多种半导体材料制作，如 Ge、Si、InSb、GaAs、InAs、InAsP 以及多层半导体异质结构量子材料等。

霍尔传感器具有许多优点，它们的结构牢固，体积小，重量轻，寿命长，安装方便，功耗小，频率高（可达 1MHz），耐震动，不怕灰尘、油污、水汽及盐雾等的污染或腐蚀。

相对于干簧管传感器来说，霍尔传感器寿命较长，不易损坏；且对振动，加速度不敏感；作用时开关时间较快，一般为 0.1 ~ 2ms，较干簧管传感器的 1 ~ 3ms 快得多。

4）霍尔传感器分类：霍尔传感器分为线性型霍尔传感器件和开关型霍尔传感器两种。

① 线性霍尔传感器：线性型霍尔传感器由霍尔元件、线性放大器和射极跟随器组成，它输出模拟量。

② 开关型霍尔传感器：开关型霍尔传感器由稳压器、霍尔元件、差分放大器，斯密特触发器和输出极组成，它输出数字量。手机中使用的霍尔传感器是微功耗开关型霍尔传感器。

2. 手机中的光线传感器

从 2002 年，诺基亚手机开始使用光线传感器，到最近几年智能手机中普遍使用光线传感器。光线传感器在手机中的使用给人们增加了更多的便利。

在手机中使用的光线传感器件一般是光敏三极管，也叫光电三极管。光敏三极管有电流放大作用，所以比光敏电阻和光敏二极管应用更广泛。

（1）光敏三极管的外形及符号

光敏三极管有 2 个 PN 结，其基本原理与光敏二极管相同，但是它把光信号变成电信号的同时，还放大了信号电流，因此具有更高的灵敏度，一般光敏三极管的基极已在管内连接，只有 C 和 E 两根引线引出（也有将基极引出的）。

在使用光敏三极管时，不能从外形来区分是光敏二极管还是光敏三极管，只能从型号来进行区分。一般只有两个引脚引出，样子非常像普通的发光二极管。

（2）光敏三极管的工作原理

光敏三极管与普通半导体三极管一样，是采用半导体制作工艺制成的具有 NPN 或 PNP 结构的半导体管。它在结构上与半导体三极管相似，它的引出电极通常只有两个，但也有 3 个的。

光敏三极管为适应光电转换的要求，它的基区面积做得较大，发射区面积做得较小，入射光主要被基区吸收。和光敏二极管一样，管子的芯片被装在带有玻璃透镜金属管壳内，当光照射时，光线通过透镜集中照射在芯片上。

将光敏三极管接在图 2-1 所示的电路中，光敏三极管的集电极接正电位，其发射极接负电位。当无光照射时，流过光敏三极管的电流，就是正常情况下光敏三极管集电极与发射极之间的穿透电流 ICEO，它也是光敏三极管的暗电流，其大小为：ICEO=（1+hFE）I（式中 ICEO 为集电极与基极间的饱和电流；hFE 为共发射

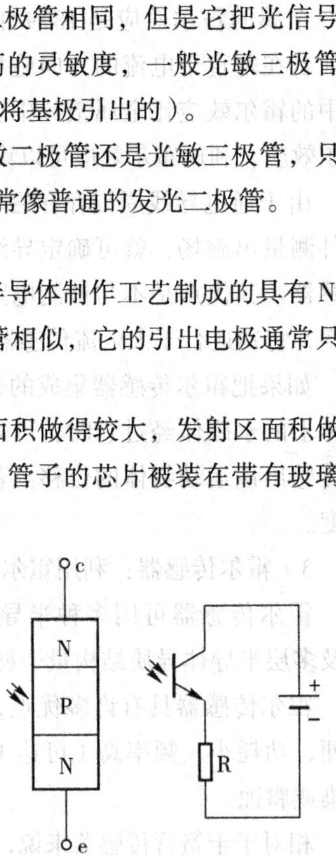

图 2-1 光敏三极管等效电路

极直流放大系数）。

当有光照射在基区时，激发产生的电子——空穴对增加了少数载流子的浓度，使集电结反向饱和电流大大增加，这就是光敏三极管集电结的光生电流。该电流注入发射结进行放大，成为光敏三极管集电极与发射极间电流，它就是光敏三极管的光电流。可以看出，光敏三极管利用普通半导体三极管的放大作用，将光敏二极管的光电流放大了（1+hFE）倍。所以，光敏三极管比光敏二极管具有更高的灵敏度。

（3）光敏三极管在手机中的应用

光敏三极管在手机上应用主要是根据环境光线明暗来判断用户的使用条件，从而对手机进行智能调节，达到节能和方便用户使用的目的。黑暗环境下自动降低背光亮度，以免背光太亮刺眼。太阳下自动增加屏幕亮度，使显示更清楚。手机移动到耳边打电话时，自动关闭屏幕和背光，可以延长手机的续航时间，同时关闭触屏，又可以达到防止打电话过程中误触屏幕挂断电话的误操作。

甚至还有手机设计成利用光线亮度控制铃声音量的功能，即通过外界光线的强弱，来控制铃声的大小，如手机装在衣服口袋或是皮包里时，就大声振铃，而取出时，环境光线改变了，振铃就随着减小，这个功能很有意思，一方面可以避免铃声过小误接电话；另一方面可以适应环境的需要，避免影响他人，同时还能节省电量。

3. 手机中的触摸传感器

在手机中使用的触摸传感器（touch sensor）就是平时大家俗称的触摸屏（Touch panel），又称为触控面板，触摸传感器的使用使人机交互更加方便和直观，增加了人机交流的乐趣。触摸传感器的使用减少了手机菜单按键，操作更加简单、便捷。

在手机中使用的触摸传感器分为两类，第一类是电阻式触摸传感器，其代表就是2010年以前大部分国产手机采用；第二类是电容式触摸传感器，其代表就是iphone手机以及现在几乎所有的智能手机等采用。

（1）电阻式触摸屏

电阻式触摸屏是一种传感器，它将矩形区域中触摸点（x，y）的物理位置转换为代表x坐标和y坐标的电压。

很多LCD模块都采用了电阻式触摸屏，这种屏幕可以用四线、五线、七线或八线来产生屏幕偏置电压，同时读回触摸点的电压。

电阻式触摸屏基本上是薄膜加上玻璃的结构，薄膜和玻璃相邻的一面上均涂有ITO（纳米铟锡金属氧化物）涂层，ITO具有很好的导电性和透明性。当触摸操作时，薄膜下层的ITO会接触到玻璃上层的ITO，经由感应器传出相应的电信号，经过转换电路送到处理器，通过运算转化为屏幕上的x、y值，而完成点选的动作，并呈现在屏幕上。

1）电阻式触摸屏的工作原理：电阻式触摸屏包含上下叠合的两个透明层，四线和八线触摸屏由两层具有相同表面电阻的透明阻性材料组成，五线和七线触摸屏由一个阻性层和一个导电层组成，通常还要用一种弹性材料来将两层隔开，如图 2-2 所示。当触摸屏表面受到的压力（如通过笔尖或手指进行按压）足够大时，顶层与底层之间会产生接触。所有的电阻式触摸屏都采用分压器原理来产生代表 x 坐标和坐标的电压。分压器是通过将两个电阻进行串联来实现的。上面的电阻连接正参考电压，下面的电阻接地。两个电阻连接点处的电压测量值与下面电阻尺的阻值成正比，如图 2-3 所示。

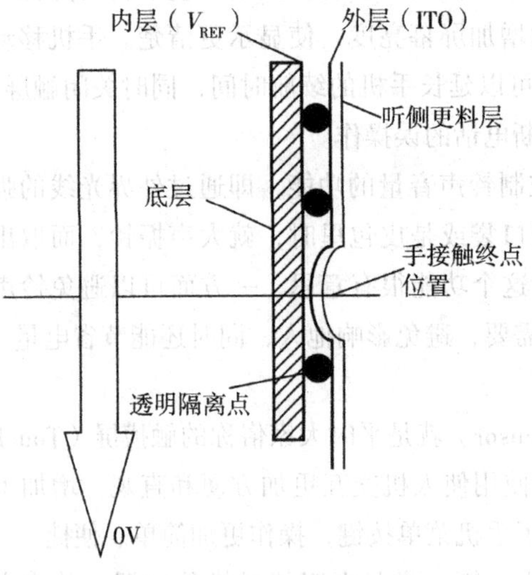

图 2-2　电阻式触摸屏的结构

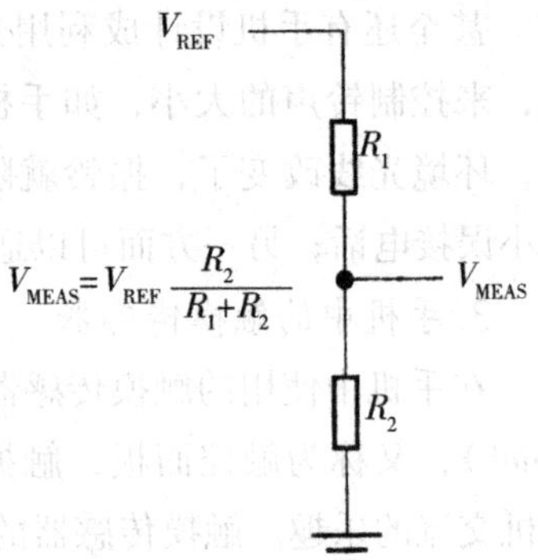

图 2-3　触摸屏的分压原理

为了在电阻式触摸屏上的特定方向测量一个坐标，需要对一个阻性层进行偏置：将它的一边接 V_{REF}，另一边接地。同时，将未偏置的那一层连接到一个 ADC 的高阻抗输入端。当触摸屏上的压力足够大，使两层之间发生接触时，电阻性表面被分隔为两个电阻。它们的阻值与触摸点到偏置边缘的距离成正比。触摸点与接地边之间的电阻相当于分压器中下面的那个电阻。因此，在未偏置层上测得的电压与触摸点到接地边之间的距离成正比。

2）四线电阻式触摸屏：在手机中使用电阻式触摸屏几乎全部都是四线触摸屏。

四线触摸屏包含两个阻性层。其中一层在屏幕的左右边缘各有一条垂直总线，另一层在屏幕的底部和顶部各有一条水平总线，如图 2-4 所示。

在触摸屏幕后，起到电压计作用的触摸管理芯片首先在 X+ 点上施加电压梯度 V_{DD}，在 X- 点上施加接地电压 GND。然后，检测 Y 轴电阻上的模拟电压，并把模拟电压转化成数值，用模数转换器计算 X 坐标。在这种情况下，Y- 轴变成感应线。同样的，在 Y+ 和 Y- 点分施加电压梯度，可以测量 Y 轴坐标。

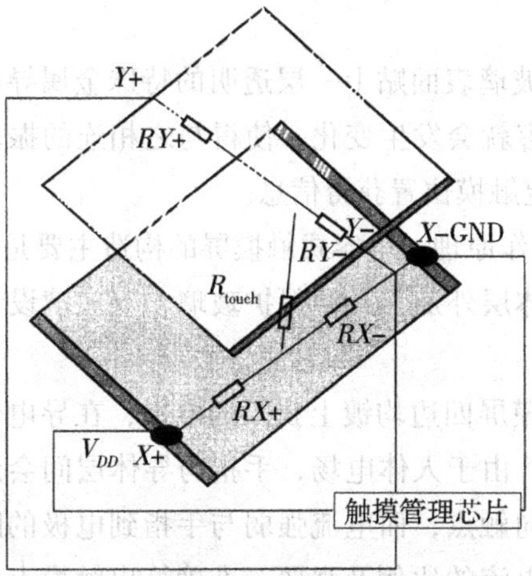

图 2-4 四线电阻式触摸屏工作原理

3）电阻式触摸屏的外观及结构：电阻式触摸屏是覆盖在 LCD 上面一层玻璃结构的透明的材料，它与 LCD 是可以分离的，可以单独进行更换，有些手机的触摸屏和 LCD 做在一起，如果触摸屏损坏的时候只能一起更换。部分手机会在触摸屏上面加一个屏幕面板，用来保护触摸屏和 LCD。

4）电阻式触摸屏电路详解。图 2-5 所示是一款手机的电阻式触摸屏电路，电路由触摸检测部件、触摸屏控制芯片、CPU 组成，触摸屏安装在 LCD 的前面，用户检

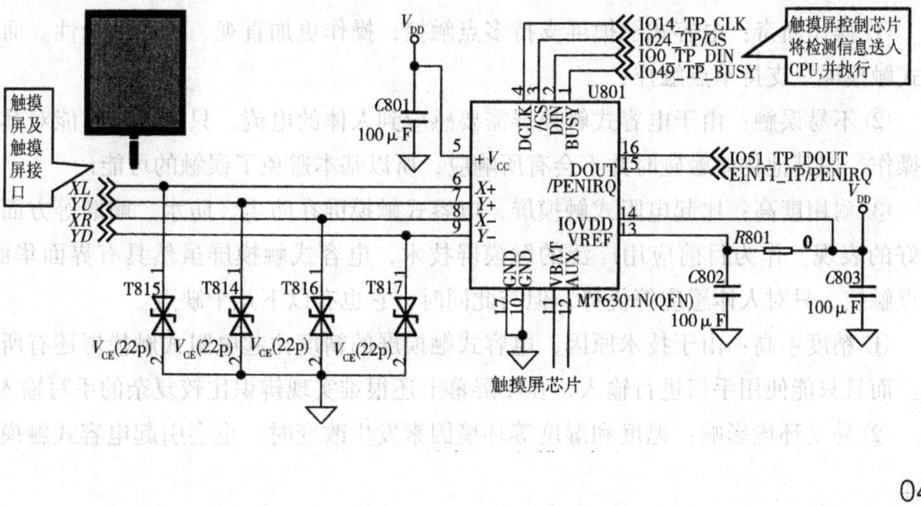

测自己的触摸位置，当手指触摸图标或菜单位置时，触摸屏将检测的信息送入触摸屏控制芯片，触摸屏控制器的主要作用是从触摸点检测装置上接收触摸信息，并将它转换成触点坐标，再送给 CPU，它同时能接收 CPU 发来的命令并加以执行。

（2）电容式触摸屏

电容式触摸屏是在玻璃表面贴上一层透明的特殊金属导电物质。当手指触摸在金属层上时，触点的电容就会发生变化，使得与之相连的振荡器频率发生变化，通过测量频率变化可以确定触摸位置获得信息。

1）电容式触摸屏工作原理：电容式触摸屏的构造主要是在玻璃屏幕上镀一层透明的薄膜体层，再在导体层外加上一块保护玻璃，双玻璃设计能彻底保护导体层及感应器。

电容式触摸屏在触摸屏四边均镀上狭长的电极，在导电体内形成一个低电压交流电场。在触摸屏幕时，由于人体电场，手指与导体层间会形成一个耦合电容，四边电极发出的电流会流向触点，而电流强弱与手指到电极的距离成正比，位于触摸屏后的控制器便会计算电流的比例及强弱，准确算出触摸点的位置。电容触摸屏的双玻璃不但能保护导体及感应器，更有效地防止外在环境因素对触摸屏造成影响，就算屏幕沾有污秽、尘埃或油渍，电容式触摸屏依然能准确算出触摸位置。

2）电容式触摸屏的特性：电容式触摸屏的感应屏是一块四层复合玻璃屏，玻璃屏的内表面和夹层各涂有一层导电层，最外层是一薄层硅土玻璃保护层。当使用者用手指触摸在感应屏上的时候，人体的电场让手指和触摸屏表面形成一个耦合电容，对于高频电流来说，电容是直接导体，于是手指从接触点分走一个很小的电流。这个电流分别从触摸屏的四角上的电极中流出，并且流经这四个电极的电流与手指到四角的距离成正比，控制器通过对这四个电流比例的精确计算，得出触摸点的位置。

相比传统的电阻式触摸屏，电容式触摸屏的优势主要有以下几个方面。

① 操作新奇：电容式触摸屏支持多点触控，操作更加直观、更具趣味性。而电阻式触摸屏只支持单点触控；

② 不易误触：由于电容式触摸屏需要感应到人体的电流，只有人体才能对其进行操作，用其他物体触碰时并不会有所响应，所以基本避免了误触的可能；

③ 耐用度高：比起电阻式触摸屏，电容式触摸屏在防尘、防水、耐磨等方面有更好的表现。作为目前应用广泛的触摸屏技术，电容式触摸屏虽然具有界面华丽、多点触控、只对人体感应等优势，但与此同时，它也有以下几个缺点。

① 精度不高：由于技术原因，电容式触摸屏的精度比起电阻式触摸屏还有所欠缺。而且只能使用手指进行输入，在小屏幕上还很难实现辨识比较复杂的手写输入。

② 易受环境影响：温度和湿度等环境因素发生改变时，也会引起电容式触摸屏

的不稳定甚至漂移。例如用户在使用的同时将身体靠近屏幕就可能引起漂移，甚至在拥挤的人群中操作也会引起漂移。这主要是由于电容式触摸屏技术的工作原理所致，虽然用户的手指距离屏幕更近，但屏幕附近还有很多体积远大于手指的电场同时作用，这样就会影响到触摸位置的判断。

③ 成本偏高：当前电容式触控屏在触控板贴附到 LCD 面板的步骤中还存在一定的技术困难，所以无形中也增加了电容式触控屏的成本。

3）电容式触摸屏外观结构。图 2-6 是某品牌手机的纯平触摸屏（touch lens，中文俗称有“镜面式触摸屏”“纯平触摸屏”）的外观，此手机使用的电容式触摸屏，屏幕面板和触摸屏合二为一，透光率高，使用寿命长，适合手机的超薄化设计，加上可以多点触摸功能，深受广大用户的喜爱。

2-6　某品牌手机的电容式触摸屏

触摸传感器除了以上介绍的电阻式触摸屏和电容式触摸屏，还有其他类型的触摸屏，在此不再赘述。

四、手机中的摄像头

手机的摄像功能指的是手机是否可以通过内置或是外接的摄像头进行拍摄静态图片或短片，作为手机的一项附加功能，手机的摄像功能得到了迅速的发展。

1. 手机摄像头的工作原理

（1）摄像头的工作流程：景物通过镜头（LENS）生成的光学图像投射到图像传感器表面上，然后转为电信号，经过 A/D（模数转换）转换后变为数字图像信号，再送到数字信号处理芯片（DSP）中加工处理，再通过 CPU 进行处理后，通过显示屏（LCD）就可以看到图像了，如图 2-7 所示。

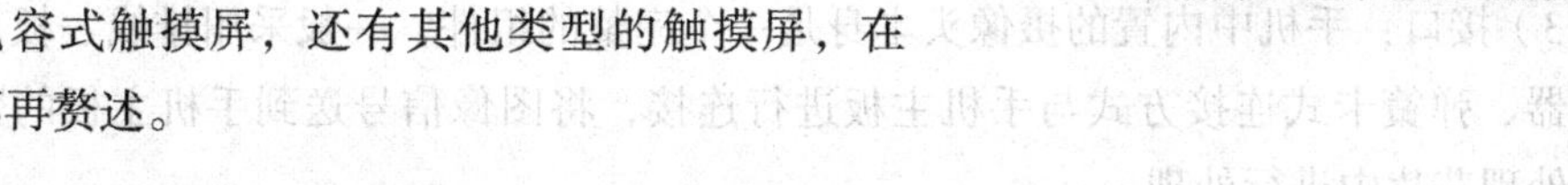

图 2-7　摄像头工作流程

（2）摄像头的分类：摄像头分为数字摄像头和模拟摄像头两大类。

数字摄像头可以直接捕捉影像，然后通过数字信号处理芯片进行处理后，送到 CPU，通过显示屏显示出来。现在手机上的摄像头基本以数字摄像头为主。

模拟摄像头可以将视频采集设备产生的模拟视频信号转换成数字信号，进而将其储存在计算机里。模拟摄像头捕捉到的视频信号必须经过特定的视频捕捉卡将模拟信号转换成数字模式，并加以压缩后才可以转换到计算机上运用。

（3）手机摄像头的结构

手机摄像头的结构一般由镜头、图像传感器、接口、数字信号处理器、CPU、显示屏等组成。

1）镜头（LENS）：手机摄像头镜头通常采用钢化玻璃或 PMMA（有机玻璃，也叫亚克力），镜头固定在图像传感器的上方，可以通过手动调节镜头来改变聚焦，不过大部分手机不能手动调节聚焦，手机摄像头镜头在出厂时已经调好固定。

2）图像传感器（SENSOR）：传统相机使用“胶卷”作为其记录信息的载体，而数码相机的“胶卷”就是其成像感光器件，而且是与相机一体的，是数码相机的心脏，图像传感器是数码相机的核心，也是最关键的技术。目前手机数码相机的核心成像部件有两种：一种是广泛使用的 CCD（电荷耦合）元件；另一种是 CMOS（互补金属氧化物导体）器件。

3）接口：手机中内置的摄像头本身是一个完整的组件，一般采用排线、板对板连接器、弹簧卡式连接方式与手机主板进行连接，将图像信号送到手机主板的数字信号处理芯片中进行处理。

4）数字信号处理芯片（DSP）。数字信号处理芯片 DSP（DIGITAL SIGNAL PROCESSING）的作用是，通过一系列复杂的数学算法运算，对数字图像信号参数进行优化处理。

数字信号处理芯片在手机主板上，将图像进行处理后，在 CPU 的控制下送到显示屏，然后就能够在显示屏上看到镜头捕捉的景物了。

3. 图像传感器

图像传感器，是组成数字摄像头的重要组成部分。根据元件的不同，可分为 CCD（Charge Coupled Device，电荷耦合元件）和 CMOS（Complementary Metal Oxide Semiconductor，金属氧化物半导体元件）两大类。

（1）CCD

CCD（Charge Coupled Device），即“电荷耦合器件”，以百万像素为单位。数码相机规格中的多少百万像素，指的就是 CCD 的分辨率。CCD 是一种感光半导体芯片，用于捕捉图形，广泛运用于扫描仪、复印机以及无胶片相机等设备。与胶卷的原理相似，光线穿过一个镜头，将图形信息投射到 CCD 上。但与胶卷不同的是，CCD 既没有能力记录图形数据，也没有能力永久保存下来，甚至不具备“曝光”能力。所有图形数据都会不停留地送入一个“模 - 数”转换器，一个信号处理器以及一个存储设备（比如内存芯片或内存卡）。CCD 有各式各样的尺寸和形状，最大的有 2in × 2in。

（2）CMOS

CMOS（Complementary Metal Oxide Semiconductor），即“互补金属氧化物半导体”。CMOS 传感器便于大规模生产，且速度快，成本较低，是数码相机关键器件的发展方向之一。

互补性氧化金属半导体 CMOS 和 CCD 一样，同为在数码相机中可记录光线变化的半导体。CMOS 的制造技术和一般计算机芯片没什么差别，主要是利用硅和锗这两种元素所做成的半导体，使其在 CMOS 上共存着带 N（带 – 电）和 P（带 + 电）极的半导体，这两个互补效应所产生的电流，即可被处理芯片纪录和解读成影像。然而，CMOS 的缺点是太容易出现杂点，这主要是因为早期的设计使 CMOS 在处理快速变化的影像时，由于电流变化过于频繁而会产生过热的现象。

4. 手机摄像头电路

图 2–8 是 MTK 芯片组手机的摄像头电路，当手机进入拍照或摄像状态时，电源会分别提供 2.8V 和 1.8V 供电电压给摄像头组件接口的 2 脚和 19 脚，同时 CPU 送出复位信号到摄像头组件接口的 4 脚使摄像头复位，I2C 总线信号送到摄像头组件接口的 9 脚、10 脚，摄像头的控制信号分别送到摄像头组件接口的 3 脚、5 脚、6 脚、7 脚、8 脚。

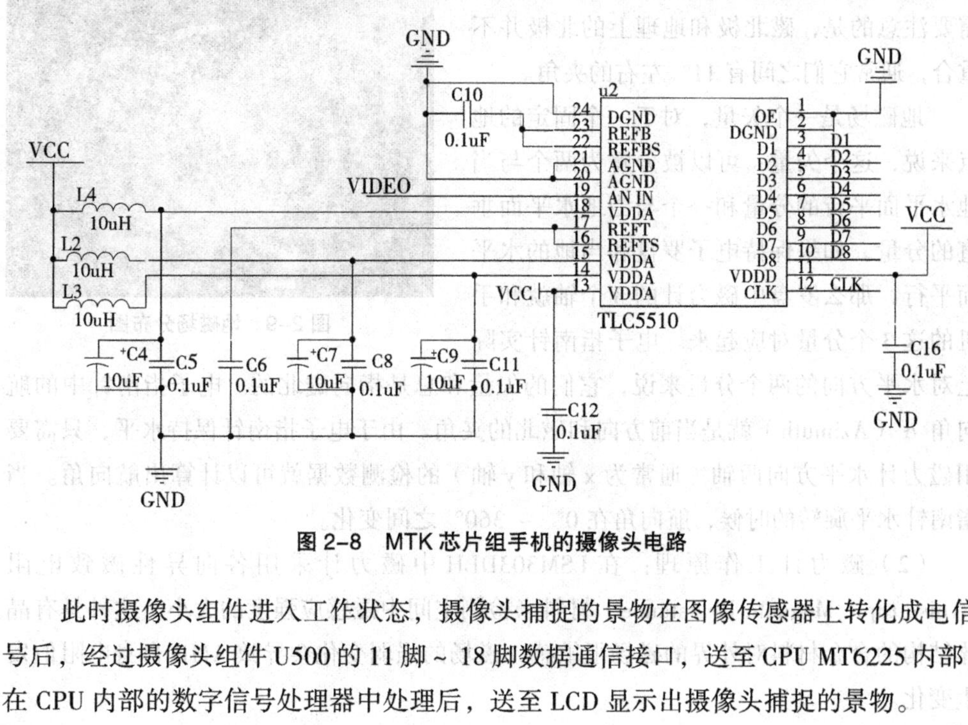

图 2–8 MTK 芯片组手机的摄像头电路

此时摄像头组件进入工作状态，摄像头捕捉的景物在图像传感器上转化成电信号后，经过摄像头组件 U500 的 11 脚 ~ 18 脚数据通信接口，送至 CPU MT6225 内部，在 CPU 内部的数字信号处理器中处理后，送至 LCD 显示出摄像头捕捉的景物。

五、手机中的电子指南针

指南针是重要的导航工具，在很多领域都有广泛的应用。电子指南针将替代罗盘指南针，因为它全部采用固态元件，而且可以方便地和其他电子系统连接。电子指南针系统中磁场传感器的磁阻（MR）技术是最佳的解决方法，它比磁通门传感器和霍尔元件都更先进。

1.电子指南针工作原理

电子指南针（又称为电子罗盘）是一种重要的导航工具，能实时提供移动物体的航向和姿态。随着半导体工艺的进步和手机操作系统的发展，集成了越来越多传感器的智能手机变得功能强大，很多手机上都实现了电子指南针的功能。而基于电子指南针的应用（如 Android 的 Skymap），在各个软件平台上也流行起来。

要实现电子指南针功能，需要一个检测磁场的三轴磁力传感器和一个三轴加速度传感器。随着微机械工艺的成熟，又推出了将三轴磁力计和三轴加速计集成在一个封装里的二合一传感器模块 LSM303DLH，这是一款成本低、性能高的电子指南针模块。

（1）地磁场和航向角：如图 2-9 所示，地球的磁场像一个条形磁体一样由磁南极指向磁北极。在磁极点处磁场和当地的水平面垂直，在赤道磁场和当地的水平面平行，所以在北半球磁场方向倾斜指向地面。需要注意的是，磁北极和地理上的北极并不重合，通常它们之间有 11° 左右的夹角。

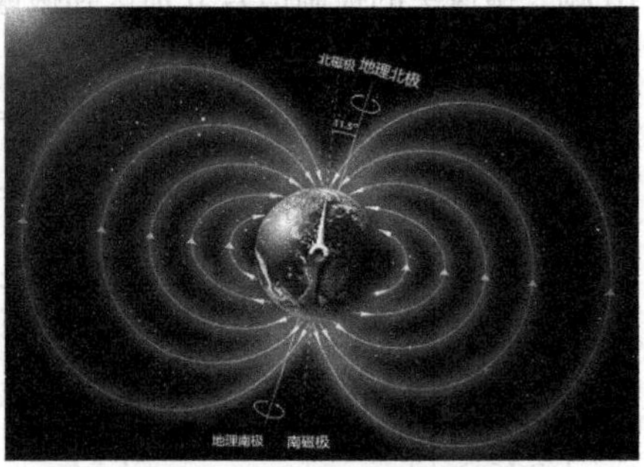

图 2-9　地磁场分布图

地磁场是一个矢量，对于一个固定的地点来说，这个矢量：可以被分解为两个与当地水平面平行的分量和一个与当地水平面垂直的分量。如果保持电子罗盘和当地的水平面平行，那么罗盘中磁力计的 3 个轴就和手机的这 3 个分量对应起来。电子指南针实际上对水平方向的两个分量来说，它们的矢量和总是指向磁北的。电子指南针中的航向角 α（Azimuth）就是当前方向和磁北的夹角。由于电子指南针保持水平，只需要用磁力计水平方向两轴（通常为 x 轴和 y 轴）的检测数据就可以计算出航向角。当指南针水平旋转的时候，航向角在 0° ～ 360° 之间变化。

（2）磁力计工作原理：在 LSM303DLH 中磁力计采用各向异性磁致电阻（Anisotropic Magneto Resistance）材料来检测空间中磁感应强度的大小。这种具有晶体结构的合金材料对外界的磁场很敏感，磁场的强弱变化会导致 AMR 自身电阻值发生变化。

在制造过程中，将一个强磁场加在 AMR 上使其在某一方向上磁化，建立起一个主磁域，与主磁域垂直的轴被称为该 AMR 的敏感轴。为了使测量结果以线性的方式变化，AMR 材料上的金属导线呈 45° 角倾斜排列，电流从这些导线上流过，由初始的强磁场在 AMR 材料上建立起来的主磁域和电流的方向有 45° 的夹角。

当有外界磁场作用时，AMR 上主磁域方向就会发生变化而不再是初始的方向了，那么磁场方向和电流的夹角也会发生变化。对于 AMR 材料来说，角的变化会引起 AMR 自身阻值的变化，并且呈线性关系。

ST 利用惠斯通电桥检测 AMR 阻值的变化，如图 2–10 所示。R1/R2/R3/R4 是初始状态相同的 AMR 电阻，但是 R1/R2 和 R3/R4 具有相反的磁化特性。当检测到外界磁场的时候，只 R1/R2 阻值增加 △ R；而 R3/R4 减少△ R。这样在没有外界磁场的情况下，电桥的输出为零；而在有外界磁场时电桥的输出为一个微小的电压△ V。

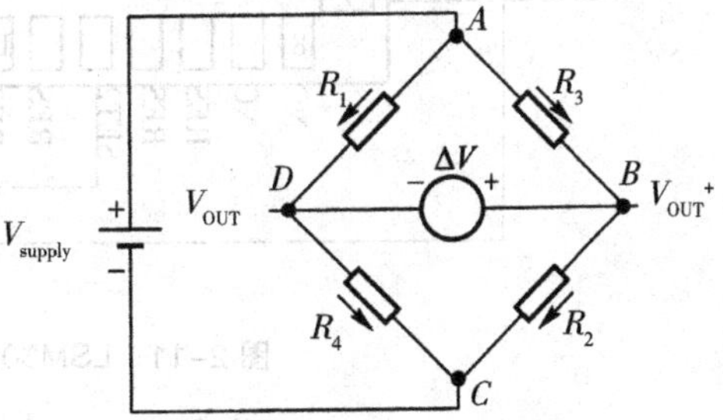

图 2–10 惠斯通电桥

当 R1=R2=R3=R4，在外界磁场的作用下电阻变化为△ R 时，电桥输出△ V 正比于△ R。这就是磁力计的工作原理。

2. 电子指南针电路

下面以意法半导体的 LSM303DLH 模块为例介绍电子指南针电路，一个传统的电子指南针系统，至少需要一个三轴的磁力计以测量磁场数据，一个三轴加速计以测量指南针倾角，通过信号条理和数据采集部分将三维空间中的重力分布和磁场数据传送给处理器。处理器通过磁场数据计算出方位角，通过重力数据进行倾斜补偿。这样处理后输出的方位角不受电子指南针空间姿态的影响。

如图 2–11 所示，LSM303DLH 将加速计、磁力计、A/D 转化器及信号条理电路集成在一起，仍然通过 I2C 总线和处理器通信。这样只用一个芯片就实现了 6 轴的数据检测和输出，减小了 PCB 板的占用面积，降低了器件成本。它需要的周边器件很少，连接也很简单，磁力计和加速计各自有一条 I2C 总线和处理器通信。如果 V0 接口电平为 1.8V，Vdd_dig_M、Vdd_IO_A 和 Vdd_I2C_Bus 均可接 1.8V 供电，Vdd 使用 2.5V 以上供电即可；如果接口电平为 2.6V，除了 Vdd_dig_M 要求 1.8V 以外，其他皆可以用 2.6V。

Cl 和 C2 为置位 / 复位电路的外部匹配电容，由于对置位脉冲和复位脉冲有一定的要求，建议用户不要随意修改 C1 和 C2 的大小。

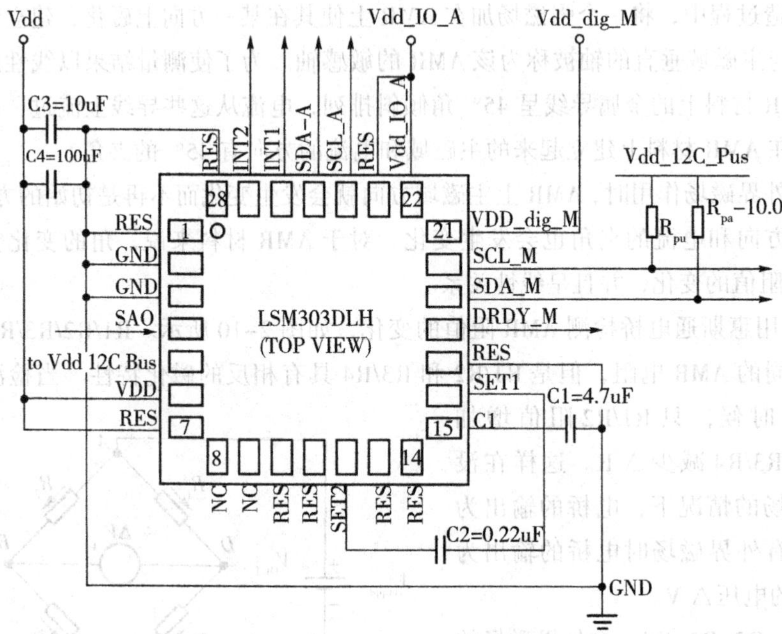

图 2–11　LSM303DLH 应用电路

对于便携式设备而言，器件的功耗非常重要，直接影响其待机的时间。LSM303DLH 可以分别对磁力计和加速计的供电模式进行控制，使其进入睡眠或低功耗模式，并且用户可自行调整磁力计和加速计的数据更新频率，以调整功耗水平。在磁力计数据更新频率为 7.5Hz、加速计数据更新频率为 50Hz 时，消耗电流典型值为 0.83mA。在待机模式时，消耗电流小于 3μA。

六、手机中的三轴陀螺仪

1. 三轴陀螺仪工作原理

三轴陀螺仪：同时测定 6 个方向的位置，移动轨迹，加速。单轴的只能测量一个方向的量，也就是 1 个系统需要 3 个陀螺仪，而 3 轴的 1 个就能替代 3 个单轴的。3 轴的体积小、重量轻、结构简单、可靠性好，是激光陀螺的发展趋势。

在智能手机中内置三轴陀螺仪，它可以与加速器和指南针一起工作，可以实现 6 轴方向感应，三轴陀螺仪更多的用途会体现在 GPS 和游戏效果上。一般来说，使用三轴陀螺仪后，导航软件就可以加入精准的速度显示，对于现有的 GPS 导航来说是个强大的冲击，同时游戏方面的重力感应特性更加强悍和直观，游戏效果将大大提升。这个功能可以让手机在进入隧道丢失 GPS 信号的时候，凭借陀螺仪感知的加速度方向和大小继续为用户导航。而三轴陀螺仪将会与智能手机原有的距离感应器、光线感应器、方向感应器结合起来让智能手机的人机交互功能达到了一个新的高度。

2. 三轴陀螺仪的应用

在工程上，陀螺仪是一种能够精确地确定运动物体的方位的仪器，它是现代航空、航海、航天和国防工业中广泛使用的一种惯性导航仪器，它的发展对一个国家的工业、国防和其他高科技的发展具有十分重要的战略意义。传统的惯性陀螺仪主要是指机械式的陀螺仪，机械式的陀螺仪对工艺结构的要求很高，结构复杂，它的精度受到了很多方面的制约。自从20世纪70年代以来，现代陀螺仪的发展已经进入了一个全新的阶段。1976年美国Utah大学的Vali和Shorthill提出了现代光纤陀螺仪的基本设想，到20世纪80年代以后，现代光纤陀螺仪就得到了非常迅速的发展，与此同时激光谐振陀螺仪也有了很大的发展。由于光纤陀螺仪具有结构紧凑、灵敏度高、工作可靠等优点，所以目前光纤陀螺仪在很多领域已经完全取代了机械式的传统陀螺仪，成为现代导航仪器中的关键部件。和光纤陀螺仪同时发展的除了环式激光陀螺仪外，还有现代集成式的振动陀螺仪。集成式的振动陀螺仪具有更高的集成度，体积更小，也是现代陀螺仪的一个重要的发展方向。

现代光纤陀螺仪包括干涉式陀螺仪和谐振式陀螺仪两种，它们都是根据塞格尼克的理论发展起来的。塞格尼克理论的要点是这样的：当光束在一个环形的通道中前进时，如果环形通道本身具有一个转动速度，那么光线沿着通道转动的方向前进所需要的时间，比沿着这个通道转动相反的方向前进所需要的时间要多。也就是说当光学环路转动时，在不同的前进方向上，光学环路的光程相对于环路在静止时的光程会产生变化。利用这种光程的变化，如果使不同方向上前进的光之间产生干涉来测量环路的转动速度，这样就可以制造出干涉式光纤陀螺仪，如果利用这种环路光程的变化来实现在环路中不断循环的光之间的干涉，也就是通过调整光纤环路光的谐振频率进而测量环路的转动速度，就可以制造出谐振式的光纤陀螺仪。从这个简单的介绍可以看出，干涉式陀螺仪在实现干涉时的光程差小，所以它所要求的光源可以有较大的频谱宽度，而谐振式的陀螺仪在实现干涉时，它的光程差较大，所以它所要求的光源必须有很好的单色性。

2010年，苹果公司创新性地在新产品iphone4中置入“三轴陀螺仪”，让iphone的方向感应变得更加智能，从此手机也有了像飞机一样的“感应”，能够知道自己“处在什么样的位置”。

3. iphone手机中的三轴陀螺仪

陀螺仪是用于测量或维持方向的设备，基于角动量守恒原理。这句话的要点是测量或维持方向，这是iphone4为何搭载此类设备的原因。

iphone4采用了微型的、电子化的振动陀螺仪，也叫微机电陀螺仪。iphone4是世界上第一台内置MEMS（微机电系统）三轴陀螺仪的手机，可以感知来自6个方向的运动，加速度，角度变化。

iphone4手机采用了意法半导体的MEMS陀螺仪芯片，如图2-12所示，芯片内部包含有一块微型磁性体，可以在手机进行旋转运动时产生的科里奥力作用下向X、Y、Z三个方向发生位移，利用这个原理便可以测出手机的运动方向。而芯片核心中的另外一部分则可以将有关的传感数据转换为iphone4可以识别的数字格式。

图2-12 苹果手机的三轴陀螺仪芯片

微机电系统（MEMS）是一种嵌入式系统，在极小的空间内集成了电子和机械构件。一个基本的MEMS设备由专用集成电路（ASIC）和微机械挂传感器组成，当用户旋转手机，在科里奥利力（Coriolis force）的作用下，在X、Y及Z轴产生偏移。专用集成电路处理器感知到待验质量通过其下电容器板和位于边缘的指电容的偏移。

七、手机中的重力传感器

在手机中的重力传感器利用压电效应实现，通过测量内部一片重物（重物和压电片合成一体）、重力正交两个方向的分力大小，来判定水平方向。通过对力敏感的传感器，感受手机在变换姿势时重心的变化，使手机光标变化位置从而实现选择的功能。支持摇晃切换所需的界面和功能，是一种非常具有使用乐趣的功能。重力传感器就是把手机拿在手里是竖着的，你将它转90°，横过来，它的页面就跟随手机的重心自动反应过来，也就是说页面也转了90°，极具人性化。目前绝大多数智能手机和平板电脑都内置了重力传感器，如苹果的系列产品iphone和iPad，Android系列的手机等。重力传感器在手机横竖的时候屏幕会自动转屏，在玩游戏时可以代替上下左右，比如说玩赛车游戏，可以不通过按键，将手机平放，左右摇摆就可以代替模拟机游戏的方向左右移动了。

重力传感器是根据压电效应的原理来工作的。所谓的压电效应就是“对于不存在对称中心的异极晶体加在晶体上的外力，除了使晶体发生形变以外，还将改变晶体的极化状态，在晶体内部建立电场，这种由于机械力作用使介质发生极化的现象称为正压电效应”。重力传感器就是利用了其内部的由于加速度造成的晶体变形这个特性。由于这个变形会产生电压，只要计算出产生电压和所施加的加速度之间的关系，就可以将加速度转化成电压输出。当然，还有很多其他方法来制作加速度传感器，比如电容效应、热气泡效应、光效应，但是其最基本的原理都是由于加速度使某个介质产生变形，通过测量其变形量，并用相关电路转化成电压输出。它的应用体现在下面几方面。

① 通过重力传感器测量由于重力引起的加速度，可以计算出设备相对于水平面的倾斜角度。通过分析动态加速度，可以分析出设备移动的方式。但是刚开始的时候，会发现光测量倾角和加速度好像不是很有用。但是，现在工程师们已经想出了很多方法获得更多有用的信息；

② 加速度传感器可以帮助仿生学机器人了解它现在身处的环境。是在爬山，还是在走下坡，是否摔倒。或者对于飞行类的机器人来说，对于控制姿态也是至关重要的。一个好的程序员能够使用加速度传感器来回答上述所有问题；

③ 重力传感器可以用来分析发动机的振动；

④ 重力传感器在进入消费电子市场之前，实际上已被广泛应用于汽车电子领域，主要集中在车身操控、安全系统和导航，典型的应用如汽车安全气囊（Airbag），ABS 防抱死刹车系统、电子稳定系统（ESP）、电控悬挂系统等。

第四节　RFID

一、RFID 技术概述

RFID 即无线射频识别，俗称电子标签。是一种非接触式的自动识别技术，它通过射频信号自动识别目标对象，并获取相关数据，识别工作无须人工干预，可工作于各种恶劣环境。RFID 技术可识别高速运动物体，并可同时识别多个标签，操作快捷方便。

与其他自动识别技术相比，RFID 的主要特性包括以下 4 个方面。

① 数据的读写（readwrite）机能：只要通过 RFID Reader 即可不需接触，直接将信息读取至数据库内，且可一次处理多个标签，并可以将处理的状态写入标签，以备数据处理的读取判断之用。

② 小型化和多样化的形状：RFID 在读取上并不受尺寸大小和形状的限制，不需为了读取精确度而配合纸张的固定尺寸和印刷质量。此外，RFID 标签也可往小型化与多样形态发展，以应用在不同产品上。

③ 耐环境性：纸张一受到脏污就会看不到，但 RFID 对水、油和药品等物质具

有很强的抗污性。RFID在黑暗或脏污的环境中，也可以读取数据。

④可重复使用：由于RFID的数据为电子数据，可以反复被覆写，因此可以回收标签重复使用。如被动式RFID，不需要电池就可以使用，没有维护保养的需要。

二、RFID标签

1. RFID标签的特点

随着经济全球化、生产自动化的高速发展，在现代物流、智能仓库、大型港口集装箱自动装卸、海关与保税区自动通关等应用场景中，传统的条码、磁卡、IC卡技术已经不能满足新的应用需求。

下面用天津滨海新区保税区为例来说明这个问题。如果仍然使用条码技术，那么当从海运码头卸下大批集装箱，通过海关装载到火车、货车时，无论增加多少条通道、增加多少个海关工作人员，也不可能实现保税区进出口货物的快速通关，必然造成货物的堆积和延误。解决大批货物快速通关的关键是解决通关货物信息的快速采集、自动识别与处理。使用RFID技术可以解决这个问题。当一辆装载着集装箱的货车通过关口的时候，RFID读写器可以自动地“读出”贴在每一个集装箱、每一件物品上RFID标签的信息，海关工作人员面前的计算机就能够立即呈现出准确的进出口货物的名称、数量、发出地、目的地、货主等报关信息，海关人员根据这些信息来决定是否放行或检查。

和传统条形码识别技术相比，RFID标签识别技术有以下特点。

（1）快速扫描：条形码一次只能有一个条形码受到扫描，RFID辨识器可同时辨识读取数个RFID标签。

（2）体积小型化、形状多样化：RFID在读取上并不受尺寸大小与形状限制，不需为了读取精确度而配合纸张的固定尺寸和印刷品质。此外，RFID标签更可往小型化与多样形态发展，以应用于不同产品。

（3）抗污染能力和耐久性：传统条形码的载体是纸张，因此容易受到污染，但RFID对水、油和化学药品等物质具有很强抵抗性。此外，由于条形码是附于塑料袋或纸箱上，所以特别容易受到折损；RFID卷标是将数据存在芯片中，因此可以免受污损。

（4）可重复使用：现今的条形码印刷上去之后就无法更改，RFID标签则可以重复地新增、修改、删除RFID卷标内储存的数据，方便信息的更新。RFID技术与互联网和通信技术相结合，可实现提高管理与运作效率，降低成本。

（5）穿透性和无屏障阅读：在被覆盖的情况下，RFID能够穿透纸张、木材和塑料等非金属或非透明的材质，并能够进行穿透性通信。而条形码扫描机必须在近距离而且没有物体阻挡的情况下，才可以辨读条形码。

（6）数据的记忆容量大：一维条形码的容量是 50B，二维条形码最大的容量可储存 2 000 ~ 3 000B，RFID 最大的容量则有数 MB。随着记忆载体的发展，数据容量也有不断扩大的趋势。未来物品所需携带的资料量会越来越大，对卷标所能扩充容量的需求也相应增加。

（7）安全性：由于 RFID 承载的是电子式信息，其数据内容可经由密码保护，使其内容不易被伪造及变造。近年来，RFID 因其所具备的远距离读取、高储存量等特性而备受瞩目。它不仅可以帮助一个企业大幅提高货物、信息管理的效率，还可以让销售企业和制造企业互联，从而更加准确地接收反馈信息，控制需求信息，优化整个供应链。

目前，RFID 已广泛应用于制造、销售、物流、交通、医疗、安全与军事等各种领域，能实现全球范围的各种产品、物资流动过程中的动态、快速、准确地识别与管理，因此已经引起了世界各国政府与产业界的广泛关注，并得到广泛应用。

2. RFID 标签的基本结构

RFID 标签又称为“射频标签”或“电子标签”（Tag）。RFID 最早出现于 20 世纪 80 年代，首先由欧洲一些行业和公司用于库存产品统计与跟踪、目标定位与身份认证。随着集成电路设计与制造技术的不断发展，RFID 芯片向着小型化、高性能、低价格的方向发展，使得 RFID 逐步为产业界所认知。2011 年，日本日立公司展示了全世界最小的 RFID 芯片，仅有 0.002 6mm^2，看上去就像米粒一样，可以嵌入在一张纸内，如图 2-14 所示。

图 2-15 给出了体积与普通的米粒相当的玻璃管封装的动物或人体植入式的 RFID 标签，图 2-16 给出了很薄的透明塑料封装的粘贴式 RFID 标签，图 2-17 给出了纸介质封装的粘贴式 RFID 标签片。

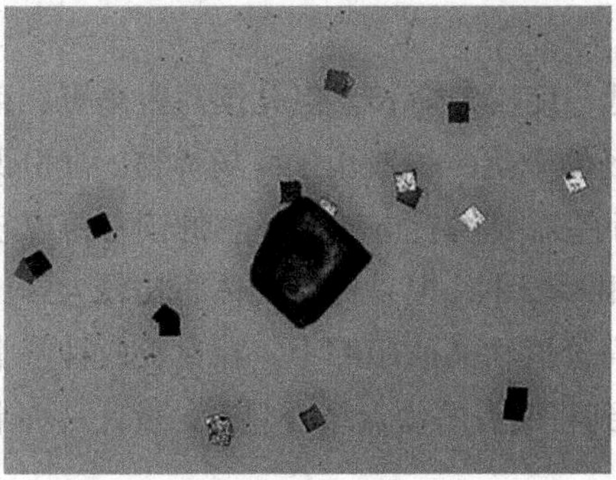

2-14 世界上最小的 RFID 芯片

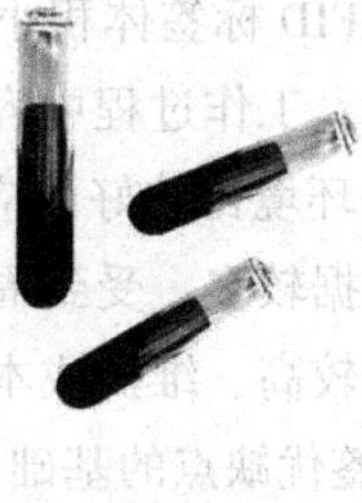

图 2-15 玻璃管封装的 RFID 标签

图 2-16 透明塑料封装的粘贴式 RFID 标签

图 2-17 纸介质封装的粘贴式 RFID 标签

三、RFID 基本工作原理

1. 被动式 RFID 标签工作原理

被动式 RFID 标签也叫作“无源 RFID 标签”。对于无源 RFID 标签，当 RFID 标签接近读写器时，标签处于读写器天线辐射形成的近场范围内。RFID 标签天线通过电磁感应产生感应电流，感应电流驱动 RFID 芯片电路。芯片电路通过 RFID 标签天线将存储在标签中的标识信息发送给读写器，读写器天线再将接收到的标识信息发送给主机。无源标签的工作过程就是读写器向标签传递能量，标签向读写器发送标签信息的过程。读写器与标签之间能够双向通信的距离称为“可读范围”或“作用范围”。

2. 主动式 RFID 标签工作原理

主动式 RFID 标签也叫作“有源 RFID 标签”。处于远场的有源 RFID 标签由内部配置的电池供电。从节约能源、延长标签工作寿命的角度，有源 RFID 标签可以不主动发送信息。当有源标签接收到读写器发送的读写指令时，标签才向读写器发送存储的标识信息。有源标签工作过程就是读写器向标签发送读写指令，标签向读写器发送标识信息的过程。

3. 半主动 RFID 标签

无源 RFID 标签体积小、重量轻、价格低、使用寿命长，但是读写距离短、存储数据较少，工作过程中容易受到周围电磁场的干扰，一般用于商场货物、身份识别卡等运行环境比较好的应用。有源 RFID 标签需要内置电池，标签的读写距离较远、存储数据较多、受到周围电磁场的干扰相对较小，但是标签的体积比较大、比较重、价格较高、维护成本较高，一般用于高价值物品的跟踪上。在比较两种基本的 RFID 标签优缺点的基础上，人们自然会想到将两者的优点结合起来，设计一种半主动式 RFID 标签。

半主动式 RFID 标签继承了无源标签体积小、重量轻、价格低、使用寿命长的优点，内置的电池在没有读写器访问的时候，只为芯片内很少的电路提供电源。只有在读写器访问时，内置电池才向RFID芯片供电，以增加标签的读写距离，提高通信的可靠性。半主动式RFID标签一般用在可重复使用的集装箱和物品的跟踪上。

四、RFID标签的分类

根据RFID标签的供电方式、工作方式等的不同，可将其分为6种基本类型。

1.按标签供电方式进行分类

按标签供电方式进行分类，RFID标签可以分为无源RFID标签和有源RFID标签两类。

（1）无源RFID标签：无源RFID标签内不含电池，它的能量要从RFID读写器获取。当无源RFID标签靠近RFID读写器时，无源RFID标签的天线将接收到的电磁波能量转化成电能，激活RFID标签中的芯片，并将RFID芯片中的数据发送到RFID读写器。无源RFID标签的优点是体积小、重量轻、成本低、寿命长，可以制作成薄片或挂扣等不同形状，应用于不同的环境。但是，无源RFID标签没有内部电源，因此无源RFID标签与RFID读写器之间的距离受到限制，一般要求使用功率较大的RFID读写器。

（2）有源RFID标签：有源RFID标签由内部电池提供能量。有源RFID标签的优点是作用距离远，有源RFID标签与RFID读写器之间的距离可以达到几十米，甚至可以达到上百米。有源RFID标签的缺点是体积大、成本高，使用时间受到电池寿命的限制。

2.按标签工作模式进行分类

按标签工作模式进行分类，RFID标签可以分为主动式、被动式与半主动式三类。

（1）主动式RFID标签：主动式RFID标签依靠自身的能量主动向RFID读写器发送数据。

（2）被动式RFID标签：被动式RFID标签从RFID读写器发送的电磁波中获取能量，激活后才能向RFID读写器发送数据。

（3）半主动式RFID标签：半主动式RFID标签自身的能量只提供给RFID标签中的电路使用，并不主动向RFID读写器发送数据。当它接收到RFID读写器发送的电磁波被激活之后，才向RFID读写器发送数据。

3.按标签读写方式进行分类

按标签读写方式进行分类，RFID标签可以分为只读式与读写式两类。

（1）只读式RFID标签：在读写器识别过程中，只读式RFID标签的内容只可读出不可写入。只读式RFID标签又可以进一步分为只读标签、一次性编程只读标签与可重复编程只读标签。

只读标签的内容在标签出厂时已经被写入，在读写器识别过程中只能读出不能写入。只读标签内部使用的是只读存储器（ROM）。只读标签属于标签生产厂商受客户委托定制的一类标签。

一次性编程只读标签的内容不是在出厂之前写入，而是在使用前通过编程写入，在读写器识别过程中只能读出不能写入。一次性编程只读标签内部使用的是可编程序只读存储器（PROM）、可编程阵列逻辑（PAL）。一次性编程只读标签可以通过标签编码 / 打印机写入商品信息。

可重复编程只读标签的内容经过擦除后，可以重新编程写入，但是在读写器识别过程中只能读出不能写入。可重复编程只读标签内部使用的是可擦除可编程只读存储器（EPROM）或通用阵列逻辑（GAL）。

（2）读写式 RFID 标签：读写式 RFID 标签的内容在识别过程中可以被读写器读出，也可以被读写器写入。读写式 RFID 标签内部使用的是随机存取存储器（RAM）或可擦除可编程只读存储器（EEROM）。

不同类型标签的数据存储能力是不同的。RFID 标签的芯片有的设计为只读，有的设计为可擦除和可编程写入。第一代可读写标签一般是要完全擦除原有的内容之后，才可以写入，而有一类标签有 2 个或 2 个以上的内存块，读写器可以分别对不同的内存块编程写入内容。

4. 按标签工作频率进行分类

根据国际无线电频率管理的规定，为了防止不同无线通信系统之间的相互干扰，使用无线信道开展通信业务时必须要向政府主管部门申请，免予申请专用的工业、科学与医药（Industrial Scientific Medical，ISM）频段包括：902 ~ 928MHz 的低频段、2.6 ~ 2.685GHz 的中高频段与 5.725 ~ 5.825GHz 的超高频与微波段。RFID 标签使用的是 ISM 频段。按照 RFID 标签的工作频率进行分类，可以分为：低频、中高频、超高频与微波四类。由于 RFID 工作频率的选取会直接影响芯片设计、天线设计、工作模式、作用距离、读写器安装要求，因此了解不同工作频率下 RFID 标签的特点，对于设计 RFID 应用系统是十分重要的。

（1）低频 RFID 标签：低频标签典型的工作频率为 125 ~ 134.2kHz。低频标签一般为无源标签，通过电感耦合方式，从读写器耦合线圈的辐射近场中获得标签的工作能量，读写距离一般小于 1m。低频标签芯片一般采用普通的 CMOS 工艺制造，芯片造价低、省电，适合近距离、低传输速率、数据量较小的应用，如门禁、考勤、电子计费、电子钱包、停车场收费管理等。低频标签的工作频率较低，可以穿透水、有机组织和木材，其外观可以做成耳钉式、项圈式、药丸式或注射式，适用于牛、猪、信鸽等动物的标识。

（2）中高频 RFID 标签：中高频标签的典型工作频率为 13.56MHz，其工作原理与低频标签基本相同，为无源标签。标签的工作能量通过电感耦合方式，从读写器耦合线圈的辐射近场中获得，读写距离一般小于 1m。高频标签可以方便地做成卡式结构，典型的应用有电子身份识别、电子车票，以及校园卡和门禁系统的身份识别卡。我国第二代身份证内就嵌有符合 ISO / IEC14443B 标准的 13.56MHz 的 RFID 芯片。

（3）超高频与微波段 RFID 标签：超高频与微波段 RFID 标签通常简称为“微波标签”，典型的超高频工作频率为 860 ~ 928MHz，微波段工作频率为 2.45 ~ 5.8GHz。微波标签主要有无源标签与有源标签两类。微波无源标签的工作频率主要是在 902 ~ 928MHz；微波有源标签工作频率主要在 2.45 ~ 5.8GHz。微波标签工作在读写器天线辐射的远场区域。

由于超高频与微波段电磁波的一个重要特点是：视距传输，超高频与微波段无线电波绕射能力较弱，发送天线与接收天线之间不能有物体阻挡。因此，用于超高频与微波段 RFID 标签的读写器天线被设计为定向天线，只有在天线定向波束范围内的电子标签可以被读写。读写器天线辐射场为无源标签提供能量，无源标签的工作距离大于 1m，典型值为 4 ~ 7m。读写器天线向有源标签发送读写指令，有源标签向读写器发送标签存储的标识信息。有源标签的最大工作距离可以超过百米。微波标签一般用于远距离识别与对快速移动物体的识别。例如，近距离通信与工业控制领域、物流领域、铁路运输识别与管理，以及高速公路的不停车电子收费（ETC）系统。

5. 按封装材料进行分类

按封装材料进行分类，RFID 标签可以分为纸质封装 RFID 标签、塑料封装 RFID 标签与玻璃封装 RFID 标签三类。

（1）纸质封装 RFID 标签。纸质封装 RFID 标签一般由面层、芯片与天线电路层、胶层与底层组成。纸质 RFID 标签价格便宜，一般具有可粘贴功能，能够直接粘贴在被标识的物体上。如前面图 2–17 给出的纸质封装 RFID 标签示意图。

（2）塑料封装 RFID 标签。塑料封装 RFID 标签采用特定的工艺与塑料基材，将芯片与天线封装成不同外形的标签，封装 RFID 标签的塑料可以采用不同的颜色，封装材料一般都能够耐高温。塑料封装 RFID 标签的外形如图 2–16 所示。

（3）玻璃封装 RFID 标签。玻璃封装 RFID 标签将芯片与天线封装在不同形状的玻璃容器内，形成玻璃封装的 RFID 标签。玻璃封装 RFID 标签可以植入动物体内，用于动物的识别与跟踪，以及珍贵鱼类、狗、猫等宠物的管理，也可用于枪械、头盔、酒瓶、模具、珠宝或钥匙链的标识。如前面图 2–15 给出了用于动物识别的玻璃封装 RFID 标签。

未来，RFID 标签会直接在制作过程中就镶嵌到诸如服装、手机、计算机、移动存储器、家电、书籍、药瓶、手术器械上。

6. 按标签封装的形状进行分类

人们可以根据实际应用的需要，设计出各种外形与结构的 RFID 标签。RFID 标签根据应用场合、成本与环境等因素，可以封装成以下几种外形：

① 粘贴在标识物上的薄膜型的自粘贴式标签；

② 可以让用户携带、类似于信用卡的卡式标签；

③ 可以封装成能够固定在车辆或集装箱上的柱型标签；

④ 可以封装在塑料扣中，用于动物耳标的扣式标签；

⑤ 可以封装在钥匙扣中，用于用户随身携带的身份标识标签；

⑥ 可以封装在玻璃管中，用于人或动物的植入式标签。

五、RFID 应用系统组成与工作流程

1. RFID 系统的组成

最简单的 RFID 系统由标签、读写器和天线三部分组成。RFID 系统主要由电子标签、天线、读写器和主机组成。

（1）标签（Tag）：由耦合元件及芯片组成，每个标签具有唯一的电子编码，附着在物体上标识目标对象。

（2）读写器（Reader）：读取（有时还可以写入）标签信息的设备，可设计为手持式或固定式。

（3）天线（Antenna）：在标签和读取器间传递射频信号。

（4）主机（PC）：根据应用的要求，对读写器进行控制。

2. RFID 系统的工作流程

（1）读写器通过发射天线发送一定频率的射频信号。

（2）当电子标签进入读写器天线的工作区时，电子标签天线产生足够的感应电流，电子标签获得能量被激活。

（3）电子标签将自身信息通过内置天线发送出去。

（4）读写器天线接收到从电子标签发送来的载波信号。

（5）读写器天线将载波信号传送到读写器。

（6）读写器对接收信号进行解调和解码，然后送到计算机网络进行后续的处理。

（7）数据处理系统根据逻辑运算判断该电子标签的合法性。

（8）计算机网络针对不同的设定做出相应的处理，发出指令控制执行的动作。

3. 举例说明

为了形象地说明 RFID 应用系统的结构，可以试着去设计一个简单的基于 RFID 的书店零售管理系统。如果你是图书大厦的总经理，希望在大厦的各层、各类图书的销售、库存、调度与结算环节中使用 RFID 标签技术，那么技术人员要做的第一件事是构建一个覆盖从仓库、零售、收款到管理各个部门的局域网系统。同时需要解决从进书、打印与粘贴 RFID 标签、入库、提货、销售、收款、统计分析、制定进货计划全过程的 RFID 应用技术问题。这样的基于 RFID 的书店零售管理系统应该由 RFID 标签、标签编码器、打印机、读写器、运行 RFID 中间件软件的计算机、数据服务器与系统管理计算机几个部分组成。

由于图书大厦出售的图书是由各个出版社提供的，因此要求各个出版社在书籍装订的过程中就贴上 RFID 标签是不现实的，目前只能够由图书大厦在入库时自己编码、打印与粘贴 RFID 标签。同时，图书大厦销售的不同出版社的各类图书在出版时间上有一定的随机性，销售部门不可能预先打印出各种图书的标签，只能在进货时考虑标签的编码、打印与粘贴，因此图书销售单位选择的 RFID 标签应是价格低廉、存储空间足以标识图书信息的一次性编程只读标签。

基于 RFID 的书店零售管理系统的结构具有一定的普遍性。可以看出，基于 RFID 的应用系统是由 RFID 标签编码、RFID 标签打印、RFID 读写器、运行 RFID 中间件软件的计算机、数据库服务器与数据处理计算机组成。需要注意的是，出现 4 本相同书的情况下，如果使用条形码，由于它们是一种书，因此 4 本书贴一种条码即可。而在使用 RFID 标签之后，这 4 本书要贴识别码最后一位不同的 4 个标识码。可见，RFID 标签标识的是每一本书，而不是一种书。

在很多应用中，必须对物品进行精细管理。例如，每一种药品（如抗生素“头孢地尼”）都存在着不同厂家、不同批次、不同生产时间与有效期的问题。条码一般只能表示“A 公司的 B 类产品”，而 RFID 标签可以表示“A 公司于 B 时间在 C 地点生产的 D 类产品的第 E 件”。显然，只用条码去标识所有的“头孢地尼”存在问题，如果出现医疗事故也无法溯源，而 RFID 标签可以很好地解决这个问题。

六、基于 RFID 技术的 ETC 系统设计

电子收费系统（Electronic Toll Collection System，ETC）又称不停车收费系统，是利用 RFID 技术实现车辆不停车自动收费的智能交通系统。ETC 在国外已有较长的发展历史，美国、欧洲等国家和地区的电子收费系统已经局部联网并逐步形成规模效益。我国以 IC 卡、磁卡为介质，采用人工收费方式为主的公路联网收费方式无疑也受到这一潮流的影响。

在不停车收费系统特别是高速公路自动收费应用上，RFID技术可以充分体现出它的优势，即在让车辆高速通过完成自动收费的同时，还可以解决原来收费成本高、管理混乱以及停车排队引起的交通拥塞等问题。

1. 基于RFID技术的ETC系统

ETC系统广泛采用了现代的高新技术，尤其是电子方面的技术，包括无线电通信、计算机、自动控制等多个领域。与一般半自动收费系统相比较，ETC具有两个主要特征：一是在收费过程中流通的不是传统的纸币现金，而是电子货币；二是实现了公路的不停车收费，即使用ETC系统的车辆只需要按照限速要求直接驶过收费道口，收费过程通过无线通信和机器操作自动完成，不必再像以往一样在收费亭前停靠、付款。

（1）收费管理系统

收费管理系统是整个ETC系统的控制和监视中心。各收费中心的运作都要通过收费管理系统来完成。它提供以下几个功能：

1）汇集各个路桥自动收费系统的收费信息；

2）监控所有收费站系统的运行状态；

3）管理所有标识卡和用户详细资料，并详细记录车辆通行情况，管理和维护电子标签的账户信息；

4）提供各种统计分析报表及图表；

5）收费管理中心可通过网络连接各收费站以进行数据交换及管理（也可采用脱机方式，通过便携机或权限卡交换数据）；

6）查询缴费情况、入账情况、各路段的车流量等情况；

7）执行收费结算，形成电子标签用户和业主的转账数据。

（2）收费分中心

收费分中心的主要功能如下：

1）接收和下载收费管理系统运行参数（费率表、黑名单、同步时钟、车型分类标准及系统设置参数等）；

2）采集辖区内各收费站上传的收费数据；

3）对数据进行汇总、归档、存储，并打印各种统计报表；

4）上传数据和资料给收费管理系统；

5）票证发放、统计和管理；

6）抓拍图像的管理；

7）收费系统中操作、维修人员权限的管理；

8）数据库、系统维护、网络管理等。

（3）通信网络

通信网络负责在收费系统与运行系统之间、在各站口的收费系统之间传输数据，包括以下两种。

1）收费站与收费中心之间的通信。出于对安全的考虑，收费站与收费中心之间采用 TCP/IP 协议进行文件传输。

2）收费站数据库服务器与各车道控制系统之间的数据通信。该模块与车道控制系统的通信模块是对等的，提供的主要功能为：更新数据，当接收完上级系统下传的更新数据并写入数据库后，向各车道控制机发送更新后的数据；接收数据，实时接收车道上传的原始过车记录和违章车辆信息；发送控制指令，当接收到车道监控系统发来的车道控制指令后，将该指令实时地转发到对应的车道控制机中。

（4）收费站

收费站采用智能型远距离非接触收费机，当车辆驶抵收费站时，利用车辆上配备的电子标签，通过“刷卡”，收费站的收费机将数据写入卡片并上传给收费站的微机，可使唯一车辆收到信号，车辆在驶至下个收费站时，刷卡后，经过卡片和收费机的三次相互认证，并将电子标签上的相关信息发给收费站的收费机。经收费机无线接收系统核对无误后完成一次自动收费，并开启绿灯或其他放行信号，控制道闸抬杆，指示车辆正常通过。如收不到信号或核对该车辆通行合法性有误，则维持红灯或其他停车信号，指示该车辆属于非正常通行车辆，同时安装的高速摄像系统能将车辆的有关信息数据快速记录下来并通知管理人员进行处理。车主的开户、记账、结账和查询（利用互联网或电话网），可利用计算机网络进行账务处理，通过银行实现本地或异地的交费结算。收费计算机系统包括一个可记录存储多达 20 万部车辆的数据库，可以根据收费接收机送来的识别码、入口码等进行检索、运算与记账，并可将运算结果送到执行机构。执行机构包括可显示车牌号、应交款数、余款数等。

2. 基于 RFID 技术的 ETC 系统的硬件设计

ETC 的工作流程为：当有车进入自动收费车道，并驶过在车道的入口处设置的地感线圈时，地感线圈就会产生感应而生成一个脉冲信号，由这个脉冲信号启动射频识别系统。由读写器的控制单元控制天线，搜寻是否有电子标签进入读写器的有效读写范围。如果有则向电子标签发送读取指令，读取电子标签内的数据信息，送给计算机，由计算机处理完后再由车道后面的读写器写入电子标签，打开栏杆放行，并在车道旁的显示屏上显示此车的收费信息，这样就完成了一次自动收费。如果没找到有效的标签，则发出报警，放下栏杆阻止恶意闯关，迫使其进入旁边预设的人工收费通道。

从 ETC 的工作流程分析可知，一个较为完整的 ETC 车道所需的各个组成部分，据此可设计 ETC 车道自动收费系统。嵌入式系统主要完成总体控制，MSP430 单片机则主要负责车辆缴费信息的显示，二者互为冗余且都可控制整个系统，一旦一方出现异常，另一方即可发出报警信息，在故障排除前代其行使职责，以保证 ETC 车道的正常工作。

各部分的硬件选择及设计的具体说明如下：

（1）车辆检测器的设计

车辆检测器是高速公路交通管理与控制的主要组成部分之一，是交通信息的采集设备。它通过数据采集和设备监控等方式，在道路上实时检测车辆速度、车流密度和时空占有率等各种交通参数，这些都是智能交通系统中必不可少的参数。检测器检测到的数据通过通信网络传送到本地控制器中或直接上传至监控中心计算机中，作为监控中心分析、判断、发出信息和提出控制方案的主要依据。它在自动收费系统中除了采集交通信息外，还扮演着 ETC 系统开关的角色。

使用车辆检测器作为ETC系统的启动开关，当道路检测器检测到有车辆进入时，就发送一个电信号给 RFID 读写器的主控 CPU，由主控 CPU 启动整个射频识别系统，对来车进行识别，并完成自动收费。

目前，常用的车辆检测器种类很多，有电磁感应检测器、波频车辆检测器、视频检测器等，具体有环形线圈（地感线圈）检测器、磁阻检测器、微波检测器、超声波检测器，红外检测等。其中，地感线圈检测器和超声波检测器都可做到高精度检测，并且受环境以及天气的影响较少，更适用于 ETC 系统。但是，超声波检测器必须放置在车道的顶部，而 ETC 中最关键的射频识别读写器天线也需要放置在车道比较靠上的位置，二者就有可能会互相影响，且超声波检测器价格更高，故其性价比要稍逊于地感线圈检测器。更重要的是，地感线圈检测器的技术更加成熟。

地感线圈检测器的工作原理是，埋设在路面下使环形线圈电感量降低，当有车经过时会引起电路谐振频率的上升，只要检测到此频率随时间变化的信号，就可检测出是否有车辆通过。环形线圈的尺寸可随需要而定，每车道埋设一个，计数精度可达到 ±2%。

（2）双核冗余控制设计

考虑到不停车电子收费系统需要常年在室外环境下工作，会受到各种恶劣天气的影响以及各种污染的侵蚀，对其核心控件采取冗余设计以保证系统的正常工作，即采用了双核控制的策略——嵌入式系统和单片机的冗余控制。这一策略的具体内容是，平时二者都处于工作状态，各司其职，嵌入式系统负责总体控制，单片机负责大屏幕显示，相互通信时都先检查对方的工作状态，一旦某一个 CPU 状态异常，另一个就立即启动设备异常报警，并暂时接管其工作以保证整个系统的正常工作，直到故障排除恢复正常状态。之所以选择嵌入式系统和 MSP430 单片机，是因为嵌入式系统的实时性、稳定性更好，功能更加强大，有利于产品的更新换代。而 MSP430 单片机则以超低功耗、超强功能的低成本微型化的 16 位单片机著称，这有利于降低系统功耗、提高系统寿命，其众多的 I/O 接口也可为日后的系统升级提供足够的空间。

这种冗余设计的实现主要是通过两套控制系统完成的，即嵌入式系统和 MSP430 单片机都各有一套控制板，都可与射频收发芯片进行信息交换，都可采集地感线圈的脉冲信号，可控制栏杆、红绿灯、声光报警、显示屏等车道设备。嵌入式系统和 MSP430 单片机之间采用 RS-485 通信，每次通信时都先检测对方的工作状态，如果出现异常则紧急启动本控制系统中的备用控制程序。

第五节　生物识别技术

人的身份识别在现代社会变得越来越重要。开门不再用叮叮当当的钥匙串，银行取钱也不必输入那些“安全”密码，走遍全球更不用带着一堆总怕丢失的卡；你的手就是钥匙、你的脸就是密码、你这个人就是地球村公民的身份证。这就是生物识别，21 世纪人类将拥有真正属于自己的身份证。生物识别技术将彻底解决社会中任何有关身份识别的难题，在公安、国防、金融、保险、医疗卫生、计算机网络等各个领域中都有广阔的应用前景，可靠、方便快捷是其最吸引人的地方。每个人都有自身固有的生物特征，人体生物特征具有“人人不同、终身不变、随身携带”的特点。由于人体特征只有人体所固有的不可复制的唯一性，这一生物密钥无法复制、失窃或被遗弃。生物识别技术就是利用生物特征或行为特征对个人进行身份识别，利用生物识别技术进行身份认定，安全、可靠、准确。

一、生物识别技术概述

在日常生活中，往往会出现这样一些情况：钥匙丢了，进不了门；密码忘了，无法在 ATM 机上取钱；电脑中的重要资料被他人非法复制了；手机被他人盗用，还打了国际长途等，这些都给消费者造成了很大的麻烦，甚至巨大损失，以上这一切都与身份识别有关。目前，身份识别所采用的方法主要有：根据人们所持有的物品如钥匙、证件、卡等；或人们所知道的内容如密码和口令等来确定其身份。但两者都存在着一些缺陷，物品可能丢失和复制，内容容易遗忘和泄露，使其难以保证身份确认的方便性、结果的唯一性和可靠性。因此，急需一种更加方便、有效、安全的身份识别技术来保障大家的生活，这种技术就是生物识别技术——人类自己的身体就是最安全、最有效的密码和钥匙。

提起生物识别技术，人们或许感到陌生，但如果说到指纹识别或者是虹膜识别，就不免会想到侦探电影中破案人员依靠现场指纹进行罪犯确认、用指纹代替密码开启保险箱，依靠眼睛对着一个小摄像机来取代钥匙开门等。这就是被比尔·盖茨称之为21世纪最重要的应用技术之一的生物识别技术，它正在步入日常的生活中。

1. 什么是生物识别

生物识别是依靠人体的身体特征来进行身份验证的一种解决方案。这些身体特征包括指纹、声音、面部、骨架、视网膜、虹膜和DNA等人体的生物特征，以及签名的动作、行走的步态、击打键盘的力度等个人的行为特征。生物识别的技术核心在于如何获取这些生物特征，并将其转换为数字信息，存储于计算机中，利用可靠的匹配算法来完成验证与识别个人身份的过程。

2. 生物识别的特点

生物识别之所以能够作为个人身份鉴别的有效手段，是由它自身的特点所决定的：普遍性、唯一性、稳定性、不可复制性。

（1）普遍性：生物识别所依赖的身体特征基本上是人人天生就有的，用不着向有关部门申请或制作。

（2）唯一性和稳定性：经研究和经验表明，每个人的指纹、掌纹、面部、发音、虹膜、视网膜、骨架等都与别人不同，且终生不变。

（3）不可复制性：随着计算机技术的发展，复制钥匙、密码卡以及盗取密码、口令等都变得越发容易，然而要复制人的活体指纹、掌纹、面部、虹膜等生物特征就困难得多。

这些技术特性使得生物识别身份验证方法不依赖各种人造的和附加的物品来证明人的自身，而用来证明自身的恰恰是人本身，所以，它不会丢失、不会遗忘，很难伪造和假冒，是一种“只认人、不认物”，方便安全的保安手段。

二、指纹识别技术

指纹是指人的手指末端正面皮肤上凸凹不平产生的纹线。纹线有规律的排列形成不同的纹型。纹线的起点、终点、结合点和分叉点，称为指纹的细节特征点。指纹识别即指通过比较不同指纹的细节特征点来进行鉴别。由于每个人的指纹不同，就是同一个人的十指之间，指纹也有明显区别，因此指纹可用于身份鉴定。

指纹识别技术涉及图像处理、模式识别、机器学习、计算机视觉、数学形态学、小波分析等众多学科，是目前最成熟且价格便宜的生物特征识别技术。由于每次捺印的方位不完全一样，着力点不同会带来不同程度的变形，又存在大量模糊指纹，如何正确提取特征和实现正确匹配，是指纹识别技术的关键。

指纹识别包括指纹图像获取、处理、特征提取和比对等模块。

① 指纹图像获取：通过专门的指纹采集仪可以采集活体指纹图像。目前，指纹采集仪主要有活体光学式、电容式和压感式。对于分辨率和采集面积等技术指标，公安行业已经形成了国际和国内标准，但其他行业还缺少统一标准。根据采集指纹面积大体可以分为滚动捺印指纹和平面捺印指纹，公安行业普遍采用滚动捺印指纹。另外，也可以通过扫描仪、数字相机等获取指纹图像。

② 指纹图像压缩：大容量的指纹数据库必须经过压缩后存储，以减少存储空间，主要方法包括 JPEG、WSQ、EZW 等。

③ 指纹图像处理：包括指纹 K 域检测、图像质量判断、方向图和频率估计、图像增强、指纹图像二值化和细化等。

④ 指纹分类：纹型是指纹的基本分类，是按中心花纹和三角的基本形态划分的。我国的指纹分析法将指纹分为三大类型，9 种形态。一般地，指纹自动识别系统将指纹分为弓形纹（弧形纹、帐形纹）、箕形纹（左箕、右箕）、斗形纹和杂形纹等。

⑤ 指纹形态和细节特征提取：指纹形态特征包括中心（上、下）和三角点（左、右）等，指纹的细节特征点主要包括纹线的起点、终点、结合点和分叉点。

⑥ 指纹比对：可以根据指纹的纹形进行粗匹配，进而利用指纹形态和细节特征进行精确匹配，给出两枚指纹的相似性得分。根据应用的不同，对指纹的相似性得分进行排序或给出是否为同一指纹的判决结果。

三、声纹识别技术

近年来，在生物识别技术领域中，声纹识别技术以其独特的方便性、经济性和准确性等优势受到世人瞩目，并日益成为人们日常生活和工作中重要且普及的安全验证方式。

声纹识别属于生物识别技术的一种，是一项根据语音波形中反映说话人生理和行为特征的语音参数，自动识别说话人身份的技术。与语音识别不同的是，声纹识别利用的是语音信号中的说话人信息，而不考虑语音中的字词意思，它强调说话人的个性；而语音识别的目的是识别出语音信号中的言语内容，并不考虑说话人是谁，它强调共性。声纹识别系统主要包括两部分，即特征检测和模式匹配。特征检测的任务是选取唯一表现说话人身份的有效且稳定可靠的特征，模式匹配的任务是对训练和识别时的特征模式做相似性匹配。

1. 特征提取

声纹识别系统中的特征检测即提取语音信号中表征人的基本特征，此特征应能有效地区分不同的说话人，且对同一说话人的变化保持相对稳定。考虑到特征的可量化性、训练样本的数量和系统性能的评价问题，目前的声纹识别系统主要依靠较低层次的声学特征进行识别。说话人特征大体可归为下述几类。

（1）谱包络参数语音信息通过滤波器组输出，以合适的速率对滤波器输出抽样，并将它们作为声纹识别特征。

（2）基音轮廓、共振峰频率带宽及其轨迹。这类特征是基于发声器官，如声门、声道和鼻腔的生理结构而提取的参数。

（3）使用线性预测系数是语音信号处理中的一次飞跃，以线性预测导出的各种参数，如线性预测系数、自相关系数、反射系数、对数面积比、线性预测残差及其组合等参数，作为识别特征，可以得到较好的效果。主要原因是线性预测与声道参数模型是相符合的。

（4）反映听觉特性的参数模拟人耳对声音频率感知的特性而提出了多种参数，如美倒谱系数、感知线性预测等。

此外，人们还通过对不同特征参量的组合来提高实际系统的性能，当各组合参量间相关性不大时，会有较好的效果，因为它们分别反映了语音信号的不同特征。

2. 模式匹配

目前针对各种特征而提出的模式匹配方法的研究越来越深入。这些方法大体可归为下述几类。

（1）概率统计方法：语音中说话人信息在短时间内较为平稳，通过对稳态特征如基声门增益、低阶反射系数的统计分析，可以利用均值、方差等统计量和概率密度函数进行分类判决。其优点是不用对特征参量在时域上进行规整，比较适合文本无关的说话人识别。

（2）动态时间规整方法：说话人信息不仅有稳定因素（发声器官的结构和发声习惯），而且有时变因素（语速、语调、重音和韵律）。将识别模板与参考模板进行时间对比，按照某种距离测定得出两模板间的相似程度。常用的方法是基于最近邻原则的动态时间规整 DTW。

（3）矢量量化方法：矢量量化最早是基于聚类分析的数据压缩编码技术。Helms 首次将其用于声纹识别，把每个人的特定文本编成码本，识别时将测试文本按此码本进行编码，以量化产生的失真度作为判决标准。Bell 实验室的 Rosenberg 和 Soong 用 VQ 进行了孤立数字文本的声纹识别研究。这种方法的识别精度较高，且判断速度快。

（4）隐马尔可夫模型方法：隐马尔可夫模型是一种基于转移概率和传输概率的随机模型，最早在 CMU 和 IBM 被用于语音识别。它把语音看成由可观察到的符号序列组成的随机过程，符号序列则是发声系统状态序列的输出。在使用 HMM 识别时，为每个说话人建立发声模型，通过训练得到状态转移概率矩阵和符号输出概率矩阵。识别时计算未知语音在状态转移过程中的最大概率，根据最大概率对应的模型进行判决。HMM 不需要时间规整，可节约判决时的计算时间和存储量，在目前被广泛应用。缺点是训练时计算量较大。

（5）人工神经网络方法：人工神经网络在某种程度上模拟了生物的感知特性，它是一种分布式并行处理结构的网络模型，具有自组织和自学习能力、很强的复杂分类边界区分能力以及对不完全信息的鲁棒性，其性能近似理想的分类器。其缺点是训练时间长，动态时间规整能力弱，网络规模随说话人数目增加时可能大到难以训练的程度。

把以上分类方法与不同特征进行有机组合可显著提高声纹识别的性能，如 NTT 实验室的 T. Matsui 和 S. Furui 使用倒谱、差分倒谱、基音和差分基音，采用 VQ 与 HMM 混合的方法得到 99.3% 的说话人确认率。

对于说话人确认系统，表征其性能的最重要的两个参量是错误拒绝率和错误接受率。前者是拒绝真实的说话人而造成的错误，后者是接受假冒者而造成的错误，二者与阈值的设定相关。说话人确认系统的错误率与用户数目无关，而说话人辨认系统的性能与用户数目有关，并随着用户数目的增加，系统的性能会不断下降。

总的说来，一个成功的说话人识别系统应该做到以下几点：

① 能够有效地区分不同的说话人，但又能在同一说话人语音发生变化时保持相对的稳定，如感冒等情况；

② 不易被他人模仿或能够较好地解决被他人模仿问题；

③ 在声学环境变化时能够保持一定的稳定性，即抗噪声性能要好。

3. 声纹识别应用前景

与其他生物识别技术，诸如指纹识别、掌形识别、虹膜识别等相比较，声纹识别除具有不会遗失和忘记、不需记忆、使用方便等优点外，还具有以下特性：

① 用户接受程度高，由于不涉及隐私问题，用户无任何心理障碍；

② 利用语音进行身份识别可能是最自然和最经济的方法之一。声音输入设备造价低廉，甚至无费用（电话），而其他生物识别技术的输入设备往往造价昂贵；

③ 在基于电信网络的身份识别应用中，如电话银行、电话炒股、电子购物等，与其他生物识别技术相比，声纹识别更为擅长，得天独厚；

④ 由于与其他生物识别技术相比，声纹识别具有更为简便、准确、经济及可扩展性良好等众多优势，可广泛应用于安全验证、控制等各方面，特别是基于电信网络的身份识别。

四、面部识别技术

面部识别（Human Face Recognition）特指利用分析比较面部视觉特征信息进行身份鉴别的计算机技术。面部识别是一个热门的计算机技术研究领域，可以将面部明暗侦测，自动调整动态曝光补偿，面部追踪侦测，自动调整影像放大；它属于生物特征识别技术，是根据生物体（一般特指人）本身的生物特征来区分生物体个体。

广义的面部识别实际包括构建面部识别系统的一系列相关技术，包括面部图像采集、面部定位、面部识别预处理、身份确认以及身份查找等；而狭义的面部识别特指通过面部进行身份确认或者身份查找的技术或系统。

面部的识别过程一般分三步。

步骤一：建立面部的面相档案。即用摄像机采集单位人员面部面相文件或取他们的照片形成面相文件，并将这些面部文件生成面纹（Faceprint）编码存储起来。

步骤二：获取当前的人体面相，即用摄像机捕捉当前出入人员的面相，或取照片输入，并将当前的面相文件生成面纹编码。

步骤三：用当前的面纹编码与档案库存的比对。即将当前面相的面纹编码与档案库存中的面纹编码进行比对。上述的“面纹编码”方式是根据面部的本质特征来工作的。这种面纹编码可以抵抗光线、皮肤色调、面部毛发、发型、眼镜、表情和姿态的变化，具有极大的可靠性，从而使它可以从百万人中精确地辨认出某个人。面部的识别过程，利用普通的图像处理设备就能自动、连续、实时地完成。

人脸识别技术包含人脸检测、人脸跟踪和人脸对比三个部分。

1. 人脸检测

面貌检测是指在动态的场景与复杂的背景中判断是否存在面像，并分离出这种面像。一般有下列几种方法。

（1）参考模板法：首先设计一个或数个标准人脸的模板，然后计算测试采集的样品与标准模板之间的匹配程度，并通过阈值来判断是否存在人脸。

（2）人脸规则法：由于人脸具有一定的结构分布特征，所谓人脸规则的方法，即提取这些特征生成相应的规则，以判断测试样品是否包含人脸。

（3）样品学习法：这种方法即采用模式识别中人工神经网络的方法，即通过对面像样品采集和非面像样品集的学习产生分类器。

（4）肤色模型法：这种方法是依据面貌肤色在色彩空间中分布相对集中的规律来进行检测。

（5）特征子脸法：这种方法是将所有面像集合视为一个面像子空间，并基于检测样品与其在子孔间的投影之间的距离判断是否存在面像。

值得提出的是，上述 5 种方法在实际检测系统中可以综合采用。

2. 人脸跟踪

面貌跟踪是指对被检测到的面貌进行动态目标跟踪。具体采用基于模型的方法或基于运动与模型相结合的方法。此外，利用肤色模型跟踪也不失为一种简单而有效的手段。

3. 人脸比对

面貌比对是对被检测到的面貌像进行身份确认或在面像库中进行目标搜索。这实际上就是说，将采样到的面像与库存的面像依次进行比对，并找出最佳的匹配对象。所以，面像的描述决定了面像识别的具体方法与性能。目前主要采用特征向量与面纹模板两种描述方法。

（1）特征向量法：该方法是先确定眼虹膜、鼻翼、嘴角等面像五官轮廓的大小、位置、距离等属性，然后再计算出它们的几何特征量，而这些特征量形成描述该面像的特征向量。

（2）面纹模板法：该方法是在库中存储若干标准面像模板或面像器官模板，在进行比对时，将采样面像所有像素与库中所有模板采用归一化相关量度量进行匹配。此外，还有采用模式识别的自相关网络或特征与模板相结合的方法。人体面貌识别技术的核心实际为“局部人体特征分析”和“图形 / 神经识别算法。”这种算法是利用人体面部各器官及特征部位的方法。如对应几何关系多数据形成识别参数与数据库中所有的原始参数进行比较、判断与确认。一般要求判断时间低于 1s。

五、静脉识别技术

1. 什么是静脉识别

静脉识别，是生物识别技术的一种。静脉识别系统一种方式是通过静脉识别仪取得个人静脉分布图，依据专用比对算法从静脉分布图提取特征值；另一种方式通过红外线 CCD 摄像头获取手指、手掌、手背静脉的图像，将静脉的数字图像存储在计算机系统中，实现特征值存储。静脉比对时，实时采取静脉图，运用先进的滤波、图像二值化、细化手段对数字图像提取特征，采用复杂的匹配算法同存储在主机中静脉特征值比对匹配，从而对个人进行身份鉴定，确认身份。

安防管理系统的原理是根据血液中的血红素有吸收红外线光的特质静脉识别，将具近红外线感应度的小型照相机对着手指进行摄影，即可将照着血管的阴影处摄出图像来。将血管图样进行数字处理，制成血管图样影像。静脉识别系统就是首先通过静脉识别仪取得个人静脉分布图，从静脉分布图依据专用比对算法提取特征值，通过红外线 CCD 摄像头获取手指、手掌、手背静脉的图像，将静脉的数字图像存储在计算机系统中，将特征值存储。静脉比对时，实时采取静脉图，提取特征值，运用先进的滤波、图像二值化、细化手段对数字图像提取特征，同存储在主机中静脉特征值比对，采用复杂的匹配算法对静脉特征进行匹配，从而对个人进行身份鉴定，确认身份。全过程采用非接触式。

2. 静脉识别的技术特征

静脉识别采集设备同其他生物识别技术相比，指静脉认证技术具备以下主要优势：

① 生物识别技术，不会遗失、不会被窃、无记忆密码负担；

② 人体内部信息，不受表皮粗糙、外部环境（温度、湿度）的影响；

③ 适用人群广，准确率高，不可复制、不可伪造，安全便捷。

静脉识别是通过指静脉识别仪取得个人手指静脉分布图，将特征值存储。比对时，实时采取静脉图，提取特征值进行匹配，从而对个人进行身份鉴定。该技术克服了传统指纹识别速度慢，手指有污渍或手指皮肤脱落时无法识别等缺点，提高了识别效率。

静脉识别分为指静脉识别和掌静脉识别。掌静脉由于保存及对比的静脉图像较多，识别速度方面较慢。指静脉识别，由于其容量大，识别速度快。但是两者都具备精确度高，活体识别等优势，在门禁安防方面各有千秋。总之，指静脉识别反应速度快，掌静脉安全系数更高。

3. 手指静脉识别技术优势

手指静脉识别技术具有多项重要特点，使它在高度安全性和使用便捷性上远胜于其他生物识别技术。主要体现在以下几个方面：

（1）高度防伪：静脉隐藏在身体内部，被复制或盗用的概率很小；

（2）简易使用：使用者心理抗拒性低，受生理和环境影响的因素也低，包括干燥皮肤、油污、灰尘等污染、皮肤表面异常等；

（3）高度准确：认假率为 0.000 1%，拒真率为 0.01%，注册失败率为 0%；

（4）快速识别：原始手指静脉影像被捕获并数字化处理，图像比对由专有的手指静脉提取设备完成，整个过程不到 1 秒。

4. 手掌静脉识别技术优势

掌静脉利用人体血红蛋白通过静脉时能吸收近红外光的特性，采集手掌皮肤底下的静脉影像，并提取之以作为生物特征。跟其他如指纹、眼虹膜或手形等生物识别技术相比，手掌静脉极难复制伪造，最大原因是这种生物特征是在手掌皮肤底下，单凭肉眼看不见。此外，由于手掌静脉使用方式是非接触式，它更加卫生，适合在公共场合使用。同时，适用手掌也较为自然，让用户更容易接受。手掌静脉的认假率和拒真率也比其他生物识别技术来得低。

六、虹膜识别技术

1. 虹膜识别技术的发展历史

用虹膜进行身份识别的设想最早出现于19世纪80年代，但直到最近20多年，虹膜识别技术才有了飞跃的发展。

1885年在巴黎的监狱中曾利用虹膜的结构和颜色区分同一监狱中的不同犯人，这是最早利用虹膜进行的身份识别。1987年，眼科专家 Aran Safir 和 Leonard Florm 首次提出了利用虹膜图像进行自动身份识别的概念，真正的自动虹膜识别系统则是在20世纪末才出现的。虹膜表面有许多条纹、沟和小坑，是虹膜含有的极其丰富的纹理信息和结构信息。人们在出生前的随机生长过程造成了各自虹膜组织结构的细微差别。发育生物学家通过大量观察发现，当虹膜发育完全以后，它在人的一生中是稳定不变的，因而具有稳定性。1991年在美国洛斯阿拉莫斯国家实验室内，Johnson 实现了文献记载得最早的虹膜识别应用系统。1993年，Daugman 率先研制出基于 Gabor 变换的虹膜识别算法，利用 Gabor 滤波器对虹膜纹理进行一种简单的粗量化和编码，实现了一个高性能、实用的虹膜识别系统，使虹膜识别技术有了突破性进展。1994年 Wildes 研制出基于图像注册技术的虹膜认证系统，通过拉普拉斯金字塔将虹膜区域图像分解为4个水平，根据图像的相关性进行匹配度计算，该方法主要用来认证。1997年 Boles 等人提出了基于小波变换过零检测的虹膜识别算法，克服了以往系统受漂移二旋转和比例缩放带来的局限，而且对亮度和噪声不敏感，取得了较好的结果。Lim 等人用二维小波变换实现了虹膜的编码，减少了特征维数，提高了分类识别效果，提出了采用87位表示的虹膜特征，获得了较高的识别率。2000年中国科学院自动化所开发出了虹膜识别的核心算法，是国内进行虹膜识别研究工作进展最快的，提出了多通道 Gabor 滤波器提取虹膜特征的方法。近年来国内的一些高校也在这方面取得了可喜的研究成果。

2. 什么是虹膜

人眼的外观由巩膜、虹膜、瞳孔三部分构成。巩膜即眼球外围的白色部分，眼睛中心为瞳孔部分，虹膜位于巩膜瞳孔之间，包含了最丰富的纹理信息。外观上看，虹膜由许多腺窝、皱褶、色素斑等构成，是人体中最独特的结构之一。

虹膜作为身份标识具有许多先天优势。

（1）唯一性：由于虹膜图像存在着许多随机分布的细节特征，造就了虹膜模式的唯一性。英国剑桥大学 John Daugman 教授提出的虹膜相位特征，证实了虹膜图像有244个独立的自由度，即平均每平方毫米的信息量是3.2bit。实际上用模式识别方法提取图像特征是有损压缩过程，可以预测虹膜纹理的信息容量远大于此。并且虹膜细节特征主要是由胚胎发育环境的随机因素决定的，即使克隆人、双胞胎、同一人左右眼的虹膜图像之间也具有显著差异。虹膜的唯一性为高精度的身份识别奠定了基础。英国国家物理实验室的测试结果表明：虹膜识别是各种生物特征识别方法中错误率最低的。

（2）稳定性：虹膜从婴儿胚胎期的第 3 个月起开始发育，到第 8 个月虹膜的主要纹理结构已经成形。除非经历危及眼睛的外科手术，此后几乎终生不变。由于角膜的保护作用，发育完全的虹膜不易受到外界的伤害。

（3）非接触：虹膜是一个外部可见的内部器官，不必紧贴采集装置就能获取合格的虹膜图像，识别方式相对于指纹、手形等需要接触感知的生物特征更加干净卫生，不会污损成像装置，影响其他人的识别。

（4）便于信号处理：在眼睛图像中和虹膜邻近的区域是瞳孔和巩膜，它们和虹膜区域存在着明显的灰度阶变，并且区域边界都接近圆形，所以虹膜区域易于拟合分割和归一化。虹膜结构有利于实现一种具有平移、缩放和旋转不变性的模式表达方式。

（5）防伪性好：虹膜的半径小，在可见光下中国人的虹膜图像呈现深褐色，看不到纹理信息，具有清晰虹膜纹理的图像获取，需要专用的虹膜图像采集装置和用户的配合，所以在一般情况下很难盗取他人的虹膜图像。此外眼睛具有很多光学和生理特性可用于活体虹膜检测。

3. 虹膜识别过程

虹膜识别通过对比虹膜图像特征之间的相似性来确定人们的身份，其核心是使用模式识别、图像处理等方法对人眼睛的虹膜特征进行描述和匹配，从而实现自动的个人身份认证。

虹膜识别技术的过程一般来说分为虹膜图像获取、图像预处理、特征提取和特征匹配四个步骤。

（1）虹膜图像获取：虹膜图像获取是指使用特定的数字摄像器材对人的整个眼部进行拍摄，并将拍摄到的图像通过图像采集卡传输到计算机中存储。

虹膜图像的获取是虹膜识别中的第一步，同时也是比较困难的步骤，需要光、机、电技术的综合应用。因为人们眼睛的面积小，如果要满足识别算法的图像分辨率要求，就必须提高光学系统的放大倍数，从而导致虹膜成像的景深较小，所以现有的虹膜识别系统需要用户停在合适位置，同时眼睛凝视镜头。另外东方人的虹膜颜色较深，用普通的摄像头无法采集到可识别的虹膜图像。不同于脸像、步态等生物特征的图像获取，虹膜图像的获取需要设计合理的光学系统，配置必要的光源和电子控制单元。

由于虹膜图像获取装置自主研发的技术门槛高，限制了国内虹膜识别研究的开展。中国科学院自动化研究所在 1999 年研制出国内第一套自主知识产权的虹膜图像采集系统，其特点是小巧、灵活、低成本、图像清晰。经过不断地更新换代，自动化所最新开发的虹膜成像仪，已经可以在 20 ~ 30cm 距离范围通过语音提示、主动视觉反馈等技术，采集到合格的虹膜图像。

（2）图像预处理：图像预处理是指由于拍摄到的眼部图像包括了很多多余的信息，并且在清晰度等方面不能满足要求，需要对其进行包括图像平滑、边缘检测、图像分离等预处理操作。虹膜图像预处理过程通常包括虹膜定位、虹膜图像归一化、图像增强 3 个部分。

1）虹膜定位：一般认为，虹膜的内外边界可以近似地用圆来拟合。内圆表示虹膜与瞳孔的边界，外圆表示虹膜与巩膜的边界，但是这两个圆并不是同心圆。通常，虹膜靠近上下眼皮的部分总会被眼皮所遮挡，因此还必须检测出虹膜与上下眼皮的边界，从而准确地确定虹膜的有效区域。虹膜与上下眼皮的边界可用二次曲线来表示。虹膜定位的目的就是确定这些圆以及二次曲线在图像中的位置。

2）虹膜图像归一化：虹膜图像归一化的目的是将虹膜的大小调整到固定的尺寸。到目前为止，虹膜纹理随光照变化的精确数学模型还没有得到。因此，从事虹膜识别的研究者主要采用映射的方法对虹膜图像进行归一化。如果能够对虹膜纹理随光照强度变化的过程建立数学模型或者近似模拟这个过程，将会对虹膜识别系统性能的提高有很大帮助。

3）图像增强：图像增强的目的是为了解决由于人眼图像光照不均匀造成归一化后图像对比度低的问题。为了提高识别率，需要对归一化后的图像进行图像增强。

（3）特征提取：特征提取是指通过一定的算法从分离出的虹膜图像中提取出特征点，并对其进行编码。

（4）特征匹配：特征匹配是指根据当前采集的虹膜图像进行特征提取得到的特征编码与数据库中事先存储的虹膜图像特征编码进行比对、验证，从而达到识别的目的。

第三章　核心环节之二：网络构建层与通信技术

第一节　无线传感器网络概述

一、无线传感器网络概念与体系结构

无线传感器网络（Wireless Sensor Networks，WSN）就是由大量的密集部署在监控区域的智能传感器节点构成的一种网络应用系统。由于传感器节点数量众多，部署时只能采用随机投放的方式，传感器节点的位置不能预先确定。

一个典型的无线传感器网络的系统架构，包括分布式无线传感器节点（群）、接收发送器汇聚节点、互联网或通信卫星和任务管理节点等。大量传感器节点随机部署在监测区域内部或附近，能够通过自组织方式构成网络。传感器节点监测的数据沿着其他传感器节点逐跳地进行传输，在传输过程中监测数据可能被多个节点处理，经过多跳后路由到汇聚节点，最后通过互联网或卫星到达任务管理节点。传感器节点通常是一个微型嵌入式系统，它的处理能力、存储能力和通信能力相对较弱，通过携带能量有限的电池供电。

在无线传感器网络的工作过程中，大量传感器节点随机部署在监测区域内部或附近，能够通过自组织的方式构成网络。传感器节点监测的数据沿着其他传感器节点逐跳进行传输，在传输过程中监测数据可能被多个节点处理，经过多跳后路由到汇聚节点，最后通过互联网或卫星到达管理节点。用户通过管理节点对传感网络进行配置和管理，发布监测任务以及收集检测数据。

传感器节点由传感器模块、处理器模块、无线通信模块和能量供应模块四部分组成。传感器模块负责监测区域内信息的采集和数据转换；处理器模块负责控制整个传感器节点的操作、存储和处理本身采集的数据，以及其他节点发来的数据；无线通信模块负责与其他传感器节点进行无线通信，交换控制信息和收发采集数据；

能量供应模块为传感器节点提供运行所需的能量。

由于传感器节点采用电池供电，一旦电能耗尽，节点就失去了工作能力。为了最大限度地节约电能，在硬件设计方面要尽量采用低功耗器件，在没有通信任务的时候，切断射频部分电源。目前问世的传感器节点（负责通过传感器采集数据的节点）大多使用如下几种处理器：ATMEL公司AVR系列的ATMega128L处理器，TI公司生产的MSP430系列处理器，而汇聚节点（负责汇聚数据的节点）则采用了功能强大的ARM处理器、8051内核处理器。在软件设计方面，各通信协议都应该以节能为中心，必要时可以牺牲一些其他性能指标，以获得更高的电源效率。

无线传感器网络的体系结构由分层的网络通信协议、网络管理平台以及应用支持这3个部分组成。

1. 分层的网络通信协议

无线传感器网络的通信协议类似于传统Internet网络中的TCP/IP协议体系，它由物理层、数据链路层、网络层、传输层和应用层5个层组成。

（1）物理层协议：物理层负责数据的调制、发送与接收。采用的传输媒体主要有无线电、红外线、光波。其核心是传感器软、硬件技术。物理层设计低成本、低功耗、小体积的传感器节点。

（2）数据链路层：负责数据成帧、帧检测、媒体访问和差错控制。目前对DSN数据链路层主要集中在媒体访问控制子层（MAC）。媒体访问控制（MAC）层协议主要负责两个职能，其一是网络结构的建立，因为成千上万个传感器节点高密度地分布于监测地域，MAC层机制为数据传输，提供有效的通信链路，并为无线通信的多跳传输和网络的自组织特性提供网络组织结构；其二是为传感器节点有效合理地分配资源。数据链路层的重要功能是传输数据的差错控制。

（3）网络层：主要完成数据的路由转发，实现传感器与传感器、传感器与观察者之间的通信，支持多传感器协作完成大型感知任务。

（4）传输层：无线传感器网络的传输层负责数据流的传输控制，主要通过汇聚节点采集网络内的数据，并使用卫星、移动通信网络、Internet或者其他的链路与外部网络通信，是保证服务质量的重要部分。

（5）应用层：应用层主要负责为无线传感器网络提供安全支持，即实现密钥管理和安全组播。

无线传感器网络的应用十分广泛，其中一些重要的应用领域有：军事方面，无线传感器网络可以布置在敌方的阵地上，用来收集敌方一些重要目标信息，并跟踪敌方的军事动向；环境检测方面，无线传感器网络能够用来检测空气的质量，并跟踪污染源；民用方面，无线传感器网络也可用来构建智能家居和个人健康等系统，这些系统都需要一个安全的数据传输。

2. 网络管理平台

主要是对传感器节点自身的管理以及用户对传感器网络的管理。它包括了能量管理、拓扑控制、网络管理、移动管理等。

（1）能量管理：负责控制节点对能量的使用。电池能源是各个节点最宝贵的能源，为了延长网络存活时间，必须有效地利用能源。

（2）拓扑控制：负责保持网络连通和数据有效传输。由于传感器节点被大量密集部署在监控区域，为了节约能源，延长生存时间，部分节点将按照某种规则进入休眠状态。拓扑管理的目的就是在保持网络连通和数据有效传输的前提下，协调DSN中各个节点的状态转换。

（3）网络管理：负责网络维护、诊断，并向用户提供网络管理服务接口，通常包含数据收集、数据处理、数据分析和故障处理等功能。

（4）移动管理：移动管理平台检测并注册传感器节点的移动，传感器节点能够动态跟踪其邻居的位置。

二、无线传感器网络关键技术

无线传感器网络涉及多学科交叉的研究领域，有非常多的关键技术有待研究。主要包括以下几个方面：网络拓扑、路由控制、能量问题、数据融合、网络安全等。

1. 网络拓扑

对于无线的自组织传感器网络而言，网络拓扑控制具有特别重要的意义。通过拓扑控制自动生成良好的网络拓扑结构，能够提高路由协议和MAC协议的效率，可为数据融合、时间同步等多方面奠定基础，有利于节省节点的能量来延长网络的生存期。拓扑控制是在满足网络覆盖度和连通度的前提下，通过功率控制和骨干网节点选择，剔除节点之间不必要的无线通信链路，产生一个高效的数据转发的网络拓扑结构。

拓扑控制可以分为节点功率控制和层次型拓扑结构形成两个方面。功率控制机制调节网络中每个节点的发射功率，在满足网络连通度的前提下，减少节点的发送功率，均衡节点单跳可达的邻居数目。层次型的拓扑控制利用分簇机制，让一些节点作为簇头节点，由簇头节点形成一个处理并转发数据的骨干网，其他非骨干网节点可以暂时关闭通信模块，进入休眠状态以节省能量。

2. 路由控制

传统因特网的实现是通过IP（Internet Protocols）协议，也包括移动IP。但是在无线传感器网络中，不需要使用IP。因为在无线传感器网络中，常常要用到成千上万的传感器节点，而传感器网络中的路径建立方式都是基于需求的，根据某项数据或者某项任务来进行的。

传统的距离向量和链路状态路由协议并不适用于无线传感器网络，理想的无线传感器网络的路由协议应该具有以下性能：分布式运行、无环路、按需运行、考虑安全性、高效地利用能量、支持单向链路、维护多条路由。

3. 能量问题

在多数情况下，传感器网络中的节点都是由电池供电，电池容量非常有限，并且对于有成千上万节点的无线传感器网络来说，更换电池非常困难，甚至是不可能的。如果网络中的节点因为能量耗尽而不能工作，会带来网络拓扑结构的改变，以及路由的重新建立等问题，甚至可能使得网络出现不连通，造成通信的中断。因此，尽可能地节约无线传感器网络的电池能量，成为无线传感器网络软硬件设计中的核心问题。

首先在功能上，由于无线传感器网络大都是为某一专用目的而设计的，去掉不必要的功能，可以节省能量，延长节点生存时间。其次，可以设计专门的提高传感器网络能量效率的协议以及采用专门的技术，这些协议和技术涉及网络的各个层次。此外，还可以采用跨层设计的方式，提高网络的能量效率。

4. 数据融合

传感器网络存在能量约束。减少传输的数据量能够有效地节省能量，因此在从各个传感器节点收集数据的过程中，可利用节点的本地计算和存储能力处理数据的融合，去除冗余信息，从而达到节省能量的目的。由于传感器节点的易失效性，传感器网络也需要数据融合技术对多份数据进行综合，提高信息的准确度。

数据融合技术可以与传感器网络的多个协议层次进行结合。在应用层设计中，可以利用分布式数据库技术，对采集到的数据进行逐步筛选，达到融合的效果；在网络层中，很多路由协议均结合了数据融合机制，以期减少数据传输量；此外，还有独立于其他协议层的数据融合协议层，通过减少 MAC 层的发送冲突和头部开销达到节省能量的目的，同时又不损失时间性能和信息的完整性。数据融合技术已经在目标跟踪、目标自动识别等领域得到了广泛的应用。在传感器网络的设计中，只有面向应用需求设计针对性强的数据融合方法，才能最大限度地获益。

5. 网络安全

无线传感器网络作为任务型的网络，不仅要进行数据的传输，而且要进行数据采集和融合、任务的协同控制等。如何保证任务执行的机密性、数据产生的可靠性、数据融合的高效性以及数据传输的安全性，成了无线传感器网络安全问题需要全面考虑的内容。无线传感器网络受到的安全威胁和移动网络所受到的安全威胁不同，所以现有的网络安全机制不适合此领域，需要开发针对无线传感器网络的专门协议。

三、无线传感器网络的特点

1. 大规模网络

为了获取精确信息，在监测区域通常部署大量传感器节点，传感器节点数量可能达到成千上万，甚至更多。传感器网络的大规模性包括两方面的含义：一方面是传感器节点分布在很大的地理区域内，如在原始大森林采用传感器网络进行森林防火和环境监测，需要部署大量的传感器节点；另一方面，传感器节点部署很密集，在一个面积不是很大的空间内，密集部署了大量的传感器节点。

传感器网络的大规模性有如下优点：通过不同空间视角获得的信息具有更大的信噪比、通过分布式处理大量的采集信息能够提高监测的精确度，降低对单个节点传感器的精度要求；大量冗余节点的存在，使得系统具有很强的容错性能；大量节点能够增大覆盖的监测区域，减少洞穴或者盲区。

2. 自组织网络

在传感器网络应用中，通常情况下传感器节点被放置在没有基础结构的地方。传感器节点的位置不能预先精确设定，节点之间的相互邻居关系预先也不知道，如通过飞机播撒大量传感器节点到面积广阔的原始森林中，或随意放置到人不可到达或危险的区域。这样就要求传感器节点具有自组织的能力，能够自动进行配置和管理，通过拓扑控制机制和网络协议自动形成转发监测数据的多跳无线网络系统。在传感器网络使用过程中，部分传感器节点由于能量耗尽或环境因素造成失效，也有一些节点为了弥补失效节点、增加监测精度而补充到网络中，这样在传感器网络中的节点个数就动态地增加或减少，从而使网络的拓扑结构随之动态地变化。传感器网络的自组织性要能够适应这种网络拓扑结构的动态变化。动态性传感器网络的拓扑结构可能因为下列因素而改变：

（1）外来因素或电能耗尽造成的传感器节点出现故障或失效；

（2）环境条件变化可能造成无线通信链路带宽变化，甚至时断时通；

（3）传感器网络的传感器、感知对象和观察者这三要素都可能具有移动性；

（4）新节点的加入。这就要求传感器网络系统要能够适应这种变化，具有动态的系统可重构性。

3. 可靠的网络

传感器网络特别适合部署在恶劣环境或人类不宜到达的区域，传感器节点可能工作在露天环境中，遭受太阳的暴晒或风吹雨淋，甚至遭到无关人员或动物的破坏。传感器节点往往采用随机部署，如通过飞机撒播或发射炮弹到指定区域进行部署。这些都要求传感器节点非常坚固，不易损坏，能适应各种恶劣环境条件。由于监测区域环境的限制以及传感器节点数目巨大，不可能人工照顾每个传感器节点，网络的维护十分困难甚至不可维护。传感器网络的通信保密性和安全性也十分重要，要防止监测数据被盗取和获取了伪造的监测信息。因此，传感器网络的软硬件必须具有鲁棒性和容错性。

4. 应用相关的网络

传感器网络用来感知客观物理世界，获取物理世界的信息量。客观世界的物理量多种多样，不可穷尽。不同的传感器网络应用关心不同的物理量，因此对传感器的应用系统也有多种多样的要求。

不同的应用背景对传感器网络的要求不同，其硬件平台、软件系统和网络协议必然会有很大差别。所以传感器网络不能像 Internet 一样，有统一的通信协议平台。对于不同的传感器网络应用虽然存在一些共性问题，但在开发传感器网络应用中，更关心传感器网络的差异。只有让系统更贴近应用，才能做出最高效的目标系统。针对每一个具体应用来研究传感器网络技术，这是传感器网络设计不同于传统网络的显著特征。

5. 以数据为中心的网络

目前的互联网是先有计算机终端系统，然后再互联成为网络，终端系统可以脱离网络独立存在。在互联网中，网络设备用网络中唯一的 IP 地址标识，资源定位和信息传输依赖于终端、路由器、服务器等网络设备的 IP 地址。如果想访问互联网中的资源，首先要知道存放资源的服务器 IP 地址。可以说目前的互联网是一个以地址为中心的网络。传感器网络是任务型的网络，脱离传感器网络谈论传感器节点没有任何意义。传感器网络中的节点采用节点编号标识，节点编号是否需要全网唯一取决于网络通信协议的设计。由于传感器节点随机部署，构成的传感器网络与节点编号之间的关系是完全动态的，表现为节点编号与节点位置没有必然联系。用户使用传感器网络查询事件时，直接将所关心的事件通告给网络，而不是通告给某个确定编号的节点，网络在获得指定事件的信息后汇报给用户。这种以数据本身作为查询或传输线索的思想，更接近于自然语言交流的习惯，所以通常说传感器网络是一个以数据为中心的网络。

四、无线传感器网络的应用

1. 军事应用

无线传感器网络的相关研究最早起源于军事领域。由于其具有可快速部署、自组织、隐蔽性强和高容错性的特点，因此能够实现对敌军地形和兵力布防及装备的侦察、战场的实时监视、定位攻击目标、战场评估、核攻击和生物化学攻击的监测和搜索等功能。

UCB 的教授主持的 Sensor Web，原理性地验证了应用 WSN 进行战场目标跟踪的技术可行性。美国 BAE 系统公司研发的“狼群”地面无线传感器网络系统，是一个典型的 WSN 电磁信号监测网络。美国科学应用国际公司采用 WSN，构筑了一个电子周边防御系统，为美国军方提供军事防御和情报信息。

2. 环境应用

WSN 可以用于气象和地理研究、自然和人为灾害（如洪水和火灾监测）、监视农作物灌溉情况、土壤空气变更、牲畜和家禽的环境状况和大面积的地表检测，以及跟踪珍稀鸟类、动物和昆虫进行濒危种群的研究等。

在美国，研究人员开发了数种传感器来分别监测降雨量、河水水位和土壤水分，并依此预测暴发山洪的可能性。2002 年，美国加州大学伯克利分校 INTEL 实验室和大西洋学院联合在大鸭岛上部署了用来监测岛上海鸟生活习性的无线传感器网络。哈佛大学的研究小组用 WSN 对活火山观测。2005 年，澳洲的科学家利用传感器网络探测北澳大利亚的蟾蜍分布情况。挪威科学家利用 WSN 监测冰河的变化情况，目的在于通过分析冰河环境的变化来推断地球气候的变化。Intel 在俄勒冈州的一个葡萄园内利用 WSN 测量葡萄园气候的细微变化。

3. 医疗应用

WSN 可以用于检测人体生理数据、健康状况、医院药品管理以及远程医疗等医疗领域。在实际项目中，100 个微型传感器被植入病人眼中，帮助盲人获得了一定程度的视觉。科学家还创建了一个“智能医疗之家”，即一个 5 间房的公寓住宅，使用无线传感器网络来测量居住者的重要生命体征（血压、脉搏和呼吸）、睡觉姿势以及每天 24 小时的活动状况，所搜集的数据被用于开展相应的医疗研究。哈佛大学的一个研究小组利用无线传感器网络构建了一个医疗监测平台。

4. 家庭应用

嵌入家具和家电中的传感器与执行单元组成的无线网络与 Internet 连接在一起，能够为人们提供更加舒适、方便和具有人性化的智能家居环境。用户可以方便地对家电进行远程监控，如在下班前遥控家里的电饭锅、微波炉、电话机、录像机、电脑等家电，按照自己的意愿完成相应的煮饭、烧菜、查收电话留言、选择电视节目以及下载网络资料等工作。

在家居环境控制方面，将传感器节点放在家庭里不同的房间，可以对各个房间的环境温度进行局部控制。此外，利用无线传感器网络还可以监测幼儿的早期教育环境，跟踪儿童的活动范围，让研究人员、父母或老师全面地了解和指导儿童的学习过程。

5. 工业应用

WSN 可以用于车辆的跟踪、机械的故障诊断、工业生产监控、建筑物状态监测等。将 WSN 和 RFID 技术融合是实现智能交通系统的绝好途径。在一些危险的工作环境，如煤矿、石油钻井、核电厂等。利用无线传感器网络可以探测工作现场的一些重要信息。机械故障诊断方面：Intel 公司曾在芯片制造设备上安装过 200 个传感器节点，用来监控设备的振动情况，并在测量结果超出规定时提供监测报告。美国贝克特营建集团公司已在伦敦地铁系统中采用了无线传感器网络进行监测。采用 WSN，可以让大楼、桥梁及其他建筑物能够感知并汇报自身的状态信息。英国的一家博物馆利用无线传感器网络设计了一个警告系统。

6. 其他应用

在太空探索方面，WSN 可以实现对星球表面长期的监测。美国国家航空与航天局（NASA）的 JPL 实验室的 SensorWebs 计划就是为将来的火星探测进行技术准备。德国某研究机构正在利用 WSN 为足球裁判研制一套辅助系统，以降低足球比赛中越位和进球的误判率。在商务方面，WSN 可用于物流和供应链的管理。

WSN 在大型工程项目、防范大型灾害方面也有着良好的应用前景，如西气东输、青藏铁路、海啸预警等。

五、无线传感器网络所面临的挑战

无线传感器网络不同于传统数据网络的特点，对无线传感器网络的设计与实现提出了新的挑战，主要体现在以下 5 个方面。

1. 低能耗

传感器节点通常由电池供电，电池的容量一般不会很大。由于长期工作在无人值守的环境中，通常无法给传感器节点充电或者更换电池，一旦电池用完，节点也就失去了作用。这要求在无线传感器网络运行的过程中，每个节点都要最小化自身的能量消耗，获得最长的工作时间，因而无线传感器网络中的各项技术和协议的使用一般都以节能为前提。

2. 实时性

无线传感器网络应用大多有实时性的要求。例如，目标在进入监测区域之后，网络系统需要在一个很短的时间内对这一事件做出响应。其反应时间越短，系统的性能就越好。又如，车载监控系统需要每 10ms 读 1 次加速度仪的测量值，否则无法正确估计速度，导致交通事故。这些应用都需要无线传感器网络的实时性。

3. 低成本

组成无线传感器网络的节点数量众多，单个节点的价格会极大程度地影响系统的成本。为了达到降低单个节点成本的目的，需要设计对计算、通信和存储能力要求均较低的简单网络系统和通信协议。此外，还可以通过减少系统管理与维护的开销来降低系统的成本，这需要无线传感器网络系统具有自配置和自修复的能力。

4. 安全和抗干扰

无线传感器网络系统具有严格的资源限制，需要设计低开销的通信协议，同时也会带来严重的安全问题。如何使用较少的能量完成数据加密、身份认证、入侵检测以及在破坏或受干扰的情况下可靠地完成任务，也是无线传感器网络研究与设计面临的一个重要挑战。

5. 协作

单个的传感器节点往往不能完成对目标的测量、跟踪和识别，而需要多个传感器节点采用一定的算法通过交换信息，对所获得的数据进行加工、汇总和过滤，并以事件的形式得到最终结果。

第二节　ZigBee 技术

一、ZigBee 技术概述

ZigBee 技术是一种具有统一技术标准的短距离无线通信技术，其物理层和数据链路层协议为 IEEE 802.15.4 协议标准，网络层和应用层由 ZigBee 联盟制定，应用层的开发应用根据用户的应用需要，对其进行开发利用，因此该技术能够为用户提供机动、灵活的组网方式。

根据 IEEE 802.15.4 协议标准，ZigBee 的工作频段分为 3 个频段，这 3 个工作频段相距较大，而且在各频段上的信道数据不同，因而，在该项技术标准中，各频段上的调制方式和传输速率不同。它们分别为 868MHz、915MHz 和 2.4GHz，其中 2.4GHZ 频段上分为 16 个信道，该频段为全球通用的工业、科学、医学（industrial, scientific and medical，ISM）频段，该频段为免付费、免申请的无线电频段，在该频段上，数据传输速率为 250Kb/s；另外两个频段为 915/868MHZ，其相应的信道个数分别为 10 个和 1 个，传输速率分别为 40Kb/s 和 20Kb/s。

在组网性能上，ZigBee 可以构造为星形网络或者点对点对等网络，在每一个 ZigBee 组成的无线网络中，链接地址码分为 16b 短地址或者 64b 长地址，具有较大的网络容量。

在无线通信技术上，采用 CSMA-CA 方式，有效地避免了无线电载波之间的冲突，此外，为保证传输数据的可靠性，建立了完整的应答通信协议。

ZigBee设备为低功耗设备，其发射输出为0～3.6dBm，通信距离为30～70m，具有能量检测和链路质量指示能力，根据这些检测结果，设备可以自动调整设备的发射功率，在保证通信链路质量的条件下，最小地消耗设备能量。

为保证ZigBee设备之间通信数据的安全保密性，ZigBee技术采用了密钥长度为128位的加密算法，对所传输的数据信息进行加密处理。

在设计网络的软件构架时，一般采用分层的方式，不同的层负责不同的功能，数据只能在相邻的层之间流动。ZigBee协议也在OSI参考的基础上，结合无线网络的特点，才有分层的思想实现。

ZigBee无线网络共分为5层：

① 物理层（PHY）；

② 介质访问控制层（MAC）；

③ 网络层（NWK）；

④ 应用程序支持子层（APS）；

⑤ 应用层（APL）。

采用分层思想有很多优点，例如，当网络协议的一部分发生改变时，可以很容易地对与此相关的几个层进行修改，其他层不需要改变即可，IEEE802.15.4仅仅是定义了物理层（PHY）和介质访问控制层（MAC）的数据传输规范，而ZigBee协议定义了网络层、应用程序支持子层以及应用层的数据传输规范，这就是ZigBee无线网络。

二、ZigBee的特点

1.高可靠性

对于无线通信而言，由于电磁波在传输过程中容易受很多因素的干扰，例如，障碍物的阻挡、天气状况等，因此，无线通信系统在数据传输过程中，具有内在的不可靠性。无线控制系统作为无线通信的一个小的分支，在数据传输过程中，也具有不可靠性。

ZigBee联盟在制定ZigBee规范时已经考虑到这种数据传输过程中的内在的不确定性，采取了一些措施来提高数据传输的可靠性，主要包括：物理层兼容高可靠的短距离无线通信协议IEEE802.11.5，同时使用OQPSK和DSSS技术；使用CSMA-CA（Carrier Sense Multiple Access Collision Avoidance）技术来解决数据冲突问题；使用16-bits CRC来确保数据的正确性；使用带应答的数据传输方式来确保数据正确的传输目的地址；采用星形网络尽量保证数据可以沿着不同的传输路径从源地址到达目的地址。

2. 低成本、低功耗

ZigBee 技术可以应用于 8-bit MCU，目前 TI 公司推出的兼容 ZigBee2007 协议的 SoC 芯片 CC2530 每片价格在 20 ~ 35 元，外接几个阻容器件构成的滤波电路和 PCB 天线即可实现网络节点的构建。

ZigBee 网络中的设备主要分为三种：

① 协调器（Coordinator），主要负责无线网络的建立和维护；

② 路由器（Router），主要负责无线网络数据的路由；

③ 终端节点（End Device），主要负责无线网络数据的采集。

低功耗仅仅是对终端节点而言，因为路由器和协调器需要一直处于供电状态，只有终端节点可以定时休眠，下面通过一个例子展示终端节点的低功耗是如何实现的。

例如，一般情况下，市面上每节 5 号电池的电量为 1 500mA · h，对于两节 5 号电池供电的终端节点而言，总电量为 3 000mA · h，即电池以 1mA 电流放电，可以连续放电 3 000h（理论值），如果放电电流为 100mA，则可以连续放电 30h。

终端节点在数据发送期间需要的时间电流 29mA；数据接收期间所需要的瞬时电流为 24mA。

假设各种传感器所需的工作电流为 30mA（这个工作电流已经很大了），那么数据发送期间所需要的总电流为 59mA，数据接收期间所需要的总电流为 54mA，为了讨论问题方便，总电流取 60mA，表面上 2 节 5 号电池可以供终端节点连续工作 50h。

但是，对应实际系统，终端节点对数据的采集一般是定时采集，例如采集温度数据，由于温度变化减慢，所以可以定时采集，在此假设终端节点每小时工作 50s，其他时间都在休眠（休眠时工作电流在微安级，所以可以忽略不计）。

那么实际情况是：系统采用 2 节 5 号电池供电，终端节点工作电流为 60mA，每小时工作 50s（其他时间都在休眠，休眠时工作电流在微安级，所以可以忽略不计），可以计算出 2 节 5 号电池可以供终端节点工作时间为：3 600h=150 天，即大约半年时间，这也就是介绍 ZigBee 技术的书籍中提到的“对于 ZigBee 终端节点，使用 2 节 5 号电池供电，可以工作半年的时间”的理论依据。

3. 高安全性

为了保证数据传输的安全性，可以使用 AES-128 加密技术，但是对于初学阶段，安全性问题可以不予考虑。

4. 数据的特殊要求

无线控制系统对数据的可靠性和安全性、系统功耗和成本等方面有着特殊的要求，但是，目前的无线控制系统协议没有解决好这些特殊的要求。

5. 兼容性

ZigBee 技术与现有的控制网络标准无缝集成。通过网络协调器自动建立网络，采用 CSMA-CA 方式进行信道接入。为了可靠传递，还提供全握手协议。

6. 安全性

ZigBee 提供了数据完整性检查和鉴权功能，在数据传输中提供了三级安全性。第一级实际是无安全方式，对于某种应用，如果安全并不重要或者上层已经提供足够的安全保护，器件就可以选择这种方式来转移数据。对于第二级安全级别，器件可以使用接入控制清单（ACL）来防止非法器件获取数据。在这一级不采取加密措施。第三级安全级别在数据转移中采用属于高级加密标准（AES）的对称密码。AES 可以用来保护数据和防止攻击者冒充合法器件。

三、ZigBee 无线网络通信信道

一般情况，不同的电波具有不同的频谱，无线通信系统的频谱有几十兆赫兹到几千兆赫兹，包括了收音机、手机、卫星电视等使用的波段，这些电波都使用空气作为传输介质来传播，为了防止不同的应用之间相互干扰，就需要对无线通信系统的通信信道进行必要的管理。

各个国家都有自己的无线管理结构，如美国的联邦通信委员会（FCC）、欧洲的典型标准委员会（ETSI）。我国的无线电管理机构为中国无线电管理委员会，其主要职责是负责无线电频率的划分、分配与指配、卫星轨道位置协调和管理、无线电监测、检测、干扰查处，协调处理电磁干扰事宜和维护空中电波秩序等。

一般情况，使用某一特定的频段需要得到无线电管理部门的许可，当然，各国的无线电管理部门也规定了一部分频段是对公众开放的，不需要许可使用，以满足不同的应用需求，这些频段包括 ISM（Industrial，Scientific and Medical——工业、科学和医疗）频带。

除了 ISM 频带外，在我国，低于 135kHz，在北美、日本等地，低于 400kHz 的频带也是免费频段。各国对无线电频谱的管理不仅规定了 ISM 频带的频率，同时也规定了在这些频带上所使用的发射功率，在项目开发过程中，需要查阅相关的手册，如我国信息产业部发布的《微功率（短距离）无线电设备管理规定》。

IEEE802.15.4（ZigBee）工作在 ISM 频带，定义了两个频段，2.4GHz 频段和 896/915MHz 频段。在 IEEE802.15.4 中共规定了 27 个信道：

① 在 2.4GHz 频段，共有 16 个信道，信道通信速率为 250kbps；

② 在 915MHz 频段，共有 10 个信道，信道通信速率为 40kbps；

③ 在 896MHz 频段，有 1 个信道，信道通信速率为 20kbps。

四、ZigBee 无线网络拓扑结构

ZigBee 无线网络拓扑结构主要有星形网络和网状网络，分别如图 3–1 和图 3–2 所示。不同的网络拓扑对应于不同的应用领域，在 ZigBee 无线网络中，不同的网络拓扑结构对网络节点的配置有不同的要求（网络节点的类型可以用协调器、路由器和终端节点，具体配置需要根据配置文件决定）。

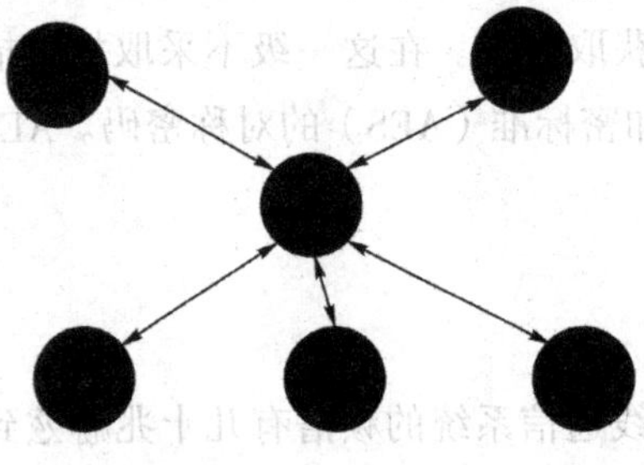

图 3–1　星形网络拓扑

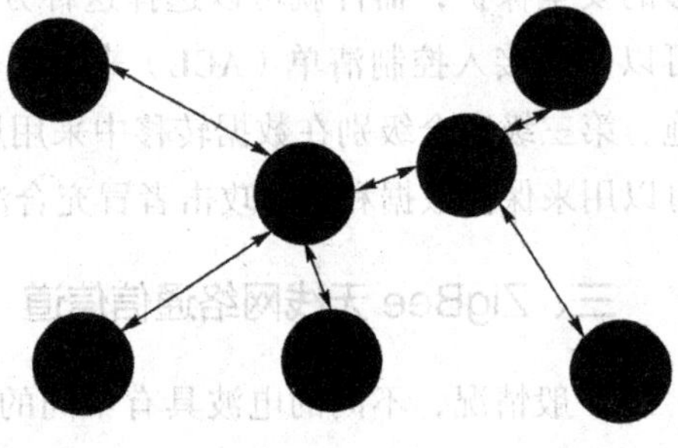

图 3–2　网状网络拓扑

五、ZigBee 技术的应用领域

ZigBee 技术是基于小型无线网络而开发的通信协议标准，尤其是伴随 ZigBee2007 协议的逐渐成熟，ZigBee 技术在智能家居和商业楼宇自动化方面有较大的应用前景。ZigBee 技术的出现弥补了低成本、低功耗和低速率无线通信市场的空缺，总体而言，在以下应用场合可以考虑采用 ZigBee 技术：

① 需要进行数据采集和控制的节点较多；

② 应用对数据传输速率和成本要求不高；

③ 设备需要电池供电几个月的时间，且设备体积较小；

④ 野外布置网络节点，进行简单的数据传输。

下面展示当前市场上几个 ZigBee 方面应用的例子。

在工业控制方面，可以使用 ZigBee 技术组建无线网络，每个节点采集传感器数据，然后通过 ZigBee 网络来完成数据的传送。

在智能家居和商业楼宇自动化方面，将空调、电视、窗帘控制器等通过 ZigBee 技术来组成一个无线网络，通过一个遥控器就可以实现各种家电的控制，这种应用比现行的每个家电一个遥控器要方便得多。

在农业方面，传统的农业主要使用没有通信能力且独立的机械设备，使用人力来检测农田的土质状况、作物生长状况等，如果采用 ZigBee 技术，可以轻松地实现

作物各个生长阶段的监控，传感器数据可以通过 ZigBee 网络来进行无线传输，用户只需要在电脑前即可实时监控作物生长情况，这将极大促进现代农业的步伐。

在医学应用领域，可以借助 ZigBee 技术，准确、有效地检测病人的血压、体温等信息，这将大大减轻查房的工作负担，医生只需要在电脑前使用相应的上位机软件，即可监控数个病房病人的情况。

六、ZigBee 协议栈概述

ZigBee 堆栈是在 IEEE802.15.4 标准基础上建立的，IEEE802.15.4 标准定义了协议的 MAC 和 PHY 层。ZigBee 设备应该包括 IEEE802.15.4（该标准定义了 RF 射频以及与相邻设备之间的通信）的 PHY 和 MAC 层，以及 ZigBee 堆栈层：网络层（NWK）、应用层和安全服务提供层。

每个 ZigBee 设备都与一个特定模板有关，可能是公共模板或私有模板。这些模板定义了设备的应用环境、设备类型以及用于设备间通信的簇。公共模板可以确保不同供应商的设备在相同应用领域中的互操作性。

设备是由模板定义的，并以应用对象（Application Objects）的形式实现，每个应用对象通过一个端点连接到 ZigBee 堆栈的余下部分，它们都是器件中可寻址的组件，从应用角度看，通信的本质就是端点到端点的连接（例如，一个带开关组件的设备与带一个或多个灯组件的远端设备进行通信，目的是将这些灯点亮）。

端点之间的通信是通过称之为簇的数据结构实现的。这些簇是应用对象之间共享信息所需的全部属性的容器，在特殊应用中使用的簇在模板中有定义。

每个接口都能接收（用于输入）或发送（用于输出）簇格式的数据。一共有 2 个特殊的端点，即端点 0 和端点 255。端点 0 用于整个 ZigBee 设备的配置和管理。应用程序可以通过端点 0 与 ZigBee 堆栈的其他层通信，从而实现对这些层的初始化和配置。附属在端点 0 的对象被称为 ZigBee 设备对象（ZDO）。端点 255 用于向所有端点的广播。端点 241、254 是保留端点。

所有端点都使用应用支持子层（APS）提供的服务。APS 通过网络层和安全服务提供层与端点相接，并为数据传送、安全和绑定提供服务，因此能够适配不同但兼容的设备，比如带灯的开关。

APS 使用网络层（NWK）提供的服务。NWK 负责设备到设备的通信，并负责网络中设备初始化所包含的活动、消息路由和网络发现，应用层可以通过 ZigBee 设备对象（ZDO）网络层参数进行配置和访问。

ZigBee 协议栈体系包含一系列的层元件，其中有 IEEE802.15.4 2003 标准中的 MAC 层和 PHY 层，当然也包括 ZigBee 组织设计的 NWK 层和应用层。每个层的元件有其特定的服务功能。

ZigBee 的体系结构由称为层的各模块组成。每一层为其上层提供特定的服务：即由数据服务实体提供数据传输服务；管理实体提供所有的其他管理服务。ZigBee 堆栈的大多数层有两个接口：数据实体接口和管理实体接口。数据实体接口的目标是向上层提供所需的常规数据服务。管理实体接口的目标是向上层提供访问内部层参数、配置和管理数据的机制。

每个服务实体通过相应的服务接入点（SAP）为其上层提供一个接口，每个服务接入点通过服务原语来完成所对应的功能。

1. ZigBee 中原语的概念

原语是层与层之间信息交互的接口，交互的信息就是原语的参数。原语只有四种类型：请求原语，Request；确认原语，Confirm；指示原语，Indication；响应原语，Response。其中 Request 和 Response 是从上层到下层的，Confirm 和 Indication 是从下层到上层的。

举例：假如上层请求下层打开接收机，给下层一个 Request，下层完成请求的功能后，给上层一个 Confirm，告诉上层正确完成了，或者出什么错了。

假如上层请求下层发送数据到 Remote 端，给下层一个数据发送的 Request，下层完成数据发送任务后，给上层一个 Confirm 告诉上层结果。在对端，对应的下层收到数据后，需要通过 Indication 把收到的数据传给上层。

假如节点 A 要请求节点 B 的对等层的一个服务，给自己下层一个请求，下层将信息发送到节点 B 的对等层之后，节点 B 的下层用 Indication 告诉上层，上层做出影响后，用 Response 给到下层，节点 B 再发送到节点 A 的对等层，节点 A 的下层再用 Confirm 原语将得到的信息返回给上层。

2. 设备类型和角色

IEEE802.15.4 无线网络协议中定义了两种设备类型：全功能设备（FFD）和半功能设备（RFD）。FFD 可以执行 IEEE802.15.4 标准中的所有功能，并且可以在网络中扮演任何角色，那反过来讲，RFD 就有功能限制。比如 FFD 能与网络中的任何设备通信，而 RFD 就只能和 FFD 通信。RFD 设备的用途是为了做一些简单功能的应用，比如做个开关之类的。而其功耗与内存大小都比 FFD 要小很多。

在 ZigBee 网络中，节点分为三种角色：协调器、路由器和终端节点。其中 ZigBee 协调者（coord）为协调器节点，每个 ZigBee 网络必须有一个。它的主要作用是初始化网络信息。ZigBee 路由器（router）为路由节点，它的作用是提供路由信息。

ZigBee 终端节点（RFD 为终端节点），它没有路由功能，完成的是整个网络的终端任务。其中 FFD 可以扮演任何一个角色，而 RFD 只能扮演终端节点的角色。

第三节 蓝牙技术

越来越多数字电子产品借着新科技提升本身的性能和实力。从目前发展趋势来看，未来消费性电子产品将有两个重要的发展指标，一是使用蓝牙技术这类开放技术，以无线、局域网络、可携带式设备成为网络体的延伸；另一项则是内存规格的统一、加密以及轻量化应用。

蓝牙是一种短距无线通信的技术规范，它最初的目标是取代现有的掌上电脑、移动电话等各种数字设备上的有线电缆连接。在制定蓝牙规范之初，就建立了统一全球的目标，向全球公开发布，工作频段为全球统一开放的 2.4GHz 工业、科学和医学（Industrial，Scientific and Medical，ISM）频段。从目前的应用来看，由于蓝牙体积小、功率低，其应用已不局限于计算机外设，几乎可以被集成到任何数字设备之中，特别是那些对数据传输速率要求不高的移动设备和便携设备。

一、蓝牙技术的起源

随着世界范围内电子设备技术高速发展。瑞典的爱立信公司于 1994 年成立了一个专项科研小组，对移动电话及其附件的低能耗、低费用无线连接的可能性进行研究，他们的最初目的在于建立无线电话与 PC 卡、耳机及桌面设备等产品的连接。但是随着研究的深入，科研人员越来越感到这项技术所独具的个性和巨大的商业潜力，同时也意识到凭借一家企业的实力根本无法继续研究，于是，爱立信将其公之于世，并极力说服其他企业加入到它的研究中来。他们共同的目标是建立一个全球性的小范围无线通信技术，并将此技术命名为“蓝牙”，来表达要将这种全新的无线传输技术在全球推广，并实现全球通用的雄心。

1998 年 2 月，爱立信、诺基亚、IBM、东芝及 Intel 组成了蓝牙特殊利益集团（SIG）。这个集团包含了商业领域的最佳组合，两个最大的移动通信公司，两个最大的手提电脑生产商，一个数字信号处理技术的领导者。之后，蓝牙引起了越来越多企业的关注。目前，包括索尼、惠普、戴尔在内的 2 000 多家公司都签署了相关协议，共享这一先进技术。这么多的精英公司集中在一项技术的大旗下，在商业史上是史无前例的，一项公开的全球统一的技术规范得到了工业界如此广泛的关注和支持，也是以往所罕见的。基于此项蓝牙技术的产品具有广阔的应用前景和巨大的潜在市场。

二、蓝牙技术的基本定义

所谓蓝牙（Bluetooth）技术，实际上是一种短距离无线通信技术，是一种无线数据与语音通信的开放性标准，它以低成本的近距离无线连接为基础，在10 ~ 100m的空间内所有支持该技术的移动或非移动设备，可以方便地建立网络联系、进行音频通信或直接通过手机访问互联网。利用“蓝牙”技术，能够有效地简化掌上电脑、笔记本电脑和移动电话（手机）等移动通信终端设备之间的通信，也能够成功地简化以上这些设备与因特网Internet之间的通信，从而使这些现代通信设备与因特网之间的数据传输变得更加迅速高效，为无线通信拓宽道路。

整个蓝牙系统按功能可分为四个模块：无线射频单元、链路控制单元、链路管理单元、软件架构。无线射频单元主要规定硬件设备的功能，它负责射频处理和基带调制的功能。链路控制单元主要完成底层通信协议（如物理层、MAC层）的功能。链路管理单元主要负责基带连接的设定及管理、基带数据的分段及重组、多路复用和确定服务质量等功能。软件架构主要为各种应用（如语音、数据等）提供应用软件所需的通信协议与应用程序接口。蓝牙技术属于一种短距离、低成本的无线连接技术，是一种能够实现语音和数据无线传输的开放性方案。

三、蓝牙技术的协议

蓝牙规范的协议栈采用分层结构，分别完成数据流的过滤和传输，跳频和数据帧传输，连接的建立和释放，链路的控制、数据的拆装、业务质量（QoS）、协议的复用和分段重组等功能。

完整的协议栈包括蓝牙专用协议（如连接管理协议LMP和逻辑链路控制应用协议L2CAP）以及非专用协议（如对象交换协议OBEX和用户数据报协议UDP）。设计协议和协议栈的主要原则是尽可能利用现有的各种高层协议，保证现有协议与蓝牙技术的融合以及各种应用之间的互相操作，高层应用协议（协议栈的垂直层）都使用公共的数据链路和物理层，充分利用兼容蓝牙技术规范的软硬件系统。蓝牙技术规范的开放性保证了设备制造商可以自由地选用其专用协议或习惯使用的公共协议，在蓝牙技术规范基础上开发新的应用。

蓝牙协议体系中的协议分为四类：

① 核心协议：BaseBand、LMP、L2CAP、SDP；

② 电缆替代协议：RFCOMM；

③ 电话控制协议：TCS_Binary、AT命令集；

④ 选用协议：PPP、UDP/TCP/IP、OBEX、WAP、vCard、WAE。

协议还定义了主机控制器接口（HCI），它提供对链路控制器和链路管理器的命令接口，以及对硬件状态和控制注册成员的访问，该接口还提供对蓝牙基带的统一访问模式。

蓝牙核心协议由SIG制定的蓝牙专用协议组成。绝大部分蓝牙设备都需要核心协议（加上无线部分），而其他协议则根据应用的需要而定。电缆替代协议、电话控制协议和选用协议在核心协议基础上构成了面向应用的协议。

1. 蓝牙核心协议

（1）基带协议（BaseBand）：基带协议确保微网内各蓝牙设备单元之间由射频构成的物理连接。蓝牙的射频系统是一个跳频系统，其任一分组在指定时隙、指定频率上发送。它使用查询过程使一个单元能发现那些在范围之内的单元，以及它们的设备地址时钟。通过呼叫过程，能够建立实际连接。基带数据分组有两种物理连接方式，即面向连接（SCO）和无连接（ACL），而且在同一射频上可实现多路数据传送。ACL适用于数据分组，其特点是可靠性好，但有延时；SCO适用于话音以及话音与数据的组合，其特点是实时性好，但可靠性比ACL差。所有的话音和数据分组都附有不同级别的前向纠错（FEC）或循环冗余校验（CRC），而且可进行加密。可使用各种用户模式在蓝牙设备间传送话音，面向连接的话音分组只需经过基带传输，而不到达L2CAP。话音模式在蓝牙系统内相对简单，只需开通话音连接就可传送话音。

（2）链路管理协议（LMP）：链路管理协议（LMP）用来对链路进行设置和控制。它负责建立和解除蓝牙设备单元之间的连接、功率控制以及认证和加密，还控制蓝牙设备的工作状态（保持、休眠、呼吸和活动）。

（3）逻辑链路控制和适配协议（L2CAP）：从某种意义上说，L2CAP和LMP都相当于OSI第二层即链路层的协议，可以认为它与LMP并行工作。基带数据业务可以越过LMP而直接通过L2CAP向高层协议传送数据。L2CAP向RFCOMM和SDP等层提供面向连接的和无连接的数据服务，它采用了多路技术、分割和重组技术、群提取技术。L2CAP允许高层协议以64KB长度收发数据分组。虽然基带协议提供了SCO和ACL两种连接类型，但L2CAP只支持ACL。

（4）服务发现协议（SDP）：服务发现是所有用户模式的基础，SDP上层可以有FTP、LAN接入、无绳电话、同步模式等应用。在蓝牙系统中，客户只有通过服务发现协议，才能获得设备信息、服务信息及服务特征，从而在设备单元之间建立不同的SDP层连接。

2. 电缆替代协议（RFCOMM）

RFCOMM可以仿真串行电缆接口协议（如RS-232、V.24等），是基于ETSI-07.10串口仿真协议。通过RFCOMM，蓝牙可以在无线环境下实现对高层协议，如

PPP、TCP/UDP/IP，WAP 等协议的支持。另外，RFCOMM 可以支持 AT 命令集，从而可以实现移动电话和传真机及调制解调器之间的无线连接。

3. 电话控制协议

（1）二进制电话控制协议（TCS 二进制或 TCSBIN）：该协议是面向比特的协议，它规定了蓝牙设备间建立语音和数据呼叫的控制信令，它还规定了处理蓝牙 TCS 设备的移动管理过程。该协议是基于 ITU–U Q.931 建议而开发的，被指定为蓝牙电话控制协议二进制规范。

（2）AT 命令集电话控制协议：AT 命令集用来控制多用户模式下移动电话和调制解调器，该 AT 命令集是基于 ITU–TV.250 建议和 GSM 07.07 标准，它还可以用于传真业务。

4. 选用协议

（1）点对点协议（PPP）：在蓝牙协议栈中，PPP 位于 RFCOMM 上层，完成点对点的连接。

（2）TCP/UDP/IP：该协议是由互联网工程任务组（IETF）制定，现已发展成为计算机之间最常应用的组网形式。IP 协议处理分组在网络中的活动，TCP 为两台主机提供高可靠性的数据通信，UDP 则为应用层提供一种非常简单的服务，它们是 Internet 的基础，在蓝牙设备中，使用这些协议是为了与互联网相连接的设备进行通信。

（3）对象交换协议（OBEX）：它采用简单的和自发的方式交换对象。OBEX 协议能通过“推”“拉”操作传输对象。一个对象可以通过多个“推”请求和“拉”应答进行交换。OBEX 是一种类似于 HTTP 的协议，它假设传输层是可靠的，采用客户机 / 服务器模式，独立于传输机制和传输应用程序接口 API。

（4）电子名片交换格式（vCard）、电子日历及日程交换格式（vCal）：它们都是开放性规范，都没有定义传输机制，而只是定义了数据传输格式。SIG 采用 vCard/vCal 规范，是为了进一步促进个人信息交换。

（5）无线应用协议（WAP）：该协议是由无线应用协议论坛制定的，它融合了各种广域无线网络技术，其目的是将互联网内容和电话传送的业务传送到数字蜂窝电话和其他无线终端上。

四、蓝牙技术的内容

蓝牙技术产品是采用低能耗无线电通信技术来实现语音、数据和视频传输的，其传输速率最高为 1Mb/s，以时分方式进行全双工通信，通信距离为 10m 左右，配置功率放大器可以使通信距离进一步增加。

蓝牙产品采用的是跳频技术，能够抗信号衰减；采用快跳频和短分组技术，能够有效地减少同频干扰，提高通信的安全性；采用前向纠错编码技术，以便在远距离通信时减少随机噪声的干扰；采用 2.40GHz 的 ISM（即工业、科学、医学）频段，以省去申请专用许可证的麻烦；采用 FM 调制方式，使设备变得更为简单可靠；“蓝牙”技术产品一个跳频频率发送一个同步分组，每组一个分组占用一个时隙，也可以增至 5 个时隙；“蓝牙”技术支持一个异步数据通道，或者 3 个并发的同步语音通道，或者一个同时传送异步数据和同步语音的通道。“蓝牙”的每一个话音通道支持 64Kbps 的同步话音，异步通道支持的最大速率为 720Kbps，反向应答速率为 57.6Kbps 的非对称连接，或者 432.6Kbps 的对称连接。

蓝牙技术产品与因特网 Internet 之间的通信，使得家庭和办公室的设备不需要电缆也能够实现互通互联，大大提高办公和通信效率。因此，“蓝牙”将成为无线通信领域的新宠，将为广大用户提供极大的方便而受到青睐。

五、蓝牙技术发展的各个阶段

蓝牙的支持者很多，从最初只有五家企业发起的蓝牙特别兴趣小组（SIG）发展到现在已拥有了近 3 000 个企业成员。根据计划，蓝牙从实验室进入市场经过三个阶段。

第一阶段蓝牙产品作为附件应用于移动性较大的高端产品中。如移动电话耳机、笔记本电脑插卡或 PC 卡等，或应用于特殊要求或特殊场合，这种场合只要求性能和功能，而对价格不太敏感，这一阶段的时间大约在 2001 年年底到 2002 年年底。

第二阶段蓝牙产品嵌入中高档产品中，如 PDA、移动电话、PC、笔记本电脑等。蓝牙的价格会进一步下降，其芯片价格在 10 美元左右，而有关的测试和认证工作也将初步完善。这一时间段是 2002 ~ 2005 年。

第三阶段 2005 年以后，蓝牙进入家用电器、数码相机及其他各种电子产品中，蓝牙网络随处可见，蓝牙应用开始普及，蓝牙产品的价格在 2 ~ 5 美元之间，每人都可能拥有 2 ~ 3 个蓝牙产品。

蓝牙产品的市场化正处于第三阶段。2016 年年底，蓝牙有超过 30 亿的无线用户，其中包括 15 亿多使用无线互联网访问服务的用户。第三代移动通信技术将为蓝牙互联提供更大的市场，蓝牙互联技术允许手机、便携设备、个人电脑、笔记本电脑和第三方的接入设备互相连接在一起。

六、蓝牙技术的特点

蓝牙是一种短距无线通信的技术规范，它最初的目标是取代现有的掌上电脑、移动电话等各种数字设备上的有线电缆连接。在制定蓝牙规范之初，就建立了统一全球的目标，向全球公开发布，工作频段为全球统一开放的2.4GHz工业、科学和医学（Industrial，Scientific and Medical，ISM）频段。从目前的应用来看，由于蓝牙体积小、功率低，其应用已不局限于计算机外设，几乎可以被集成到任何数字设备之中，特别是那些对数据传输速率要求不高的移动设备和便携设备。蓝牙无线技术是为了解决一个简单问题而产生的，即以无线电波替换移动设备所使用的电缆。以相同成本和安全性实现一般电缆的功能，从而使移动用户摆脱电缆束缚，这就决定了蓝牙技术具备以下技术特性。

1.功耗低、体积小

蓝牙技术本来就是发展用于互连小型移动设备及其外设，它的市场目标是移动笔记本、移动电话、小型的PDA以及它们的外设，因此蓝牙芯片必须有功耗低、体积小的特点，可以集成到小型便携设备中去。蓝牙产品输出功率很小（只有1mW），仅是微波炉使用功率的百万分之一，是移动电话的一小部分，而且在这些输出中，仅有一小部分被物体吸收。

2.近距离通信

蓝牙技术通信距离为10m，如果需要，还可以选用放大器使其扩展到100m。这已经足够在办公室内任意摆放外围设备，而不用再担心电缆长度是否够用。

3.安全性

同其他无线信号一样，蓝牙信号很容易被截取，因此蓝牙协议提供了认证和加密，以实现链路级安全。蓝牙系统认证与加密服务由物理层提供，采用流密码加密技术，适于硬件实现，密钥由高层软件管理。如果用户有更高级别的保密要求，可以使用更高级、更有效的传输层和应用层安全机制认证，可以有效防止电子欺骗以及不期望的访问，而保护链路隐私。除此之外，跳频技术保密性和蓝牙有限的传输范围也使窃听变得困难。

4.互操作性

互操作性是蓝牙产品的重要特性，只有实现互操作性，各大厂商之间的蓝牙产品才能够互通。

5.能够传送语音和数据

蓝牙基带协议是电路交换与包交换的结合，使得该技术同时适合于传送语音和数据。蓝牙协议定义了两种类型的链路：异步的面向非连接（ACL）链路和同步的面向连接（SCO）链路。它一般用来传送数据，支持对称的或非对称的、包交换的、点到多点的连接。

6.采用跳频技术，工作于ISM频段

蓝牙设备采用跳频扩频技术，工作于ISM频段。系统最大跳频速率为1600跳/s，在 2.402 ~ 2.480GHz 之间，采用 79 个 1MHz 带宽的频点。ISM 频段是指用于工业、科学和医学的全球公用频段，它包括 902 ~ 928MHz 和 2.4 ~ 2.484GHz 等频率范围，可以免费使用而不用申请。此外，蓝牙系统的通信协议采用 TDD（时分双工），其设备采用的是 GFSK 调制技术。

7. 网络特性

蓝牙支持点到点和点到多点的连接。蓝牙系统的网络拓扑结构首先是由最多 8 台独立的设备单元连成微网，再由多个独立的、非同步的微网组成一个独立的散网。在微网内部，只有一个主单元，其他都是从单元且最多有 7 个，主单元利用其自身的时钟和跳频序列同步其他的从单元。

七、蓝牙技术的主要应用

1. 蓝牙技术在 3G 技术中的应用

目前日常生活中听到过的蓝牙最为广泛的应用当属蓝牙耳机了。曾经蓝牙耳机是作为一项高科技出现在人们的视线当中的，当时带有蓝牙功能的手机也寥寥无几，而且价格并不能被广大消费者所接受。而今，几乎所有的手机都具有了蓝牙功能，蓝牙已经普及到了大家的生活当中。而蓝牙耳机的价格也已经到了大众所能够消费的水准。

2. 蓝牙技术在生活各个领域中的应用

私家车市场的成熟也是促使蓝牙发展的一个重要因素。开车打电话是非常危险的事情，您使用蓝牙耳机进行通话的话可以大大降低边打电话边开车的危险性。在国外看到各种车辆的司机几乎是人手一个蓝牙耳机，国内目前也正在逐渐形成同样的一个氛围。随着交通法规的完善，人民生活水平以及素质的提高，蓝牙耳机也会随着手机一同普及。

当然，蓝牙应用并不仅限于免提通话，现在各大手机厂商和蓝牙设备厂商也开始推出用于无线音乐的立体声蓝牙耳机。有了立体声蓝牙耳机，可以摆脱线的束缚，并且蓝牙耳机还没有有线耳机的接口限制，即便是您换了新手机也可以继续使用原来的蓝牙耳机，完全不需要额外购入任何新设备。

蓝牙技术最初仅被设想为用于耳机和手机之间的数据传输，然而消费者不断上升的使用需求让蓝牙技术的应用更加多元化，逐步渗透到电子游戏、电脑备件和医疗领域。十年来，蓝牙技术深受欢迎，蓝牙技术联盟更是由寥寥五名成员成长为万人大家庭。玩游戏、听音乐、结交新朋友、与朋友共享照片，越来越多的消费者能够方便即时地享受各种娱乐活动，而又不再忍受电线的束缚。

八、蓝牙技术对未来的影响

2001 年，对蓝牙工业来说是一个重要的转折点，蓝牙特殊兴趣小组公布了较为稳定的技术规范 1.1 版，许多开发商发布了他们的第一代蓝牙产品，而蓝牙最初的商业化应用也浮出水面，针对广大消费者的大范围市场推广即将启动。现在，蓝牙已不再是一项虚拟的技术，也不再停留在理论的标准规范上。蓝牙无线技术对我国的信息化建设来说，既是挑战也是机遇。

作为一种短距离无线通信技术，蓝牙可以将通信、个人电脑、网络、工业、自动化和家用电器等通过语音或数据联接在一起，距离可以达到 10m，甚至 100m。蓝牙技术的优势就在于它使用户从纷繁复杂的连线中解放出来，商家和客户可以更简单灵活地实现同步通信，同时也更有利于在同事、朋友或办公网络中建立更快速便捷的联络。一项新技术的出现，人们对它抱的期望值很高，往往短期内不能令人满意，这是因为任何新技术的发展都需要有一个过程，蓝牙技术也不例外；技术标准统一，知识产权共享的优势是非常明显的，相信通过业界的共同努力，它未来的发展是不可限量的，从长远来看可能会超出人们的想象。

第四节　无线 WiFi 技术

其主要特性为：速度快，可靠性高，在开放性区域，通信距离可达 305m，在封闭性区域，通信距离为 76m 到 122m，方便与现有的有线以太网络整合，组网的成本更低。

无线保真技术（WiFi Wireless Fidelity）与蓝牙技术一样，同属于在办公室和家庭中使用的短距离无线技术。该技术使用的是 2.4GHz 附近的频段，该频段目前尚属没用许可的无线频段。其目前可使用的标准有两个，分别是 IEEE802.11a 和 IEEE802.11b。

一、WiFi 技术突出的优势

其一，无线电波的覆盖范围广，基于蓝牙技术的电波覆盖范围非常小，半径大约只有 50ft，约合 15m，而 WiFi 的半径则可达 300ft 左右，约合 100m，办公室自不用说，就是在整栋大楼中也可使用。

其二，虽然由 WiFi 技术传输的无线通信质量不是很好，数据安全性能比蓝牙差一些，传输质量也有待改进，但传输速度非常快，可以达到 11Mbps，符合个人和社会信息化的需求。

其三，厂商进入该领域的门槛比较低。厂商只要在机场、车站、咖啡店、图书馆等人员较密集的地方设置“热点”，并通过高速线路将因特网接入上述场所。这样，由于“热点”所发射出的电波可以达到距接入点半径数十米至100m的地方，用户只要将支持无线LAN的笔记本电脑或PDA拿到该区域内，即可高速接入因特网。也就是说，厂商不用耗费资金来进行网络布线接入，从而节省了大量的成本。

根据无线网卡使用的标准不同，WiFi的速度也有所不同。其中IEEE802.11b最高为11Mbps，IEEE802.11a为54Mbps、IEEE802.11g也是54Mbps。

WiFi是由AP（Access Point）和无线网卡组成的无线网络。AP一般称为网络桥接器或接入点，它是当作传统的有线局域网络与无线局域网络之间的桥梁，因此任何一台装有无线网卡的PC，均可透过AP去分享有线局域网络甚至广域网络的资源，其工作原理相当于一个内置无线发射器的HUB或者是路由，而无线网卡则是负责接收由AP所发射信号的CLIENT端设备。按照其速度与技术的新旧可分为802.11a、802.11b、802.11g。

新一代的无线网络，将以无须布线和使用相对自由，建立起人们对无线局域网的全新感受。WiFi发挥了至关重要的作用。其数据传输速率可以达到11Mbps，也可根据信号强弱把传输速率调整为5.5Mbps、2Mbps和1Mbps带宽。直线传播传输范围为室外最大300m，室内有障碍的情况下最大100m，是现在使用最多的传输协议。

与有线网络比，WiFi有许多优点。

① 无需布线：WiFi最主要的优势在于不需要布线，可以不受布线条件的限制，因此非常适合移动办公用户的需要，具有广阔市场前景。目前它已经从传统的医疗保健、库存控制和管理服务等特殊行业向更多行业拓展开去，甚至开始进入家庭以及教育机构等领域。

② 健康安全：IEEE802.11规定的发射功率不可超过100mW，实际发射功率约60 ~ 70mW，手机的发射功率约200mW至1W间，手持式对讲机高达5W，而且无线网络使用方式并非像手机直接接触人体，应该是绝对安全的。

③ 简单的组建方法：一般架设无线网络的基本配备就是无线网卡及一台AP，如此便能以无线的模式，配合既有的有线架构来分享网络资源，架设费用和复杂程度远远低于传统的有线网络。如果只是几台电脑的对等网，也可不要AP，只需要每台电脑配备无线网卡。特别是对于宽带的使用，WiFi更显优势，有线宽带网络（ADSL、小区LAN等）到户后，连接到一个AP，然后在电脑中安装一块无线网卡即可。普通的家庭有一个AP已经足够，甚至用户的邻里得到授权后，则无需增加端口，也能以共享的方式上网。

④ 长距离工作：别看无线 WiFi 的工作距离不大，在网络建设完备的情况下，802.11b 的真实工作距离可以达到 100m 以上，而且解决了高速移动时数据的纠错问题、误码问题，WiFi 设备与设备、设备与基站之间的切换和安全认证都得到了很好的解决。

总而言之，家庭和小型办公网络用户对移动连接的需求是无线局域网市场增长的动力，虽然到目前为止，美国、日本等发达国家仍然是目前 WiFi 用户最多的地区，但随着电子商务和移动办公的进一步普及，廉价的 WiFi 必将成为那些随时需要进行网络连接用户的必然之选。

WiFi 技术的商用目前碰到了许多困难。一方面是受制于 WiFi 技术自身的限制，比如其漫游性、安全性和如何计费等都还没有得到妥善的解决；另一方面，由于 WiFi 的赢利模式不明确，如果将 WiFi 作为单一网络来经营，商业用户的不足会使网络建设的投资收益比较低。虽然 WiFi 技术的商用在目前碰到了一些困难，但这种先进的技术也不可能包办所有功能的通信系统。可以说只有各种接入手段相互补充使用才能带来经济性、可靠性和有效性，因而，它可以在特定的区域和范围内发挥对 3G 的重要补充作用，WiFi 技术与 3G 技术相结合将具有广阔的发展前景。

二、WiFi 与其他通信方式结合

1. WiFi 是高速有线接入技术的补充

目前，有线接入技术主要包括以太网、XDSL 等。WiFi 技术作为高速有线接入技术的补充，具有可移动性、价格低廉的优点，WiFi 技术广泛应用于有线接入需无线延伸的领域，如临时会场等。由于数据速率、覆盖范围和可靠性的差异，WiFi 技术在宽带应用上将作为高速有线接入技术的补充。现在 OFDM、MIMO（多入多出）、智能天线和软件无线电等，都开始应用到无线局域网中以提升 WiFi 性能，比如说 802.11n 计划采用 MIMO 与 OFDM 相结合，使数据速率成倍提高。另外，天线及传输技术的改进使得无线局域网的传输距离大大增加，可以达到几公里。

2. WiFi 是蜂窝移动通信的补充

WiFi 技术的次要定位是蜂窝移动通信的补充。蜂窝移动通信可以提供广覆盖、高移动性和中低等数据传输速率，它可以利用 WiFi 高速数据传输的特点弥补自己数据传输速率受限的不足。而 WiFi 不仅可利用蜂窝移动通信网络完善的计费机制，而且可结合蜂窝移动通信网络广覆盖的特点进行多接入切换功能。这样就可实现 WiFi 与蜂窝移动通信的融合，使蜂窝移动通信的运营锦上添花，进一步扩大其业务量。

3. WiFi 是现有通信系统的补充

无线接入技术则主要包括 IEEE 的 802.11、802.15 等标准。一般地说 WPAN 提供超近距离的无线高数据传输速率连接；WMAN 提供城域覆盖和高数据传输速率；WBMA 提供广覆盖、高移动性和高数据传输速率；WiFi 则可以提供热点覆盖、低移动性和高数据传输速率。

从当前 WiFi 技术的应用看，其中热点公共接入在运营商的推动下发展较快，但用户数少并缺乏有效的盈利模式，使 WiFi 呈现虚热现象。所以，WiFi 虽然是通信业中发展的新亮点，但主要应定位于现有通信系统的补充。

三、家庭无线网络中 WiFi 的实现

为了实现家庭内部网络与外部 Internet 相连互通，在家庭内网和外部 Internet 之间需要一个家庭网关。

该网关是整个家庭无线网络系统的核心部分，它一方面完成家庭无线网络中各种不同通信协议之间的转换和信息共享，并且同外部网络进行数据交换；另一方面还负责对家庭中网络终端进行管理和控制。家庭中的网络终端也通过这个网关与外部网络连通。实现交互和信息共享。同时，该网关还应有防火墙能力，能够避免外界网络对家庭内部网络终端设备的非法访问和攻击。家庭网关启动后，完成系统的初始化，并加载相关的服务。将接收到的用户的控制或查询命令进行处理，程序将命令转换成为报文，通过 WiFi 模块发送给网络中的信息家电或控制设备。同时，家庭网关还通过 WiFi 来接收信息家电的当前状态信息，通过处理后将其反馈给控制设备，以便用户使用。

第五节　移动通信技术

一、移动通信发展史

1. 第二代移动通信系统（2G）

20 世纪 80 年代中期至世纪末，是 2G 这样的数字蜂窝移动通信系统逐渐成熟和发展的时期。由于模拟蜂窝移动通信系统存在频谱利用率低、费用高、通话易被窃听、业务种类受限、系统容量低等问题，主要还是系统容量已不能满足日益增长的移动用户需求。为了解决这些问题，推出了新一代数字蜂窝移动通信系统（2G）。

数字蜂窝移动通信系统（2G）主要采用的是数字的时分多址（TDMA）技术和码分多址（CDMA）技术。全球主要有 GSM 和 CDMA 两种体制。CDMA 标准是美国提出的。GSM 技术标准是欧洲提出的，目前全球绝大多数国家使用这一标准。

1982年，欧洲成立泛欧移动通信组织（Group Special Mobile，GSM，之后改称为全球移动通信系统，Global Standard for Mobile Communications，GSM），于1983年开始开发GSM。欧洲1992年提出了第一个数字蜂窝网络标准GSM（Global Standard for Mobile Communications），它基于时分多址（Time Division Multiple Access，TDMA）方式。1991年7月，GSM系统在德国首次部署，它是世界上第一个数字蜂窝移动通信系统。我国移动通信也主要是GSM体制。

第二代移动通信主要业务是语音，其主特性是提供数字化的话音业务及低速数据业务。第二代移动通信替代第一代移动通信系统完成模拟技术向数字技术的转变，但由于第二代采用不同的制式，移动通信标准不统一，用户只能在同一制式覆盖的范围内进行漫游，因而无法进行全球漫游，由于第二代数字移动通信系统带宽有限，限制了数据业务的应用，也无法实现高速率的业务，如移动的多媒体业务。

2G网络就改造升级成了所谓的2.5G（GPRS）、2.75G（EDGE）网络，使GSM与计算机通信/Internet有机相结合，数据传送速率大幅提升，从而使GSM功能得到不断增强，初步具备了支持多媒体业务的能力，实际应用基本可以达到拨号上网的速度，因此可以发送图片、收发电子邮件等。

尽管2G技术在发展中不断得到完善，但随着用户规模和网络规模的不断扩大，频率资源已接近枯竭，语音质量不能达到用户满意的标准，数据通信速率太低，无法在真正意义上满足移动多媒体业务的需求。

2.第三代移动通信系统（3G）

20世纪90年代末开始是第三代移动通信技术（3G）发展和应用阶段，同时4G移动通信也进入了研究阶段。1999年基本确立了第三代移动通信的3种主流标准，即欧洲和日本提出的宽带码分多址（WCDMA），美国提出的多载波码分复用扩频调制（CDMA2000），中国提出的时分同步码分多址接入（TD-SCDMA）。

3G将有更宽的带宽，更高的传输速率。3G系统采用CDMA技术和分组交换技术，而不是2G系统通常采用的TDMA技术和电路交换技术。在业务和性能方面，3G不仅能传输语音，还能传输数据，提供高质量的多媒体业务，如可变速率数据、移动视频和高清晰图像等多种业务，实现多种信息一体化，从而提供快捷、方便的无线应用，如无线接入Internet。3G还具有低成本、优质服务质量、高保密性及良好的安全性能等特点。

但是，第三代移动通信系统的通信标准共有WCDMA，CDMA2000和TD-SCDMA三大分支，共同组成一个IMT-2000家庭，成员间存在相互兼容的问题，因此已有的移动通信系统不是真正意义上的个人通信和全球通信；再者，3G的频谱利用率还比较低，不能充分地利用宝贵的频谱资源；3G支持的速率还不够高等。这些不足点远远不能适应未来移动通信发展的需要，因此寻求一种既能解决现有问题，又能适应未来移动通信的需求的新技术是必要的。

3.第四代移动通信系统（4G）

20世纪末，4G的研究就已经开始了，到现在已过去十几年。各个大国（如中国、欧洲、美国、日本等）通信技术规范机构相互之间在移动通信技术之间的竞争也越来越激烈了。为了保证3G移动通信的持续竞争力，满足市场对高数据业务、多媒体业务等新需求，同时让3G技术具有与其他技术竞争的实力，目前有三种方案成为4G的标准备选方案，分别是3GPP的LTE、3GPP2的UMB以及IEEE的移动WiMAX，其中最被产业界看好的是LTE。LTE、UMB和移动WiMAX虽然各有差别，但是它们也有一些相同之处，3个系统都采用OFDM和MIMO技术以提供更高的频谱利用率。

二、3G移动通信技术

1.3G简介

3G是第三代移动通信技术的简称，是指支持高速数据传输的蜂窝移动通信技术。3G服务能够同时传送声音（通话）及数据信息（电子邮件、即时通信等），代表特征是提供高速数据业务。其实，早在2007年国外就已经产生3G了，而中国也于2008年成功开发出中国3G。相对第一代模拟制式手机（1G）和第二代GSM，CDMA等数字手机（2G），第三代手机（3G）一般是指将无线通信与国际互联网等多媒体通信结合的新一代移动通信系统。1995年问世的第一代手机只能进行语音通话；1996～1997年出现的第二代数字手机便增加了接收数据的功能，如接收电子邮件或网页。3G与2G的主要区别是在传输声音和数据的速度上的提升，它能够在全球范围内更好地实现无线漫游，并处理图像、音乐、视频流等多种媒体形式，提供包括网页浏览、电话会议、电子商务等多种信息服务，同时也要考虑与已有第二代系统的良好兼容性。为了提供这种服务，无线网络必须能够支持不同的数据传输速度，也就是说在室内、室外和行车的环境中能够分别支持至少2MbpS（兆比特/秒）、384Kbps（千比特/秒）以及144Kbps的传输速度。

3G是第三代通信网络，目前国内不支持除GSM和CDMA以外的网络，GSM设备采用的是频分多址，而CDMA使用码分扩频技术，先进功率和话音激活至少可提供大于3倍GSM网络容量，业界将CDMA技术作为3G的主流技术，国际电信联盟确定3个无线接口标准，分别是CDMA2000、WCDMA、TD-SCDMA，也就是说国内CDMA可以平滑过渡到3G网络，3G主要特征是可提供移动宽带多媒体业务。

3G的核心应用包括宽带上网、视频通话、手机电视、无线搜索、手机音乐、手机购物、手机网游等。

2. 3G 的标准

3G 标准：它们分别是 WCDMA(欧洲版)、CDMA2000(美国版)和 TD-SCDMA(中国版)。国际电信联盟（ITU）在 2000 年 5 月确定 WCDMA，CDMA2000，TI>SCDMA 以及 WiMAX 四大主流无线接口标准，写入 3G 技术指导性文件《2000 年国际移动通信计划》(简称 IMT-2000)。CDMA 是 Code Division Multiple Access（码分多址）的缩写，是第三代移动通信系统的技术基础。第一代移动通信系统采用频分多址（FDMA）的模拟调制方式，这种系统的主要缺点是频谱利用率低，信令干扰话音业务。第二代移动通信系统主要采用时分多址（TDMA）的数字调制方式，提高了系统容量，并采用独立信道传送信令，使系统性能大大改善，但 TDMA 的系统容量仍然有限，越区切换性能仍不完善。CDMA 系统以其频率规划简单、系统容量大、频率复用系数高、通信质量好、软容量、软切换等特点显示出巨大的发展潜力。

下面分别介绍一下 3G 的几种标准。

（1）W-CDMA：也称为 WCDMA，全称为 Wide and CDMA，也称为 CDMA Direct Spread，意为宽频分码多重存取，这是基于 GSM 网发展出来的 3G 技术规范，是欧洲提出的宽带 CDMA 技术，它与日本提出的宽带 CDMA 技术基本相同，目前正在进一步融合。W-CDMA 的支持者主要是以 GSM 系统为主的欧洲厂商，这套系统能够架设在现有的 GSM 网络上，对于系统提供商而言可以较轻易地过渡。在 GSM 系统相当普及的亚洲，对这套新技术的接受度会相当高。因此 W-CDMA 具有先天的市场优势。

WCDMA 其核心网络的主要特点就是重视从 GSM 网络向 WCDMA 网络的演进，这是由于 GSM 的巨大商业成功造成的，这种演进是以 GPRS 技术作为中间承接的。

为了适应商用化和技术发展的需要，保证网络运营商的投资，WCDMA 标准分成了 Release99、Release4、Release5。

（2）CDMA2000：CDMA2000 是由窄带 CDMA（CDMAIS95）技术发展而来的宽带 CDMA 技术，也称为 CDMAMulti-Carrier，它是由美国高通北美公司为主导提出，摩托罗拉、Lucent 和后来加入的韩国三星都曾参与，韩国现在成为该标准的主导者。这套系统是从窄频 CDMAOne 数字标准衍生出来的，可以从原有的 CDMAOne 结构直接升级到 3G，建设成本低廉。但目前使用 CDMA 的地区只有日、韩和北美，所以 CDMA2000 的支持者不如 W-CDMA 多。不过 CDMA2000 的研发技术却是目前各标准中进度最快的，该标准提出了从 CDMAIS95（2G）→ CDMA20001x → CDMA20003x（3G）的演进策略。CDMA20001x 被称为 2.5 代移动通信技术。CDMA20003x 与 CDMA20001x 的主要区别在于应用了多路载波技术，通过采用三载波使带宽提高。中国电信正在采用这一方案向 3G 过渡。

CDMA2000 系统中有以下几项关键技术。

1）信道估计与多径分集接收技术：与其他通信信道相比，移动通信信道是最为复杂的一种。多径衰落和复杂恶劣的电波环境是移动通信信道的特征，这是由运动中进行无线通信这一方式本身所决定的。这种衰落现象将严重恶化接收信号的质量，影响通信的可靠性。为了有效地克服衰落带来的不利影响，必须采用各种抗衰落技术，包括分集接收技术、均衡技术和纠错编码技术等。分集接收技术是指接收机能够同时接收到多个输入信号，这些输入信号荷载相同的信息而且遭受的衰落互不相关。接收机分别解调这些信号，并且按照一定的规则进行合并，从而大大降低信道衰落的影响。

2）高效的信道编译码技术：在CDMA2000系统中，由于传输信道的容量远大于单个用户的信息量，所以特别适于采用高冗余度的前向纠错编码技术。其上行链路和下行链路中均采用了比IS-95系统中码率更低的卷积编码，同时采用交织技术将突发错误分散成随机错误，两者配合使用，从而更加有效地对抗移动信道中的多径衰落。

3）功率控制技术：在CDMA2000系统中，一方面，许多移动台公用相同的频段发射和接收信号，近地强信号抑制远地弱信号的可能性很大，称为“远近效应”。另一方面，各用户的扩频码之间存在着非理想的相关特性，通信容量主要受限于同频干扰。在不影响通信的情况下，尽量减少发射信号的功率，通信系统的总容量才能相应地达到最大，CDMA系统的主要优点才能得以实现。因此，功率控制是CDMA2000系统中最为重要的关键技术之一。

4）同步技术：同步技术历来是数字通信系统中的关键技术。同步电路如果失效，将严重影响系统的性能，甚至导致整个系统瘫痪，CDMA2000系统采用与IS-95系统相类似的初始同步技术，即通过对导频信道的捕获建立PN码的同步和符号同步，通过对同步信道的接收建立帧同步和扰码同步。

5）前向发射分集技术：如果可能，通信系统应该综合利用各种分集接收方法（包括时间分集、频率分集和空间分集等）来抵抗衰落对信号的影响，以保证高质量的通信性能。但是，实际情况并非总是如此。例如，在慢衰落信道中，时间分集技术在对时延敏感的应用场合下就不再适用；当时延扩展很小时，频率分集技术也将不再适用。目前，基站可以采用双天线或多天线实现空间分集接收，但这对于移动台是难以实现的。由于移动台的尺寸所限，多天线之间的电磁兼容和多路射频转换等问题将难以解决。基于以上原因，CDMA2000系统采用了前向发射分集技术。

（3）TD-SCDMA：全称为Time Division-Synchronous CDMA（时分同步CDMA），该标准是由中国大陆独自制定的3G标准，TD-SCDMA具有辐射低的特点，被誉为绿色3G。该标准将智能无线、同步CDMA和软件无线电等当今国际领先技术融于其中，在频谱利用率、对业务支持具有灵活性、频率灵活性及成本等方面具有独特优势。另外，由于中国内地庞大的市场，该标准受到各大主要电信设备厂商的重视，全球一半以上的设备厂商都宣布可以支持 TD-SCDMA 标准。该标准提出不经过 2.5 代的中间环节，直接向 3G 过渡，非常适用于 GSM 系统向 3G 升级。军用通信网也是 TD-SCDMA 的核心任务。

TD-SCDMA 采用的关键技术及技术特点：在 TD-SCDMA 为时分复用同步码分多址接入系统，无线传输方案综合了 FDMA、TDMA 和 CDMA 等多种多址方式。ID-SCDMA 系统采用了时分双工、智能天线、上行同步、多小区联合检测、动态信道配置、接力切换等关键技术。

3. 3G 技术对现代生活的有利影响

（1）手机互联网化，互联网手机化

由于 3G 能提供更快的数据传输速率，使得在互联网上能干的事情在手机上均可实现，这就是所谓的手机互联网化，或者说是互联网手机化。例如，人们可以使用“手机电视 APP”清晰顺畅收看精彩节目、赛事，随时点播高清晰度的视频和音频节目，还可随时控制点播的进度；利用“手机邮箱 APP”，随时随地收发邮件；使用手机可以玩网络游戏；使用手机可以进行地图搜索、定位；打电话可以看到对方，也就是人们说的可视电话，同时也可把可视电话打到通过宽带接入互联网的 PC（个人电脑）终端上，完全实现“无缝”连接；有了 3G，朋友可以形成一个手机联络社区，无论在天南海北，都可以定时会晤；使用“电子钱包”缴纳水费电费实现真正足不出户；手机账单查询，使消费一目了然。再如手机可以进行远程教学、家教服务；只要安装摄像头，通过手机把幼儿园等场所的图像实时传输等都可以完成。

（2）办公移动化，随时随地高速无线上网

3G 通信使得办公移动化。其新增值业务“全球眼”网络视频监控业务，将会广泛应用于各行各业，如环保行业能实时监测排污状况，监控环境污染情况；如公路交通行业，高速公路各出入口的收费情况及收费站的图像传输；该相关部门人员只要使用手机，就能实时视频监控；“视频会议”功能可实现多方视频通话，通过手机终端就能召开，参加会议的人员通过手机终端通话，同时也能看到所有参会者的视频图像；3G 使办公自由移动化，随时随地都能高速上网收发邮件或者处理办公事务。

（3）3G 更绿色更环保，辐射更小，资费更低

3G 的辐射是低于 2G 时代的。2G 基站基本上都是在一个范围内持续发射的，但 3G 采用的是智能天线技术，有指向性波束，你不打电话这个波束并不指向你，只维持一个很低的技术信号，让手机感受到信号存在。你打电话才有信号指向你，而且这个信号只指向你，不指向别人，所以在整个区域相对辐射是低的。它如果不发射，辐射量只有原来的十分之一。所以大家说 3G 更绿色，辐射更小，更安全。

还有就是3G的资费更低。虽然目前3G手机制造成本是第二代移动通信手机制造成本的120%左右，但就手机最普遍使用的话音成本来说，3G话音成本是当前第二代移动通信话音成本的50%左右，话音资费必定进一步降低。此外，在此前的2G时代，由于核心技术全部掌握在外国公司手中，我国的公司已向外国人交纳了高达7 500多亿元的专利使用费，这么高的成本，自然使得话费居高不下，难以惠及百姓。但3G时代，几家运营商都在搞手机，竞争激烈了，话费自然会降。TD是中国人拥有知识产权的技术，再也无须向国外交纳巨额专利费，因此，手机资费有望“相当便宜”。TD标准便宜，也肯定会拉下CDMA2000、WCDMA两个技术标准的收费水平。从国内一些城市试运营的资费看，每月花不到百元可享受近10个小时的免费通话和10小时的手机上网，市内电话2角钱上下。

（4）3G的其他影响

只要在家里安装摄像头，你随时可以用手机查看门是否锁好了，电视机是否关了，出差也可以进行长距离的监测等。出门可以不带钥匙、不带钱，可以通过手机进行支付。可以通过3G手机远程遥控冰箱、电饭煲、打开家里的洗衣机，用冰箱开始化冻食品，打开电视机机顶盒记录正在直播的体育节目。还可以合法跟踪、高精度的紧急呼救等。外出旅游时，用户不需要提前预订旅馆，只要通过3G手机，就可以获得该城市包括旅馆空房情况在内的最新信息。订单确认后，用户还可以用3G手机浏览当地旅游景点的视频片断，并可同时与导游对旅游路线进行交谈。

4. 3G技术在使用中存在的问题

以上说了3G技术给大家的工作和生活带来的各种各样的好处，但还是存在一些问题，比如：

（1）覆盖范围太小，满足不了部分用户的需求，多厂商系统之间的互联互通、不同终端与系统之间的互联互通，2G与3G之间的漫游及切换等问题在实验室里尚不能很好地解决；

（2）手机终端缺乏，可选择余地小，不同品牌终端间的互联互通有问题；

（3）手机电池待机时间太短，造成使用不便；一方面要计划开发高效的锂电池；同时要能够通过对终端的整体设计，加强对电源管理系统的研发，降低功耗。

此外还有新问题产生，比如信息安全性问题，垃圾广告、非法信息和黄色信息以及暴力等不良信息的传播的问题，都是急需解决的。

三、4G移动通信技术

移动通信技术经历了从1G～3G的3个主要发展阶段。每一代的发展都是技术的突破和观念的创新。不仅传输语音，还能传输高速数据，从而提供快捷方便的无线应用。然而，仍无法满足多媒体通信的要求，因此，第四代移动通信系统（4G）的研究随之应运而生。

1. 4G 通信的关键技术

（1）正交频分复用技术（OFDM）：第3代移动通信主要采用码分多址 CDMA 技术，而正交频分复用（Orthogonal Frequency Division Modulation，OFDM）技术，因具有频谱利用率高、抗多径衰落能力强等优点，受到越来越广泛的关注，并已成功地应用到高速率数字用户线（HDSL）、不对称数字用户线（ADSL）、高清晰度数字电视（HDTV）、无线局域网络标准 802.11a，数字视频广播（DVB-T）以及固定本地无线接入系统中。可以预见 4G 中将采用 OFDM 技术作为主要的传输方式。

OFDM 技术的主要思路就是在频域内将给定信道分成许多窄的正交子信道，在每个子信道上使用一个子载波进行调制，并且各子载波并行传输，因此可以大大消除信号波形间的干扰。OFDM 还可以在不同的子信道上自适应地分配传输负荷，这样可优化总的传输速率。OFDM 技术还能对抗频率选择性衰落或窄带干扰。在 OFDM 系统中由于各个子信道的载波相互正交，于是它们的频谱是相互重叠的，这样不但减小了子载波间的相互干扰，同时又提高了频谱利用率。OFDM 是 4G 系统最为合适的多址方案，因此，OFDM 技术已基本被公认为 4G 的核心技术之一。

（2）无线定位技术：无线定位是指利用无线电信号测量和计算一个移动终端所在的地理位置。4G 系统中将利用现有的无线通信网络实现无线定位，以确保移动终端在不同系统间无缝连接和高速高质量通信。主要有基于移动台定位 MS（Mobile Station，MS）、基于网络定位和基于移动台与网络混合（又称移动台辅助）定位。

（3）智能天线（SA）技术：智能天线具有抑制信号干扰、自动跟踪以及数字波束调节等智能功能，被认为是未来移动通信的关键技术。智能天线成形波束能在空间域内抑制交互干扰，增强特殊范围内想要的信号，这种技术既能改善信号质量又能增加传输容量，其基本原理是在无线基站端使用天线阵和相关无线收发信机来实现射频信号的接收和发射。同时通过基带数字信号处理器，对各个天线链路上接收到的信号按一定算法进行合并，实现上行波束赋形。目前智能天线的工作方式主要有两种：全自适应方式和基于多波束的波束切换方式。

（4）软件无线电技术：软件无线电 SDR（Software Defined Radio，SDR）将模块化的、标准化的硬件单元以总线方式连接成基本平台，采用数字信号处理技术，在通用的可编程控制平台上，通过加载不同的软件来定义实现无线电台的各部分功能，如工作频段、调制解调类型、数据格式、加密模式、通信协议等。软件无线电技术的核心思想是：将宽带 A/D/A 变换器尽可能地靠近射频天线，以便将接收到的模拟信号尽可能早地转化成数字化，通过高速的可编 DSP 器件，最大限度地利用软件定义和实现通信系统的各种功能。软件无线电具有以下特点：

1）灵活性：可以通过软件编程的方式改变工作模式。所以可方便地改变信道的接入方式和调制方式或接收不同系统的信号；

2）集中性：多个信道享有共同的射频前端和宽带 A/D/A 转换器以获取每一信道的廉价的信号处理性能；

3）模块化：模块的接口技术指标符合开放标准，在硬件技术发展时，允许更换单个模块。

在 4G 移动通信系统中，将利用软件无线电技术实现对各种移动平台、移动通信设备之间的无缝集成，在很大程度上节省了投资成本。

（5）IPv6 协议技术：3G 网络采用的主要是蜂窝组网，而 4G 系统则是一个基于全 IP 的移动通信网络，可以实现不同类型的接入系统和通信网络之间的无缝互连。为了给用户提供更为广泛的业务，使运营商管理更加方便、灵活，4G 中取代了现有的 IPv4 协议，采用全分组方式传送数据的 IPv6 协议。

2. 4G 通信技术的主要优势

如果说 2G、3G 通信对于人类信息化的发展是足以称道的话，那么 4G 通信却给了大家真正的沟通自由，并将彻底改变大家的生活方式甚至社会形态。目前正在研究中的 4G 通信具有以下的特征。

（1）通信速度更快：由于人们研究 4G 通信的最初目的就是提高蜂窝电话和其他移动装置无线访问因特网的速率，因此 4G 通信给人印象最深刻的特征莫过于它具有更快的无线通信速度。从移动通信系统数据传输速率作比较，第一代模拟式仅提供语音服务；第二代移动通信系统数据传输速率只有 9.6Kb/s，最高可达 32Kb/s；而第三代移动通信系统数据传输速率可达到 2Mb/s；第四代移动通信系统可以达到 10Mb/s 至 20Mb/s，甚至最高可以达到 100Mb/s。

（2）网络频谱更宽：要想使 4G 通信达到 100Mb/s 的传输，通信运营商必须在 3G 通信网络的基础上，进行大幅度的改造和研究，以便使 4G 网络在通信带宽上比 3G 网络的蜂窝系统的带宽高出许多。据 AT&T 公司研究 4G 通信的专家们说，估计每个 4G 信道将占有 100MHz 的频谱，相当于 W-CDMA3G 网路的 20 倍。

（3）兼容性能更平滑：要使 4G 通信尽快地被人们接受，不但考虑它的功能强大外，还应该考虑到现有通信的基础，以便让更多的现有通信用户在投资最少的情况下就能很轻易地过渡到 4G 通信。因此，从这个角度来看，未来的第四代移动通信系统应当具备全球漫游，接口开放，能跟多种网络互联，终端多样化，以及能从第二代、第三代平稳过渡等特点。

（4）提供各种增值服务：4G 通信并不是从 3G 通信的基础上经过简单的升级而

演变过来的，它们的核心技术根本就是不同的。3G 移动通信系统主要是以 CDMA 为核心技术，而 4G 移动通信系统技术则以正交频分复用技术（OFDM）最受瞩目，利用这种技术人们可以实现例如无线区域环路（WLL）、数字视频广播（DVB）、数字音信广播（DAB）等方面的无线通信增值服务。

（5）实现更高质量的多媒体通信：4G 通信系统提供的无线多媒体通信服务（包括语音、数据、影像等大量信息）通过宽频的信道传送出去，因此，第四代移动通信系统也称为“多媒体移动通信”。第四代移动通信不仅仅是为了应对用户数的增加，更重要的是，必须要应对多媒体的传输需求，当然还包括通信品质的要求。总而言之，首先必须可以容纳市场庞大的用户数、改善现有通信品质不良，以及达到高速数据传输的要求。

（6）通信费用更加便宜：由于 4G 通信不仅解决了与 3G 通信的兼容性问题，让更多的现有通信用户能轻易地升级到 4G 通信，而且 4G 通信引入了许多尖端的通信技术，这些技术保证了 4G 通信能提供一种灵活性非常高的系统操作方式，因此相对其他技术来说,4G通信部署起来就容易、迅速得多；同时在建设4G通信网络系统时，通信运营商们将考虑直接在 3G 通信网络的基础设施之上，采用逐步引入的方法，这样就能够有效地降低运营者和用户的费用。4G 通信的无线即时连接等某些服务费用将比 3G 通信更加便宜。

第四章　核心环节之三：数据管理层

第一节　云计算

一、云计算的概念

“云”就是计算机群，每一群包括了几十万台、甚至上百万台计算机。“云”的好处在于，其中的计算机可以随时更新，以保证“云”长生不老。这也就代表着“云”中的资源可以随时获取，按需使用，随时扩展，按使用付费。与以往的计算方式相比，它可以将计算资源集中起来，由软件实现自主管理，如此使得运算操作和数据存储的使用可以脱离用户机，从而摆脱一直以来“硬件决定性能”的局面。

云计算的资源共享最主要是建立在存储共享和计算共享的基础之上，而网络开发就是采用存储共享思想的典型。但网络的存储共享重在文件级，云计算的存储共享却可以达到数据级。

云计算的定义众多，目前广为认同的一点是，云计算是分布式处理、并行处理的发展，或者说是这些计算机科学概念的商业实现。如果对各种定义做出一定的分析的话，云计算对于大众来说是这样一个东西：只要有一台终端，不管是PC、笔记本电脑还是手机、PDA等设备，如果能够享用云计算的服务，那么将不用再为铺天盖地的病毒烦恼，不用频繁地下载系统漏洞补丁，不用为了安装应用软件而到处搜索，只需要连上网络，云就能够提供所有需要的服务。

云计算的基本原理是，通过使计算分布在大量的分布式计算机上，而非本地计算机或远程服务器中，企业数据中心的运行将更加与互联网相似。这使得企业能够将资源切换到需要的应用上，根据需求访问计算机和存储系统。这可是一种革命性的举措，它意味着计算能力也可以作为一种商品进行流通，就像煤气、水、电一样，取用方便，费用低廉。最大的不同在于，它是通过互联网进行传输的。在未来，只需要一台笔记本或者一部手机，就可以通过网络服务来实现大家需要的一切，甚至包括超级计算这样的任务。

企业的IT建设过程，以当前的基准来衡量，企业数据计算主要有以下三个阶段。

1. 第一个阶段：大集中过程

这一过程将企业分散的数据资源、IT资源进行了物理集中，形成了规模化的数据中心基础设施。在数据集中过程中，不断实施数据和业务的整合，大多数企业的数据中心基本完成了自身的标准化，使得既有业务的扩展和新业务的部署能够规划、可控，并以企业标准进行IT业务的实施，解决了数据业务分散时期的混乱无序问题。在这一阶段中，很多企业在数据集中后期也开始了容灾建设，特别是在雪灾、大地震之后，企业的容灾中心建设普遍受到重视，以金融为热点行业几乎开展了全行业的容灾建设热潮，并且金融行业的大部分容灾建设的级别都非常高，面向应用级容灾（数据零丢失为目标）。总的来说，第一阶段过程解决了企业IT分散管理和容灾的问题。

2. 第二个阶段：实施虚拟化的过程

在数据集中与容灾实现之后，随着企业的快速发展，数据中心IT基础设施扩张很快，但是系统建设成本高、周期长，即使是标准化的业务模块建设，软硬件采购成本、调试运行成本与业务实现周期并没有显著下降。标准化并没有给系统带来灵活性，集中的大规模IT基础设施出现了大量系统利用率不足的问题，不同的系统运行在独占的硬件资源中，效率低下而数据中心的能耗、空间问题逐步突显出来。因此，以降低成本、提升IT运行灵活性、提升资源利用率为目的的虚拟化开始在数据中心进行部署。虚拟化屏蔽了不同物理设备的异构性，将基于标准化接口的物理资源虚拟化成逻辑上也完全标准化和一致化的逻辑计算资源（虚拟机）和逻辑存储空间。虚拟化可以将多台物理服务器整合成单台，每台服务器上运行多种应用的虚拟机，实现物理服务器资源利用率的提升，由于虚拟化环境可以实现计算与存储资源的逻辑化变更，特别是虚拟机的克隆，使得数据中心IT实施的灵活性大幅提升，业务部署周期可由数月缩小到一天以内。虚拟化后，应用以VM为单元部署运行，数据中心服务器数量可大为减少且计算能效提升，使得数据中心的能耗与空间问题得到控制。

总的来说，第二阶段过程提升了企业IT架构的灵活性，数据中心资源利用率有效提高，运行成本降低。

3. 第三个阶段：云计算阶段

对企业而言，数据中心的各种系统（包括软硬件与基础设施）是一大笔资源投入。新系统（特别是硬件）在建成后一般经历3～5年即面临逐步老化与更换，而软件技术则不断面临升级的压力。另一方面，IT的投入难以匹配业务的需求，即使虚拟化后，也难以解决不断增加的业务对资源的变化需求，在一定时期内扩展性总是有所限制。于是企业 IT 产生新的期望蓝图：IT 资源能够弹性扩展、按需服务，将服务作为 IT 的核心，提升业务敏捷性，进一步大幅降低成本。因此，面向服务的 IT 需求开始演化到云计算架构上。云计算架构可以由企业自己构建，也可采用第三方云设施，但基本趋势是企业将逐步采取租用 IT 资源的方式来实现业务需要，如同水力、电力资源一样，计算、存储、网络将成为企业 IT 运行的一种被使用的资源，无须自己建设，可按需获得。从企业角度，云计算解决了 IT 资源的动态需求和最终成本问题，使得 IT 部门可以专注于服务的提供和业务运营。

这三个阶段中，大集中与容灾是面向数据中心物理组件和业务模块，虚拟化是面向数据中心的计算与存储资源，云计算最终面向 IT 服务。这样一个演进过程，表现出 IT 运营模式的逐步改变，而云计算则最终根本改变了传统 IT 的服务结构，它剥离了 IT 系统中与企业核心业务无关的因素（如 IT 基础设施），将 IT 与核心业务完全融合，使企业 IT 服务能力与自身业务的变化相适应。在技术变革不断发生的过程中，网络逐步从基本互联网功能转换到 WEB 服务时代（典型的 WEB2.0 时代），IT 也由企业网络互通性转换到提供信息架构全面支撑企业核心业务。

① 标准化：公共技术的长期发展，使得基础组件的标准化非常完善，硬件层面的互通已经没有阻碍（即使是非常封闭的大型机，目前也开始支持对外直接连接 IP 接口），大规模运营的云计算能够极大降低单位建设成本。

② 虚拟化与自动化：虚拟化技术不断纵深发展，IT 资源已经可以通过自动化的架构提供全局动态调度能力，自动化提升了 IT 架构的伸缩性和扩展性。

③ 并行 / 分布式架构：大规模的计算与数据处理系统已经在分布式、并行处理的架构上得到广泛应用，计算密集、数据密集、大型数据文件系统成为云计算的实现基础，从而要求整个基础架构具有更高的弹性与扩展性。

④ 带宽：大规模的数据交换需要超高带宽的支撑，网络平台在 40G/100G 能力下可具备更扁平化的结构，使得云计算的信息交互以最短快速路径执行。

因此，从传统 Web 服务向云计算服务发展已经具备技术基础，而企业的 IT 从信息架构演进到弹性的 IT 服务也成为必然。

二、云计算的定义与基本模型

目前，云计算没有统一的定义，这也与云计算本身特征很相似。通常对云计算的定义是：云计算是一种基于互联网的计算新方式，通过互联网上异构、自治的服务，为个人和企业提供按需即取的计算。由于资源是在互联网上，而互联网通常以云状图案来表示，因此以云来类比这种计算服务，同时云也是对底层基础设施的一种抽象概念。云计算的资源是动态扩展且虚拟化的，通过互联网提供，终端用户不需要了解云中基础设施的细节，不必具有专业的云技术知识，也无须直接进行控制，只关注自身真正需要什么样的资源，以及如何通过网络来获得相应的服务。

云在当前具有的共同特征是：云是一种服务，类似水电一样，按需使用、灵活付费，使用者只关注服务本身。云计算理念认为云计算是一种新的IT服务模式，支持大规模计算资源的虚拟化，提供按需计算、动态部署、灵活扩展能力。用户对云资源的使用不用关注具体技术实现细节，只需关注业务的体验。比如当前被广泛使用的搜狗拼音输入法，它其实就是一种云服务：搜狗输入法能够以快速简单的方式为使用者提供需要的语境、备选的语素，使得文字的编排可以成为激发灵感的一个辅助工具；但是用户并不关注搜狗输入法在后台运行的数千台服务器提供的大型集群计算，这些工作都交给了ISP。

对于云计算的分类，目前通常从以下两个维度进行划分。

1. 按服务的层次

云计算服务的基础层次是IaaS（Infrastructure as a Service，基础架构服务）。在这一层面，通过虚拟化、动态化将IT基础资源（计算、网络、存储）形成资源池。资源池即是计算能力的集合，终端用户（企业）可以通过网络获得自己所需要的计算资源，运行自己的业务系统，这种方式使用户不必自己建设这些基础设施，而只是通过对所使用资源付费即可。

在IaaS之上是PaaS（Platform as a Service，平台服务）层。这一层面除了提供基础计算能力，还具备了业务的开发运行环境，对于企业或终端用户而言，这一层面的服务可以为业务创新提供快速低成本的环境。

最上层是SaaS（Soft as a Service，软件服务）。SaaS可以说在云计算概念出现之前就已经有了，随着云计算技术的发展而得到了更好的支撑。SaaS的软件是拿来即用的，不需要用户安装，因为SaaS真正运行在ISP的云计算中心，SaaS的软件升级与维护也无须终端用户参与，SaaS是按需使用软件，传统软件买了一般是无法退货的，而SaaS是灵活收费的，不使用就不付费。

层次化的云计算各层可独立提供云服务，下一层的架构也可以为上一层云计算提供支撑。仍以搜狗拼音为例，由大型服务器群、高速网络、存储系统等组成的IaaS架构为内部的业务开发部门提供基础服务，而内部业务开发系统在IaaS上构建了PaaS，并部署运行搜狗拼音应用系统，这样一个大型的系统对互联网用户而言，就是一个大规模SaaS应用。

2. 按云的归属

主要分为公有云、私有云和混合云。公有云一般属ISP构建，面向公众、企业提供公共服务，由ISP运营；私有云是指由企业自身构建的为内部提供云服务；当企业既有私有云，同时又采用公共云计算服务，这两种云之间形成一种内外数据相互流动的形态，便是混合云的模式。

三、云计算的基础架构要求

从本质上来说，云计算是一种IT模式的改变，这种变化使得IT基础架构的运营专业化程度不断集中和提高，从而对基础架构层面提出更高的要求。云计算聚焦于高性能、虚拟化、动态性、扩展性、灵活性、高安全，简化用户的IT管理，提升IT运行效率，大幅节省成本。

云计算的基础架构主要以计算（服务器）、网络、存储构成，为满足云计算的上述要求，各基础架构层面都有自身的要求。对于服务器，云计算要求其支持更密集的计算能力（目前多路多核架构），完全的虚拟化能力（CPU指令虚拟化、软件虚拟化、桥片虚拟化、I/O虚拟化），多个I/O（数据访问与存储）的整合。

四、构建与交付云计算

不论使用哪一层云计算服务，企业都需要考虑是采用SP的计算资源，还是自建云计算资源。从目前运营方式，主要可能有6种方式。

① 企业所有，自行运营。这是一种典型的私有云模式，企业自建自用，基础资源在企业数据中心内部，运行维护也由企业自己承担。

② 企业所有，运维外包。这也是私有云，但是企业只进行投资建设，而云计算架构的运行维护外包给服务商（也可以是SP），基础资源依然在企业数据中心。

③ 企业所有，运维外包，外部运行。由企业投资建设私有云，但是云计算架构位于服务商的数据中心内，企业通过网络访问云资源，这是一种物理形体的托管型。

④ 企业租赁，外部运行，资源独占，由SP构建云计算基础资源，企业只是租用基础资源形成自身业务的虚拟云计算，但是相关物理资源完全由企业独占使用，这是一种虚拟的托管型服务（数据托管）。

⑤ 企业租赁，外部运行，资源共享调度。由SP构建，多个企业同时租赁SP的云计算资源，资源的隔离与调度由SP管理，企业只关注自身业务，不同企业在云架构内虚拟化隔离，形成一种共享的私有云模式。

⑥ 公共云服务。由SP为企业或个人提供面向互联网的公共服务（如邮箱、即时通信、共享容灾等），云架构与公共网络连接，由SP保证不同企业与用户的数据安全。从更长远的周期来看，云的形态会不断演化，从孤立的云逐步发展到互联的云。

在云计算建设初期，发展比较快的是公共云。

第一阶段：企业的数据中心依然是传统IT架构，但是面向互联网应用的公共云服务快速发展，不同的ISP会构建各自的云，这些云之间相互孤立，满足互联网的不同用户需求及服务（如搜索、邮件等），企业数据中心与公共云之间存在公网互联（企业可能会采用公共云服务）。

第二阶段：企业开始构建自己的私有云，或租赁SP提供的私有云服务，这一阶段是企业数据中心架构的变化，同时，企业为降低成本，采用公共云服务的业务会增加。

第三阶段：企业为进一步降低IT成本，逐步过渡到采用SP提供的虚拟私有云服务（也可能直接跨过第二阶段到第三阶段），存在企业内部云与外部云的互通，形成混合云模式。

第四阶段：由于成本差异和服务差异，企业会采用不同SP提供的云计算服务，因此，形成了一种不同云之间的互联形态，即互联云。

五、云计算技术的应用

1.云计算在电力系统管理上的应用

随着全国电力系统互联的发展，现代电力系统正在演变成一个积聚大量数据和信息计算的系统。这样的发展给目前的系统运行及高级分析带来了巨大的困难：一方面，随着互联电网的扩大和具有更快采集速率的采集装置的出现，系统在线动态分析和控制所要求的计算能力将大大超过当前的实际配置。不断提高的数据量对信息系统的数据处理能力提出了更高的要求，需要更加快捷的数据处理技术。另一方面，由于各业务系统建设目标和建成年代不同，从规划到设计往往缺乏统一性考虑，众多的系统采集和积累了大量的电力系统运行、生产管理以及电力市场运营等方面的相关信息，但是系统间缺乏有效的信息交互，逐渐出现了信息交叠、信息资源浪费、信息兼容性差、重复开发、重复报表等一系列问题。

云计算是一种把分布在众多分布式计算机中的大量数据资源和处理器资源整合在一起协同工作的方法，针对电力系统当前面对的问题，将“云计算”引入电力系统，建立电力系统的云计算体系，在电力系统广域网络硬件不变的情况下，最大限度地整合当前系统的数据资源和处理器资源，极大提高电网数据的处理和交互能力，为智能电网提供有效的技术支持。

2.云计算在电力仿真上的应用

云计算是一种网络应用模式，指计算资源像云一样广域分布、统一配置、协同工作的计算机集群工作方式。以信息化、自动化、互动化为特征的智能电网，将在发电、输电、变电、配电、用电和调度6个环节产生海量信息。云计算技术具有超大规模、高弹性计算能力、无限扩展存储能力、数据高安全性以及高性价比等特点，可为加强智能电网提供良好的数据存储和计算平台。

2010年，第一个电力云仿真实验室在国网信息通信有限公司建成。该实验室以建设智能电网云计算中心为使命，重点开展电力云操作系统、电力云资源虚拟化管理平台及云计算在电力系统中的典型应用等研究与建设工作，为智能电网产生的海量信息提供计算和分析处理功能。

3. 基于云计算的智能电网高效通信网络

云技术和智能电网是下一代数据网络和下一代电网的代名词。智能电网是以信息革命的标准和技术手段大规模推动电网体系的革新和升级，建立消费者和电网管理者之间的互动，其中的信息革命必然包含云技术的使用。通过建设基于云技术的高效通信网络服务于智能电网，必将使智能电网的水平提到新的高度。

六、云安全与管理

“云安全”从“云计算”兴起之时，就已作为普遍质疑而存在。通常，用户都希望自己所存放的数据是私密的，而企业数据一般都有其机密性，可是把数据交给云计算服务商后，最具数据掌控权的已不再是用户本身，而是云计算服务商，虽然在理念上云计算服务商不应具备查看、修改、删除、泄露这些数据的权利，但实际操作中却具有这些操作的能力。如此一来，就不能排除数据被泄露出去的可能性。除了云计算服务商之外，还有大量黑客们窥视云计算数据，他们不停地发掘服务应用上的漏洞，打开缺口，获得自己想要的数据。然而一旦将缺口打开，就可能对相应的用户造成灾难性的破坏，尤其是有些服务商的服务只需一个账号便可打开所有程序和数据。像Google公司的泄密事件就是源于漏洞，由于Google采用的是单点登录模式，黑客进入用户Gmail之后，对其doc文档、电子表格、代码库等全部都可无限制访问。不幸的是，早有一部分黑客已利用了这些漏洞。

云计算资源规模庞大，服务器数量众多并分布在不同的地点，同时运行着数以百计的各种应用，如何有效地管理这些服务器，保证整个系统提供不间断的服务是巨大的挑战。云计算系统的平台管理技术能够使大量的服务器协同工作，方便地进行业务部署和开通，快速发现和恢复系统故障，通过自动化、智能化的手段实现大规模系统的可靠运营。

云计算的“服务的可用性、数据丢失、数据安全性和可审计性、数据传输瓶颈、性能不可预知性、可伸缩的存储、大规模分布式系统中的漏洞、快速伸缩、信誉危机、软件许可”等十大障碍和相应的技术具有极大的发展空间。

云存储相比传统的存储模式，具有投资少，容量大，方便快捷等众多优势，也是未来计算机存储模式的发展趋势，而其安全性是用户最关心的核心问题，也成为制约云存储发展的最大障碍。通过技术手段、用户安全意识的提高、云服务供应商安全设备和安全措施的部署到位及其可信赖的安全责任心，可以最大程度确保云存储的安全性。云储存是可行的，因此，有理由相信在不久的未来，云存储将成为最主流的、最安全的、最便捷的存储模式，

云计算目前是建立在 VM（虚拟机）技术之上的，然而 VM 技术虽然日趋成熟，但依然存在性能上的问题。特别是当多个 VM 之间相互竞争时，磁盘 I/O 会成为严重瓶颈。通过从硬件架构和操作系统上进行提升，同时引入闪存技术的方法，很具可行性。计算机在过去几十年的变化虽然很大，但其核心基本上都没有太大改变。VM 将是大势所趋，作为性能上最根本的问题——硬件和操作系统，其设计必将符合这个趋势而不断实现，因此云计算的性能问题也会在不久的将来逐一解决。

第二节　大数据

一、大数据的基本概念

1. 大数据的发展历史

有史以来，处理各种不断增长的数据都是人类社会的难题。大数据的现代发展历史最早可追溯到美国统计学家赫尔曼·霍尔瑞斯，他为了统计 1890 年的人口普查数据，发明了一台电动机器来对卡片进行识别，该机器用一年就完成了预计需要八年的工作，是促进全球进行数据处理的新起点。今天，智能手机、各种传感器、RFID（射频识别）标签、可穿戴式设备等实现无处不在的数据自动采集，为大数据时代的到来提供了物理基础。美国研究员大卫·埃尔斯沃斯和迈克尔·考克斯在 1997 年使用“大数据”来描述超级计算机产生超出主存储器的海量信息，数据集甚至突破远程磁盘的承载能力。

从 2004 年起，以脸谱网（Facebook）、推特（Twitter）为代表的社交媒体相继问世，互联网开始成为人们实时互动、交流协同的载体，全世界的网民都开始成为数据的生产者，引发了人类历史上迄今为止最庞大的数据爆炸。在社交媒体上产生的数据，大多是非结构化数据，处理更加困难。2012 年，乔治敦大学的教授李塔鲁考察了推特上产生的数据量，他做出估算说，过去 50 年，《纽约时报》总共产生了 30 亿个单词的信息量，现在仅仅一天，推特上就产生了 80 亿个单词的信息量。也就是说，如今一天产生的数据总量相当于《纽约时报》100 多年产生的数据总量。

1989 年兴起的数据挖掘技术，是让大数据产生“大价值”的关键；2004 年出现

的社交媒体，则把全世界每个人都变成了潜在的数据生成器，这是“大容量”形成的主要原因。使人们不仅考虑机器的数据处理，而且在更广泛的领域发现大数据的意义，找到了更多的新用途和富有创见的新见解，不仅能够有效推动社会治理，还能产生商业价值。

从根本上对处理大规模信息的现实需求，推动了大数据相关技术的迅速发展，起初国家安全是大数据技术的主要推动力，伴随超级计算机的发明，大数据的存储和处理技术，以及大数据分析算法的研发，最终导致大数据在教育、金融、医疗等许多方面开始实施，广泛应用。

2. 大数据的概念

（1）大数据的定义：大数据这个术语最早用来表达批量处理或分析网络搜索索引产生的大量数据集。谷歌公开发布 MapReduce 和 Google File System（GFS）之后，大数据不仅包含数据的体量，而且强调数据的处理速度。大数据包括各种互联网信息，更包括各种交通工具、生产设备、工业器材上的传感器，随时随地进行测量，不间断传递着海量的信息数据。利用新处理模式，大数据具有更强的决策力和洞察力，能够优化流程，实现高增长率，处理海量的多样化信息资产。大数据技术可以快速处理不同种类的数据，从中获得有价值的信息，处理速度快，只有快速才能起到实际用途。随着网络、传感器和服务器等硬件设施全面发展，大数据技术促使众多企业融合自身需求，创造出难以想象的经济效益，实现巨大的社会价值，商业价值高，各行各业利用大数据产生极大增值和效益，表现出前所未有的社会能力而绝不仅仅只是数据本身。所以，大数据可以定义为在合理时间内采集大规模资料、处理成为帮助使用者更有效决策的社会过程。

（2）大数据的数据来源：大数据一般分为以下四类来源：互联网数据、科研数据、感知数据和企业数据。互联网大数据尤其社交媒体是近年大数据的主要来源，大数据技术主要源于快速发展的国际互联网企业。如以搜索著称的百度与谷歌的数据规模都已经达到上千 PB 的规模级别，而应用广泛影响巨大的脸谱、亚马逊、雅虎、阿里巴巴的数据都突破上百 PB。科研数据存在于具有极高计算速度且性能优越机器的研究机构，包括生物工程研究以及粒子对撞机或天文望远镜，如位于欧洲的国际核子研究中心装备的大型强子对撞机，在其满负荷的工作状态下每秒就可以产生 PB 级的数据。移动互联网时代，基于位置的服务和移动平台的感知功能，感知数据逐渐与互联网数据越来越重叠，但感知数据的体量同样惊人，并且总量不亚于社交媒体。企业数据种类繁杂，企业同样可以通过物联网收集大量的感知数据，增长极其迅猛，企业外部数据则日益吸纳社交媒体数据，内部数据不仅有结构化数据，更多是越来越多的非结构化数据，由早期电子邮件和文档文本等扩展到社交媒体与感知数据，包括多种多样的音频、视频、图片、模拟信号等。

（3）大数据的技术：大数据技术包括大数据科学、大数据工程和大数据应用。大数据工程指通过规划建设大数据并进行运营管理的整个系统；大数据科学指在大数据网络的快速发展和运营过程中寻找规律，验证大数据与社会活动之间的复杂关系。

大数据需要有效地处理大量数据，包括大规模并行处理（MPP）数据库、分布式文件系统、数据挖掘电网、云计算平台、分布式数据库、互联网和可扩展的存储系统。当前用于分析大数据的工具主要有开源与商用两种，开源大数据生态圈主要包括 Hadoop HDFS、Hadoop MapReduce，HBase 等，商用大数据包括一体机数据库、数据仓库及数据集市。大量非结构化数据通过关系型数据库处理分析需要大量时间和金钱，由于大型数据收集分析需要大量电脑持续高效分配工作。大数据分析常和云计算联系到一起，大数据分析相比传统的数据仓库数据量大、查询分析复杂。

大数据处理和存储技术源于军事需求，二战期间英国研发了能处理大规模数据的机器，二战后美国致力于数字化处理搜集得到的大量情报信息。计算机和互联网技术导致大数据处理问题出现，“9.11”事件后美国政府在大数据挖掘领域组建了大数据库用于识别可疑人，通过筛选通信、教育、犯罪、医疗、金融和旅行等记录，之后组建基于网络的信息共享系统。大规模数据分析技术方面源于社交网络，大数据应用使人们的思维不局限于数据处理机器，对大规模信息的处理需求从根本上推动了大数据相关技术的发展；超级计算机的发明、大数据的存储和处理技术，以及大数据分析算法的研发，最终导致了教育、金融、医疗等多方面大数据广泛应用。

3. 大数据的基本特点

首先是体量巨大、种类繁多。互联网搜索的发展、电子商务交易平台的覆盖和微博等社交网站的兴起，产生了无穷无尽的各种数据内容。国际数据统计机构 IDC 测算，2011 年和 2012 年的全球信息总量分别达到 1.8ZB、2.8ZB，到 2020 年将是 4.0ZB；全世界单 2016 年产生的数据总量已达到 1.3ZB；谷歌前 CEO 施密特指出，从人类文明开始到 2003 年的近万年时间里人类大约产生 5EB 数据，而 2010 年人类每两天就能产生 5EB 数据。传感、存储和网络等计算机科学领域在不断前行，人们在不同领域采集到的数据量达到了前所未有的程度，由于网络数据可以实现同步实时收集大量数据，包括电子商务、传感器、智能手机等，还有医疗领域的临床数据和科学研究，例如基因组研究将 GB 级乃至 TB 级数据输送到数据库。数据类型日益繁多，例如视频、文字、图片、符号等各种信息，发掘这些形态各不相同的数据流之间的相关性是大数据的最大优点。比如供水系统数据与交通状况比较可以发现清晨洗浴和早高峰的时间密切相关，电网运行数据和堵车时间地点有相关性，交通事故率关联睡眠质量。

其次是开放公开，容易获得。采集大数据不是为了存储而是为了进行分析。大数据不仅存在于特定的政府机构和企业组织，而是在社会生活生产过程中自动产生存储的。电信公司积累客户的电话沟通记录，电子商务网站整合消费者的各种信息，企业通过挖掘海量数据可以增强自身能力，改善运营服务，提供决策支持，实现商业智能进而为企业带来高额经济效益回报，发现企业发展的特殊规律。在一定规则下，依靠应用程序接口技术和爬虫采集技术，越来越多的商业组织和政府机构开始向社会各界和研究机构提供自身采集储存的各种海量数据源，并且国内外大量组织收集微博上的海量信息，分析个人特征和属性标签，预测社会舆情、电影票房或者商业机会。开放公开容易获得的数据源成为大数据时代的基本特征，并产生着巨大的社会影响。

再次是重视社会预测。预测是大数据的本质特征。在大数据时代，预见行业未来的能力成为企业追求的目标。有意思的案例是商场居然比父亲更早得知女儿的怀孕信息，由于商家依据客户的购物行为，进而通过大数据分析预测到其有很大的怀孕可能性。人们极为关注大数据预知社会问题的应用功能，在社会科学领域大数据将发挥越来越突出的巨大作用。

4. 大数据的使用价值

（1）大数据能促进决策：数据化指一切内容都通过量化的方法转化为数据，比方一个人所在的位置、引擎的振动、桥梁的承重等，这就使得人们可以发现许多以前无法做到的事情，这样就激发出了此前数据未被挖掘的潜在价值。数据的实时化需求正越来越突出，网络连接带来数据实时交换，促使分析海量数据找出关联性，支持判断，获得洞察力。伴随人工智能和数据挖掘技术的不断进步，大数据提高信息价值促成决策引导行动获得利润，驱动企业获得成功。

（2）大数据的市场价值：大数据不仅仅拥有数据，更在于通过专业化处理产生重大市场价值。大数据成为一种人人可以轻易拥有、享受和运用的资产。好的数据是业务部门的生命线和所有管理决策的基础，深入了解客户带来的是对竞争的优势，数据应该随时为决策提供依据。数据的价值在于即时把正确的信息交付到恰当的人。那些能够驾驭客户相关数据的公司与公司自身的业务结合发现新竞争优势。拥有大量数据的公司进行数据交易得到收益，利用数据分析降低企业成本，提高企业利润。数据成为最大价值规模的交易商品。大数据体量大、种类多，通过数据共享处理非标准化数据可以获得价值最大化。大数据的提供、使用、监管将大数据变成大产业。

（3）大数据的预测价值：如今是一个大数据时代，85% 的数据由传感器和自动设备生成，采集与价值分离，全面记录即时系统，可以产生巨大价值。网络时代不同主体之间有效连接，实时记录会提高每个主体对自己操作行为的负责程度。随着互联网经济与实体经济的融合，网络操作记录已经成为网络经济发展的基本保证。

预测未来是目前大数据最突出的价值体现。考察数据记录发现其规律特征，从而优化系统以便预测未来的运行模式实现价值。无论企业还是国家都开始通过深入挖掘大数据，了解系统运作，相互协调优化。大数据连接相互个体，简化交互过程，减少交易成本。

二、大数据的分类

随着信息时代发展到网络时代，人们的生活经过网络进行数据化处理，随时分享，留下记录，变成数据。互联网上的大数据不容易分类，百度把数据分为用户搜索产生的需求数据，以及通过公共网络获取的数据；阿里巴巴则根据其商业价值分为交易数据、社交数据、信用数据和移动数据；腾讯善于挖掘用户关系数据，并且在此基础上生成社交数据。通过数据分析人们的许多想法和行为，从中发现政治治理、文化活动、社会行为、商业发展、身体健康等各个领域的各种信息，进而可以预测未来。互联网大数据可以分为互联网金融数据，以及用户消费产生的行为、地理位置和社交等大量数据。

从社会宏观角度根据其使用主体可分为以下三类。

1.政府的大数据

各级政府各个机构拥有海量的原始数据，构成社会发展与运行的基础，包括形形色色的环保、气象、电力等生活数据，道路交通、自来水、住房等公共数据，安全、海关、旅游等管理数据，教育、医疗、信用及金融等服务数据。在具体的政府单一部门里面无数数据固化而没有产生任何价值，如果关联这些数据流动起来综合分析有效管理，这些数据将产生巨大的社会价值和经济效益。

无论智能电网与智慧医疗，还是智能交通和智慧环保都离不开大数据的支撑，大数据是智能城市的核心资本。到 2016 年底已经有 370 个国内城市开始投资建设智慧城市，大数据可以在方方面面提供各种决策与智力支持。政府作为国家的管理者，应该将数据逐步开放供给更多有能力的机构组织或个人，研究分析并加以利用，以加速造福人类。

2.企业的大数据

企业离不开数据支持有效决策，只有通过数据才能快速发展，实现利润、维护客户、传递价值、支撑规模、增加影响、提高质量、节省成本、扩大吸引、打败对手、开拓市场。企业需要大数据的帮助，才能对快速膨胀的消费者群体提供差异化的产品或服务，实现精准营销网络企业依靠大数据实现服务升级与方向转型，传统企业面临无处不在的互联网压力，同时必须谋求变革实现融合不断前进。随着信息技术的发展，数据成为企业的核心资产和基本要素，数据变成产业进而成长为供应链模式，慢慢连接为贯通的数据供应链。互联网时代，互相自由连通的外部数据的重要性逐渐超过单一的内部数据，企业个体的内部数据，更是难以和整个互联网数据相提并论。大数据时代产生影响巨大的互联网企业，而传统公司随着网络社会的到来开始进入互联网领域，需要云计算与大数据技术、改善产品、提升平台、实现升级。

3. 个人的大数据

每人都能通过互联网建立属于自己的信息中心，积累、记录、采集、储存个人的一切大数据信息。通过信息技术使得各种可穿戴设备，包括植入的各种芯片都可以通过感知技术获得个人的大数据，包括但不限于体温、心率、视力各类身体数据，以及社会关系、地理位置、购物活动等各类社会数据。个人可以选择将身体数据授权提供给医疗服务机构，以便监测出当前的身体状况，制定私人健康计划；还能把个人金融数据授权给专业的金融理财机构，以便制定相应的理财规划并预测收益。国家有关部门还会在法律范围内经过严格程序进行预防监控，实时监控公共安全，预防犯罪。

三、物联网发展对大数据的促进作用

随着物联网迅速发展，各种行业、不同地域以及各个领域的物体都被十分密切地关联起来。物联网通过形形色色的传感器将现实世界中产生的各种信息收集为电子数据，并把信号直接传递到计算机中心处理系统，必然造成数字信息膨胀，数据总量极速增长。

1. 物联网产生大数据

物联网大数据成为焦点，引起各大IT巨头越来越多的注意，其潜在的巨大价值也正在通过市场逐渐被挖掘出来。微软、IBM、SAP、谷歌等国际知名IT企业已经在全球分别部署了大量数据中心。这些物联网产生的大数据来自于不同种类的终端，比如智能电表、移动通信终端、汽车和各种工业机器等，影响生产生活的各个领域，各个层面。物联网的核心价值不在感知层和网络层，而是在更广泛的应用层。物联网产生的大数据经过智能化的处理、社会化的分析，将生成各种商业模式，产生各异的多种应用，形成了物联网最重要的商业价值。

物联网中的大数据不简单等同于互联网数据。物联网大数据不仅包括社交网络数据，更包括传感器感知数据，尽管社交网络数据包含大量可被处理的非结构化数据，比如新闻、微博等，但是物联网传感器收集的许多碎片化数据属于非结构化数据，在目前还不能被处理。物联网应用于多个行业，而每个行业产生的数据有独特的结构特点。物联网创造商业价值的基础是数据分析，物联网产业将出现各种类型的数据处理公司，中国物联网刚刚进入应用阶段，物联网产业最前沿的一线参与主体，主要包括RFID标签厂商、传感器厂商、电信运营商和一些系统集成商。目前已经建成的大量物联网系统，主要应用于远程测量、移动支付、环境监控等方面。另外主要分布在物品追溯系统和企业供应链管理等方面，应用较多的医疗健康、智能电网、汽车通信等服务领域。

2.云计算提供的技术平台

大数据与云计算的关系密不可分，大数据必须采用分布式计算架构挖掘海量数据，必须依托云计算的分布式数据库、分布式处理、云存储和虚拟化技术。依靠宽带、物联网的大数据提供了解决办法，具有无数分散决策中心的云计算系统能够产生接近整体最佳的效果，无数分别思考的决策分中心通过互联网与物联网形成超级决策中心。

大数据时代企业的疆界变得模糊，数据成为核心资产，并将深刻影响企业的业务模式，甚至重构其文化和组织。因此大数据改善国家治理模式，影响企业决策、组织和业务流程，改变个人生活方式。大数据是继云计算、物联网之后，IT 产业又一次颠覆性的技术变革。云计算主要为数据资产提供了保管、访问的场所和渠道，而数据才是真正有价值的资产。企业内部的经营交易盈亏、互联网世界中的人与人交互信息、物联网世界中的商品物流信息、位置信息等数量，远远超越现有企业 IT 架构和基础设施的承载能力，实时性要求也将大大超越现有的计算能力。

很多人误以为大数据和云计算是同时诞生的，具有强绑定关系。其实这两者之间既有关联性，也有区别。云计算指的是一种以互联网方式来提供服务的计算模式，而大数据指的是基于多源异构、跨域关联的海量数据分析所产生的决策流程、商业模式、科学范式、生活方式和关联形态上的颠覆性变化的总和。大数据处理会利用到云计算领域的很多技术，但大数据并非完全依赖于云计算；反过来，云计算之上也并非只有大数据这一种应用。

第三节　物联网 M2M

M2M 是 Machine-to-Machine/Man 的简称，是一种以机器终端智能交互为核心的、网络化的应用与服务。它通过在机器内部嵌入无线通信模块，以无线通信等为接入手段，为客户提供综合的信息化解决方案，以满足客户对监控、指挥调度、数据采集和测量等方面的信息化需求。M2M 根据其应用服务对象可以分为个人、家庭、行业三大类。

到底什么是 M2M？从广义上说，M2M 代表机器对机器（Machine to Machine）、人对机器（Man to Machine）、机器对人（Machine to Man）以及移动网络对机器（Mobile to Machine）之间的连接与通信，它涵盖了所有可以实现在人、机、系统之间建立通信连接的技术和手段，而更多的情况下是指非 IT 机器设备通过移动通信网络与其他设备或 IT 系统的通信。从狭义上说，M2M 就是机器与机器之间通过 GSM/GPRS、UMTS/HSDPA 和 CDMA/EVDO 模块实现数据的交换。简单来说，M2M 就是把所有的机器都纳入到一张通信网中，使所有的机器都智能化。

M2M 不是简单的数据在机器和机器之间的传输，更重要的是，它是机器和机器之间的一种智能化、交互式的通信。也就是说，即使人们没有实时发出信号，机器也会根据既定程序主动进行通信，并根据所得到的数据智能化地做出选择，对相关设备发出正确的指令。可以说，智能化、交互式成了 M2M 有别于其他应用的典型特征，这一特征下的机器也被赋予了更多的“思想”和“智慧”。

完整的 M2M 产业链包括通信芯片提供商、通信模块提供商、外部硬件提供商、应用设备和软件提供商、系统集成商、M2M 服务提供商、电信运营商、原始设备制造商、消费者、管理咨询提供商和测试认证提供商等。整个产业链的核心是通信芯片提供商、通信模块提供商、系统集成商、电信运营商、原始设备制造商这几个环节。

无论哪一种 M2M 技术与应用，都涉及 5 个重要的组成部分，即机器、M2M 硬件、通信网络、中间件和应用。

1. 机器

“人、机器、系统的联合体”是 M2M 的有机结合体。在整个 M2M 链条中，机器是通信技术和管理平台存在的基础。可以说，机器是为人服务的，而系统则都是为了机器更好地服务于人而存在的。

在通信手段日益完备的今天，广义的机器设备之间的通信，已绝不局限于传统的手机、电脑这些 IT 类电子产品，而类似家中的电冰箱、空调器，甚至电饭煲这些过去在人们脑海里几乎与网络通信不沾边的设备，如今也都可以被通信系统和管理平台串联进这条智能的 M2M 链条——成为网络中的一员。M2M 未来发展的最终目标就是将需要使用的一切机器设备进行联网，通过网络化的管理，使机器更好地为人类服务。

2. M2M 硬件

实现 M2M 的第一步就是从机器设备中获得数据，然后把它们通过网络发送出去。使机器具有“开口说话”能力的基本途径有两条：在制造机器设备的同时就嵌入 M2M 硬件；或是对已有机器进行改装，使其具备联网和通信的能力。M2M 硬件是使机器获得远程通信和联网能力的部件。一般来说，M2M 硬件产品可分为以下五类。

（1）嵌入式硬件：嵌入到机器里面，使其具备网络通信能力。常见的产品是支持 GSM/GPRS 或 CDMA 无线移动通信网络的无线嵌入式数据模块。典型产品有诺基亚的 12GSM；索尼爱立信的 GR48 和 GT48；摩托罗拉的 G18/G20 for GSM、C18 for CDMA；西门子的 TC45、TC35i、MC35i 等。

（2）可改装硬件：在 M2M 的工业应用中，厂商拥有大量不具备 M2M 通信和联网能力的机器设备，可改装硬件就是为满足这些机器的网络通信能力而设计的。其实现形式各不相同，包括从传感器收集数据的输入 / 输出（I/O）部件；完成协议转换功能，将数据发送到通信网络的连接终端（Connectivity Terminals）设备；有些 M2M 硬件还具备回控功能。典型产品有诺基亚的 30/31 for GSM 连接终端等。

（3）调制解调器：嵌入式模块将数据传送到移动通信网络上时，起的就是调制解调器（Modem）的作用。而如果要将数据通过有线电话网络或者以太网送出去，则需要相应的调制解调器。典型产品有 BT-Series CDMA、GSM 无线数据 Modem 等。

（4）传感器：经由传感器，让机器具备信息感知的能力。传感器可分为普通传感器和智能传感器两种。智能传感器（Smart Sensor）是指具有感知能力、计算能力和通信能力的微型传感器。由智能传感器组成的传感器网络（Sensor Network）是 M2M 技术的重要组成部分。一组具备通信能力的智能传感器以 Ad Hoc 方式构成无线网络，协作感知、采集和处理网络所覆盖的地理区域中感知对象的信息，并发布给用户。也可以通过 GSM 网络或卫星通信网络将信息传给远方的 IT 系统。典型产品如英特尔的基于微型传感器网络的"智能微尘（Smart Dust）"等。

（5）识别标识：识别标识（Location Tags）如同每台机器设备的"身份证"，使机器之间可以相互识别和区分。常用的技术如条形码技术、射频标签 RFID 技术等。

3. 通信网络

通信网络在整个 M2M 技术框架中处于核心地位，包括广域网（无线移动通信网络、卫星通信网络、Internet、公众电话网）、局域网（以太网、无线局域网 WLAN、蓝牙 Bluetooth）、个域网（ZigBee、传感器网络）。

第三代移动通信技术除了提供语音服务之外，数据服务业务的开拓是其发展的重点。随着移动通信技术向 4G 的演进，必定将 M2M 应用带到一个新的境界。国外提供 M2M 服务的网络有 AT&TW。

4. 中间件

中间件（Middleware）在通信网络和 IT 系统间起桥接作用。中间件包括两部分：M2M 网关和数据收集 / 集成部件。网关获取来自通信网络的数据，将数据传送给信息处理系统。中间件主要的功能是完成不同通信协议之间的转换。典型产品如诺基亚的 M2M 网关等。数据收集 / 集成部件是为了将数据变成有价值的信息。对原始数据进行不同加工和处理，并将结果呈现给需要这些信息的观察者和决策者。

5. M2M 业务应用

（1）M2M 应用模式：M2M 应用分为管理流 - 业务流并行模式和管理流 - 业务流分离模式。管理流是指承载 M2M 终端管理相关信息的数据流，业务流是指承载 M2M

应用相关的数据流。对于终端管理流，两种模式都由终端发送给 M2M 平台，或再由 M2M 平台转发给应用业务平台。对于业务流，在管理流 – 业务流并行模式下，业务流通过终端传递到 M2M 平台，再由 M2M 平台转发给 M2M 应用业务平台或者对端的 M2M 终端；在管理流 – 业务流分离模式下，业务流直接从终端送到 M2M 应用业务平台或者对端的 M2M 终端，不通过 M2M 平台转发。

网管系统与平台网络管理模块通信，完成配置管理、性能管理、故障管理、安全管理及系统自身管理等功能。

业务数据从 M2M 终端传送到 M2M 平台，再由 M2M 平台转发给 M2M 应用业务平台或者对端的 M2M 终端。这种模式下，管理数据和业务数据均由 M2M 平台统一接收，再根据不同的消息类型和目标地址进行分发或处理。

（2）M2M 业务的应用：从狭义上说，M2M 只代表机器和机器之间的通信。M2M 的范围不应拘泥于此，而是应该扩展到人对机器、机器对人、移动网络对机器之间的连接与通信。

现在，M2M 应用遍及电力、交通、工业控制、零售、公共事业管理、医疗、水利、石油等多个行业，以及车辆防盗、安全监测、自动售货、机械维修、公共交通管理等日常生活当中。

6. M2M 的发展现状

（1）M2M 产业发展现状：在国内，M2M 的应用领域涉及电力、水利、交通、金融、气象等行业。在国外，沃达丰（Vodafone）现为世界上最大的流动通信网络公司之一，在全球 27 个国家有投资，目前在 M2M 市场是全球第一，提供 M2M 全球服务平台以及应用业务，为企业客户的 M2M 智能服务部署提供托管，能够集中控制和管理许多国家推出的 M2M 设备，企业客户还可通过广泛的无线智能设备收集有用的客户数据。

随着科学技术的发展，越来越多的设备具有了通信和联网能力，网络一切（Network Everything）逐步变为现实。人与人之间的通信需要更加直观、精美的界面和更丰富的多媒体内容，而 M2M 的通信更需要建立一个统一规范的通信接口和标准化的传输内容。

面向不同的 M2M 应用，每次都需进行重新开发和集成，大大增加了人力和时间成本，而开放性强、兼容性好的 M2M 技术并不多见。

（2）M2M 标准化现状：国际上各大标准化组织中 M2M 的相关研究和标准制定工作也在不断推进。几大主要标准化组织按照各自的工作职能范围，从不同角度开展了针对性研究。ETSI 从典型物联网业务应用（例如智能医疗、电子商务、自动化城市、智能抄表和智能电网）的相关研究人手，完成对物联网业务需求的分析，支持物联网业务的概要层体系结构设计，以及相关数据模接口和过程的定义。

3GPP/3GPP2 以移动通信技术为工作核心，重点研究 3G，LTE/CDMA 网络针对物联网业务提供所需要实施的网络优化相关技术，研究涉及业务需求、核心网和无线网优化、安全等领域。CCSA 早在 2009 年就完成了 M2M 的业务研究报告，与 M2M 相关的其他研究工作也已展开。

M2M 技术标准制定的标准化组织包括欧洲电信标准协会（European Telecommunication Standards Institute，ETSI）、3GPP 和中国通标准化协会（CSSA）的泛在网技术委员会（TC10）。

1）ETSI 的 M2M 标准化进展

ETSI 是国际上较早的系统展开 M2M 相关研究的标准化组织。2009 年初，ETSI 成立了专门的 TC 来负责统筹 M2M 的研究，旨在制定一个水平化的、不针对特定 M2M 应用的端到端解决方案的标准。其研究范围可以分为两个层面：第一个层面是针对应用实例的收集和分析；第二个层面是在实例研究的基础上，开展应用统一 M2M 解决方案的业务需求分析、网络体系架构定义和数据模型、接口和过程设计等工作。

ETSI M2M TC 的主要职责如下：

① 从利益相关方收集和制定 M2M 业务及运营需求；

② 建立一个端到端的 M2M 高层体系架构（如果需要则制定详细的体系结构）；

③ 找出现有标准不能满足需求的地方并制定相应的具体标准；

④ 将现有的组件或子系统映射到 M2M 体系结构中；

⑤ M2M 解决方案间的互操作性（制定测试标准）；

⑥ 硬件接口标准化方面的考虑；

⑦ 与其他标准化组织进行交流及合作。

ETSI M2M TC 目前的研究工作如下：

① M2M 业务需求（TS 102 689）：定义 M2M 业务应用对通信系统的需求，以及 M2M 的典型应用场景；

② M2M 功能架构（TS 102 690）：定义 M2M 业务应用的功能架构以及相关的呼叫会话流程；

③ 智能电表（Smart Metering）的应用场景（TS 102 691）：智能电表的应用场景和相关技术问题；

④ 电子卫生保健（eHealth）的应用场景（TS 102 732）：电子医疗的应用场景和相关技术的问题；

⑤ 消费者连接（Cbnnected Consumers）的应用场景（TS 102 857）：消费者连接的应用场景和相关技术同题；

⑥ M2M 定义（TS 102 725）：M2M 相关的定义和名词术语。

2）3GPP 的 M2M 标准化进展

3GPP 在标准制定过程中，也将 M2M 称作机器类通信（Machine Type Communications，MTC）。3GPP 早在 2005 年 9 月就开展了移动通信系统支持物联网应用的可行性研究，正式研究于 R10 阶段启动。在 2008 年 5 月，3GPP 制定了研究项目——针对机器类通信的网络化（Network Improvement for Machine Type Communications，NIMTC）。3GPP 于 2009 年制定的技术报告 TS22.368 中定义 MTC 的一般需求，以及有别于人与人间通信的一些业务需求，并详述了为满足 MTC 的业务、网络优化需要做的一些工作。

3GPP 支持机器类型通信的网络增强研究课题，在 R10 阶段的核心工作为 SA2 工作组对 MTC 体系结构增强的研究，其中重点涉及支持 MTC 通信的网络优化技术，包括以下几点。

① 体系架构：提出了对 NIMTC 体系结构的修改，包括增加 MTC IWF 功能实体，以实现运营商网络与位于专网或公网上的物联网服务器进行数据和控制信令的交互，同时要求修改后的体系结构需要提供 MTC 终端漫游场景的支持。

② 拥塞和过载控制：研究多种的拥塞和过载场景，要求网络能够精确定位拥塞发生的位置和造成拥塞的物联网应用，针对不同的拥塞场景和类型，给出了接入层阻止广播、低接入优先级指示、重置周期性位置更新时间等多种解决方案。

③ 签约控制：研究 MTC 签约控制的相关问题，提出 SGSN/MME 具备根据 MTC 设备能力、网络能力、运营商策略和 MTC 签约信息来决定启用或禁用某些 MTC 特性的能力；同时也指出了需要进一步研究的问题，例如网络获取 MTC 设备能力的方法、MTC 设备的漫游场景等。

④ 标识和寻址：MTC 通信的标识问题已经另外立项进行详细研究。本研究主要针对 MT 过程中 MTC 终端的寻址方法，按照 MTC 服务器部署位置的不同，分析寻址功能的需求，给出 NATTT 和微端口转发技术寻址两种解决方案。

⑤ 时间控制特性：适用于那些可以在预设时间段内完成数据收发的物联网应用。归属网络运营商应分别预设 MTC 终端的许可时间段和服务禁止时间段。服务网络运营商可以根据本地策略修改许可时间段，设置 MTC 终端的通信窗口等。

⑥ MTC 监控特性：MTC 监控是运营商网络为物联网签约用户提供的针对 MTC 终端行为的监控服务，包括监控事件签约、监控事件侦测、事件报告和后续行动触发等完整的解决方案。

3）3GPP2 的 M2M 标准化进展

为推动 CDAM 系统 M2M 支撑技术的研究，3GPP2 在 2010 年 1 月曼谷会议上通过了 M2M 的立项。建议从以下几个方面加快 M2M 的研究进程：

① 当运营商部署 M2M 应用时，应给运营商带来较低的运营复杂度；

② 降低处理大量 M2M 设备群组对网络的影响和处理工作量；

③ 优化网络工作模式，以降低对 M2M 终端功耗的影响等研究领域；

④ 通过运营商提供满足 M2M 需要的业务，鼓励部署更多的 M2M 应用。

3GPP2 中 M2M 的研究参考了 3GPP 中定义的业务需求，研究的重点在于 CDMA2000 网络如何支持 M2M 通信，具体内容包括 3GPP2 体系结构增强、无线网络增强和分组数据核心网络增强。

第四节　物联网的安全问题

一、物联网的安全问题

物联网的应用给人们的生活带来了很大的方便，比如人们不再需要装着大量的现金去购物，人们可以通过一个很小的射频芯片就能够感知自己的身体体征状况，人们还可以使用终端设备控制家中的家用电器，让大家的生活变得更加人性化、智能化、合理化。如果在物联网的应用中，网络安全无法保障，那么个人隐私、物品信息等随时都可能被泄露。而且如果网络不安全，物联网的应用为黑客提供了远程控制他人物品、甚至操纵一个企业的管理系统，一个城市的供电系统，夺取一个军事基地的管理系统的可能性。物联网在信息安全方面存在许多的问题，这些安全问题主要体现在以下几个方面。

1.感知节点和感知网络的安全问题

在无线传感网中，通常是将大量的传感器节点投放在人迹罕至或者环境比较恶劣的环境下，感知节点不仅仅数目庞大而且分布的范围也很大，攻击者可以轻易地接触到这些设备，从而对它们造成破坏，甚至通过本地操作更换机器的软硬件。通常情况下，传感器节点所有的操作都依靠自身所带的电池供电，它的计算能力、存储能力、通信能力受到节点自身所带能源的限制，无法设计复杂的安全协议，因而也就无法拥有复杂的安全保护能力。而感知节点不仅要进行数据传输，而且还要进行数据采集、融合和协同工作。同时，感知网络多种多样，从温度测量到水文监控，从道路导航到自动控制，它们的数据传输和消息也没有特定的标准，所以没法提供统一的安全保护体系。

2.自组网的安全问题

自组网作为物联网的末梢网，由于它拓扑的动态变化会导致节点间信任关系的不断变化，这给密钥管理带来很大的困难。同时，由于节点可以自由漫游，与邻近节点通信的关系在不断地改变，节点加入或离开无须任何声明，这样就很难为节点建立信任关系，以保证两个节点之间的路径上不存在想要破坏网络的恶意节点。路由协议中的现有机制还不能处理这种恶意行为的破坏。

3. 核心网络安全问题

物联网的核心网络应当具备相对完整的保护能力，只有这样才能够使物联网具备更高的安全性和可靠性，但是在物联网中节点的数目十分庞大，而且以集群方式存在，因此会导致在数据传输时，由于大量机器的数据发送而造成网络拥塞。而且，现有通行网络是面向连接的工作方式，而物联网的广泛应用必须解决地址空间空缺和网络安全标准等问题，从现状看物联网对其核心网络的要求，特别是在可信、可知、可管和可控等方面，远远高于目前的 IP 网所提供的能力，因为物联网在核心网络采用了数据分组技术。此外，现有的通信网络的安全架构均是从人的通信角度设计的，并不完全适用于机器间的通信，使用现有的互联网安全机制会割裂物联网机器间的逻辑关系。

4. 物联网业务的安全问题

通常在物联网形成网络时，是将现有的设备先部署后连接网络，然而这些联网的节点没有人来看守，所以如何对物联网的设备进行远程签约信息和业务信息配置就成了难题。另外，物联网的平台通常是很庞大的，要对这个庞大的平台进行管理，人们必须要有一个更为强大的安全管理系统，否则独立的平台会被各式各样的物联网应用所淹没。

5. RFID 系统安全问题

RFID 射频识别是一种非接触式的自动识别技术，它通过射频信号自动识别目标对象并获取相关数据，可识别高速运动物体并可同时识别多个标签，识别工作无须人工干预，操作也非常方便。RFID 系统同传统的 Internet 一样，容易受到各种攻击，这主要是由于标签和读写器之间的通信是通过电磁波的形式实现的，其过程中没有任何物理或者可视的接触，这种非接触和无线通信存在严重安全隐患。RFID 的安全缺陷主要表现在以下三方面。

（1）RFID 标识自身访问的安全性问题：由于 RFID 标识本身的成本所限，使之很难具备足以保证自身安全的能力。这样，就面临很大的问题。非法用户可以利用合法的读写器或者自制的一个读写器，直接与 RFID 标识进行通信。这样，就可以很容易地获取 RFID 标识中的数据，并且还能够修改 RFID 标识中的数据。

（2）通信信道的安全性问题：RFID 使用的是无线通信信道，这就给非法用户的攻击带来了方便。攻击者可以非法截取通信数据；可以通过发射干扰信号来堵塞通信链路，使得读写器过载，无法接收正常的标签数据，制造拒绝服务攻击；可以冒名顶替向 RFID 发送数据，篡改或伪造数据。

（3）RFID 读写器的安全性问题：RFID 读写器自身可以被伪造；RFID 读写器与主机之间的通信可以采用传统的攻击方法截获。所以，RFID 读写器自然也是攻击者要攻击的对象。由此可见，RFID 所遇到的安全问题比通常的计算机网络安全问题要复杂得多。

二、物联网安全架构

物联网安全结构架构也就是采集到的数据如何在层次架构的各个层之间进行传输的，在各个层次中安全和管理贯穿于其中。

感知层通过各种传感器节点获取各类数据，包括物体属性、环境状态、行为状态等动态和静态信息，通过传感器网络或射频阅读器等网络和设备，实现数据在感知层的汇聚和传输；传输层主要通过移动通信网、卫星网、互联网等网络基础实施，实现对感知层信息的接入和传输；支撑层是为上层应用服务建立起一个高效可靠的支撑技术平台，通过并行数据挖掘处理等过程，为应用提供服务，屏蔽底层的网络、信息的异构性；应用层是根据用户的需求，建立相应的业务模型，运行相应的应用系统。

以密码技术为核心的基础信息安全平台及基础设施建设是物联网安全，特别是数据隐私保护的基础，安全平台同时包括安全事件应急响应中心、数据备份和灾难恢复设施、安全管理等。在网络和通信传输安全方面，主要针对网络环境的安全技术，如 VPN、路由等，实现网络互联过程的安全，旨在确保通信的机密性、完整性和可用性。而应用环境主要针对用户的访问控制与审计，以及应用系统在执行过程中产生的安全问题。

三、物联网安全的关键技术

物联网中涉及安全的关键技术主要有以下几点。

1. 密钥管理机制

密钥作为物联网安全技术的基础，就像一把大门的钥匙一样，在网络安全中起着决定性作用。对于互联网由于不存在计算机资源的限制，非对称和对称密钥系统都可以适用，移动通信网是一种相对集中式管理的网络，而无线传感器网络和感知节点由于计算资源的限制，对密钥系统提出了更多的要求，因此，物联网密钥管理系统面临两个主要问题：一是如何构建一个贯穿多个网络的统一密钥管理系统，并与物联网的体系结构相适应；二是如何解决 WSN 中的密钥管理问题，如密钥的分配、更新、组播等问题。

实现统一的密钥管理系统可以采用两种方法：一种是以互联网为中心的集中式管理方法；另一种是以各自网络为中心的分布式管理方法。在此模式下，互联网和移动通信网比较容易实现对密钥进行管理，在WSN环境中对汇聚点的要求就比较高了，可以在WSN中采用簇头选择方法，推选簇头，形成层次式网络结构，每个节点与相应的簇头通信，簇头间以及簇头与汇聚节点之间进行密钥的协商。

2. 安全路由协议

物联网安全路由协议解决两个问题，一是多网融合的路由问题；二是传感网的路由问题。前者可以考虑将身份标识映射成类似的IP地址，实现基于地址的统一路由体系；后者是由于WSN的计算资源的局限性和易受到攻击的特点，要设计抗攻击的安全路由算法。

四、WSN中路由协议受到的攻击

WSN中路由协议中常受到的攻击主要有以下几大类：虚假路由信息攻击、选择性转发攻击、污水池攻击、女巫攻击、虫洞攻击、HELLO泛洪攻击、确认攻击等。表4-1列出了一些针对路由的常见攻击，表4-2为抗击这些攻击可以采用的方法。

表4-1　常见的路由攻击

路由协议	安全威胁
TinyOS信标	虚假路由信息、选择性转发、女巫、虫洞、HELLO泛洪、污水池
定向扩算	虚假路由信息、选择性转发、女巫、虫洞、HELLO泛洪、污水池
地理位置路由	虚假路由信息、选择性转发、女巫
最低成本转发	虚假路由信息、选择性转发、女巫、虫洞、HELLO泛洪、污水池
谣传路由	虚假路由信息、选择性转发、女巫、虫洞、污水池
能量节约的拓扑维护	虚假路由信息、女巫、HELLO泛洪
聚簇路由协议	选择性转发、HELLO泛洪

表4-2　路由攻击的应对方法

攻击类型	解决方法
外部攻击和链路层安全	链路层加密和认证
女巫攻击	身份认证
HELLO泛洪攻击	双向链路认证
虫洞和污水池	很难防御，必须在设计路由协议时考虑，如基于地理位置路由

续 表

攻击类型	解决方法
选择性转发攻击	多径路由技术
认证广播和泛洪	广播认证

1. 认证与访问控制

对用户访问网络资源的权限进行严格的多等级认证和访问控制，进行用户身份认证，对口令加密、更新和鉴别，设置用户访问目录和文件的权限，控制网络设备配置通权限等。可以在通信前进行节点与节点的身份认证；设计新的密钥协商方案，使得即使有一小部分节点被操纵后，攻击者也不能或很难从获取的节点信息推导出其他节点的密钥信息。另外，还可以通过对节点设计的合法性进行认证等措施，来提高感知终端本身的安全性能。

2. 数据处理与隐私性

物联网的数据要经过信息感知、获取、汇聚、融合、传输、存储、挖掘、决策和控制等处理流程，而末端的感知网络几乎要涉及上述信息处理的全过程，只是由于传感节点与汇聚点的资源限制，在信息的挖掘和决策方面不占据主要的位置。物联网应用不仅面临信息采集的安全性，也要考虑到信息传送的私密性，要求信息不能被篡改和非授权用户使用，同时，还要考虑到网络的可靠、可信和安全。物联网能否大规模推广应用，很大程度上取决于其是否能够保障用户数据和隐私的安全。

在信息的感知采集阶段就要进行相关的安全处理，如对 RFID 采集的信息进行轻量级的加密处理后，再传送到汇聚节点。这里要关注的是对光学标签的信息采集处理与安全，作为感知端的物体身份标识，光学标签显示了独特的优势，而虚拟光学的加密解密技术为基于光学标签的身份标识提供了手段，基于软件的虚拟光学密码系统，由于可以在光波的多个维度进行信息的加密处理，具有比一般传统的对称加密系统更高的安全性，数学模型的建立和软件技术的发展，极大地推动了该领域的研究和应用推广。

3. 入侵检测和容侵容错技术

通常在网络中存在恶意入侵的节点，在这种情况下，网络仍然能够正常地进行工作，这就是所谓的容侵。WSN 的安全隐患在于网络部署区域的开放性以及无线电网络的广播特性，攻击者往往利用这两个特性，通过阻碍网络中节点的正常工作，进而破坏整个传感器网络的运行，降低网络的可用性。在恶劣的环境中或者是人迹罕至的地区，这里通常是无人值守的，这就导致 WSN 缺少传统网络中的物理上的安全，传感器节点很容易被攻击者俘获、毁坏或妥协。现阶段无线传感器网络的容侵技术主要有网络的拓扑容侵、安全路由容侵以及数据传输过程中的容侵机制。

五、在物联网安全问题中的几个关系

1. 物联网安全与计算机、计算机网络安全的关系

所有的物联网应用系统都是建立在互联网环境之中的，因此，物联网应用系统的安全都是建立在互联网安全的基础之上的。互联网包括端系统与网络核心交换两个部分。端系统包括计算机硬件、操作系统、数据库系统等，而运行物联网信息系统的大型服务器或服务器集群，以及用户的个人计算机都是以固定或移动方式接入到互联网中的，它们是保证物联网应用系统正常运行的基础。任何一种物联网功能和服务的实现都需要通过网络核心交换以在不同的计算机系统之间进行数据交互。如果互联网核心交换部分不安全了，那么物联网信息安全的问题就无从谈起。因此，保证网络核心交换部分的安全，以及保证计算机系统的安全是保障物联网应用系统安全的基础。

2. 物联网安全与密码学的关系

密码学是信息安全研究的重要工具，在网络安全中有很多重要的应用，物联网在用户身份认证、敏感数据传输的加密上都会使用到密码技术。但是物联网安全涵盖的问题远不止密码学涉及的范围。计算机网络、互联网、物联网的安全涉及的是人所知道的事、人与人之间的关系、人和物之间的关系，以及物与物之间的关系。因此，密码学是研究网络安全所必需的一个重要的工具与方法，但是物联网安全研究所涉及的问题要广泛得多。

3. 物联网安全与国家信息安全战略的关系

物联网在互联网的基础上进一步发展了人与物、物与物之间的交互，它将越来越多地应用于现代社会的政治、经济、文化、教育、科学研究与社会生活的各个领域，物联网安全必然会成为影响社会稳定、国家安全的重要因素之一。因此，网络安全问题已成为信息化社会的一个焦点问题。每个国家只有立足于本国，研究网络安全体系，培养专门人才，发展网络安全产业，才能构筑本国的网络与信息安全防范体系。

4. 物联网安全与信息安全共性技术的关系

对于物联网安全来说，它既包括互联网中存在的安全问题（即传统意义上的网络环境中信息安全共性技术），也有它自身特有的安全问题（即物联网环境中信息安全的个性技术）。物联网信息安全的个性化问题主要包括无线传感器网络的安全性与RFID安全性问题。

第五章 物联网趋势下的智能家居产品设计与研究

第一节 智能家居的定义

一、智能家居的概念

智能家居的概念起源很早，从狭义角度来讲，智能家居是以住宅为平台，实现家庭生活及环境的智能化，更多的是在强调物理环境的智能化改造。正如各地现有的智能家居示范性项目，多是狭义的智能家居概念。而从广义角度来讲，智能家居所涉及的方面是与生活相关的所有内容，更多的是在强调生活内容以及生活方式的智能化，关系到生活、工作、人与人交往等诸多领域。广义的智能家居概念包含家庭生活环境的智能化，但其内容更为丰富，更符合现代化生活的本质要求。其实，本质上的智能家居就是指通过信息技术与家居环境的相互融合，实现生活方式的智能化。与普通家居相比，智能家居在保障基本的传统居住功能，提供安全舒适的家庭生活空间情况下，还可以提供人性化、智能化的服务，优化人们的生活方式，提高生活质量。

二、智能家居的产业链

智能家居的产业链大致可以分为单品及应用、智能家居系统、产业链源头与平台这三个部分。智能家居单品及应用主要体现在智能安防、智能照明、智能家电、智能节能、智能看护等方面，用户购买了智能家居单品和智能家居系统服务，实现智能家居单品间互联互通，并通过连接服务平台对生活数据进行处理并执行控制命令。

产业链源头和平台作为智能家居实现智能化不可或缺的部分，在整个智能家居中起到很大的影响。为了让智能家居产品更好地应用于用户家庭中，产业链源头及平台提供人性化的服务，并对家庭产生的生活数据进行分析处理。智能家居的产业链是一个庞大的家居生态系统，每个单品要先实现智能化，然后实现不同的智能产品间的互联互通，最终每个产品都能够无缝接入，智能家居系统才算真正实现智能化。

三、智能家居的市场发展趋势

1. 国内外企业对智能家居领域的布局

物联网产业的发展促使物联网应用领域的飞速发展，其中智能家居、智慧医疗、可穿戴设备、车联网成为最炙手可热的几个领域。目前，智能家居是各国互联网企业巨头最感兴趣的“互联网+”领域之一，国内外大企业在近几年纷纷布局智能家居领域。如Google、苹果、三星、阿里巴巴、小米等。

2014年，苹果首次向公众发布Home Kit平台：一个能与物联网设备相连的智能家居平台，只要厂商获得苹果授权认证就可以生产支持Home Kit的智能家居产品，用户可以通过Sari来控制这些设备，并可以制定个性化的需求指令。在苹果向智能家居设备厂商开放这一平台后，海尔公司和美的公司相继宣布接入Home Kit平台，随后推出基于此平台的智能空调产品，允许苹果用户通过语音或APP发出指令来控制空调。

三星公司随后提出全新的Smart Home系统，在此系统下，智能冰箱、洗衣机、电视机等智能家电都可以通过智能手机、手表来控制。在家中，用户可以将各种设备连接网络，用智能手机、平板电脑、智能手表甚至是智能电视作为控制智能家居系统的控制中心，从某种程度上看，三星提出智能家居概念打造了未来所有连接的基础。

国外企业大动作布局智能家居的时候，国内的企业也不甘落后。2014年，小米正式开始智能家居布局，小米从未掩饰自己在智能家居的野心，在小米手机市场占有量不断增加时，从电视、机顶盒、路由器到空气净化器、净水器等领域一路发展。2015年，小米推出智能家庭套装，包括多功能网关、门窗传感器、人体传感器和无线开关。套装内的四个小部件组合在一起，可以实现家内房屋设防、门窗开启警报、有人经过提醒等多重功能。虽然这个套装是基于现有的技术整合，没有嵌入新技术，但它们可以作为“传感器”存在，与小米其他产品进行联动工作，实现一些完全智能化的操作。从国内外各企业的布局愿景来看，未来的智能家居将会更好地为家庭生活服务。

2. 国内智能家居的宏观环境分析

目前，物联网已经上升为国家战略，成为国家重点发展和扶持的领域之一，作为物联网领域下的朝阳产业，智能家居的发展也将加快步伐。下面本研究通过PEST分析法对智能家居发展的宏观环境进行分析，从政治要素、经济要素、社会要素和技术要素这四个方面的影响因素分析智能家居的发展状况。

（1）政策方面：在近几年国家有利政策环境和产业技术创新的推动下，物联网在其行业各新兴领域呈现强劲的发展势头，物联网技术的发展也被列入国家级重大科技专项。继制定物联网“十二五”发展规划之后，国家出台多项政策对于推动物联网产业的发展产生了深远影响，智能家居作为物联网领域下的最炙热的板块前景无限。国家政策提出“互联网+”及“产品+服务”的两个双+概念，明确指出并大力扶持智能家居的发展方向。

（2）经济方面：我国智能家居处于发展阶段，虽然市场前景很好，但目前消费者对于智能家居的认识还很欠缺，智能家居对消费市场教育程度偏低，消费者缺失对智能家居产品的体验，这也是主要影响消费者购买智能家居产品的因素。其次，现有的智能家居产品价格偏高，限制了消费人群的层次，只有较高收入人群才会更谋求生活的便利。

（3）社会方面：我国的智能家居市场规模逐年扩大，而我国的国民经济水平的不断攀升也促进了高收入人群的规模发展，全国居民可支配收入逐年增长。

（4）技术方面：大数据、物联网、云计算的技术发展有效地带动和整合智能家居的整体发展，尽管我国的技术领域方面处于国际水平的萌芽阶段，但就目前我国政府及各企业对技术研发投入的扶持与经历来看，未来这些技术将会不断创新，智能家居也会不断发展。中国智能家居发展整体上属于成长阶段，整体技术的完善有助于带动消费者对于智能家居的兴趣。

随着物联网、云计算技术进入智能家居行业，家居生活迈向智能化已经成为必然趋势，尤其是国人的生活水平不断提高、社会消费购买力攀升，对于智能家居生活的追求越来越强烈，对于生活质量的要求也在不断提高。据数据显示，从2012年至今我国智能家居市场规模在逐年增长，2015年的销售额为403亿元，预计到2020年我国智能家居市场规模将达到3 294亿元。近几年，我国的智能家居产品层出不绝，其销售数量和销售总额都呈现连续攀升的势头，越来越多的人开始接触并选择智能家居。由此可见，未来智能家居行业将成为中国最具发展潜力的行业之一，智能家居领域作为一个新兴的蓝海市场其前景不可估量。

第二节　智能家居产品设计分析

一、智能家居产品分析

1.智能家居产品的分类

智能家居产品所涉及的是与生活相关的方方面面，更多的是在强调生活内容以及生活方式的智能化，关系到生活、工作、人与人交往等诸多领域。智能家居系统的产品大致可以分为二十类：控制主机（集中控制器）、家庭网络、电器控制系统、智能照明系统、智能遮阳（电动窗帘）、家庭背景音乐、家庭影院系统、厨卫电视系统、防盗报警、视频监控、对讲系统、电锁门禁、暖通空调系统、自动抄表、太阳能与节能设备、家居布线系统、运动与健康监测、智能家居软件、花草自动浇灌、宠物照看与动物管制。

2.智能家居的生活场景

与普通家居相比，智能家居不仅可以满足传统居住功能，提供安全舒适的家庭生活空间；而且可以协助人们悠闲地安排时间，节约能源，提高生活质量，增强家居的安全性。智能家居产品与传统家居产品最大的区别在于智能家居产品是智能化、人性化、数字化、网络信息化的，它可以让人们的生活更舒适便捷，优化人们的生活方式，并且可以根据每个人差异化的需求提供人性化的产品服务。

让人们在传统家居的基础上，幻想一下未来充满智能化的生活场景：每天清晨，闹钟响起美妙的音乐，窗帘自动打开迎接新一天的阳光，你舒服地伸个懒腰。起床后走进浴室，浴室镜感应到你的出现，给了一个大大的笑脸，并自动显示当日天气，提醒你是否需要带伞和穿衣指数。厨房里，定时启动的早餐机早已经知道你喜欢的口味，面包烤几分钟，咖啡要不要加糖完全不用你考虑。出门前不用再一件件试衣服，穿衣镜已经收藏了你所有衣服的所有搭配，站在穿衣镜前，可以看到每套衣服的着装效果，也可以让它根据你的心情来帮你选衣服。出门后，门窗及灯光会自动关闭，启动安防系统，扫地机器人会为你清扫房间。在路上，你可以定位到孩子是否已经安全到达学校，也可以通过手机实时查看孩子在课堂上的一举一动。下班回到家，有人送来了你常吃的食品，是冰箱检测到食品数量不足自动下单完成的。手机提示你有新账单，水电费通过手机软件一键缴付。室内温度刚刚好，洗澡的水温也刚刚好，因为空调和热水器早已经记住了你最满意的温度。打开电视，你最喜欢的电视节目已经录好，突然同事打电话来，电视声音自动调小；你向父母发起视频，电视画面会自动切换到视频界面。深夜，当你熟睡后灯光会自动关闭。在不久的将来，人们所畅想的未来生活将会通过智能家居的发展逐一实现。

其实，智能家居可以说是一种生活的体验，没有标准说一定要有什么才是真正的智能家居，消费者因使用了智能的产品而带来了生活品质的提升，带来了安全和方便的感受，就是智能家居最真切的体现。总体上看，数字化设备、网络化连通、智能化控制是智能家居的三大要素，但其核心是生活内容和生活方式的信息化。

二、智能家居产品与传统家居产品的区别分析

从信息化生活的内涵以及智能家居产品设计方面的变化来看，人们感受到的智能家居产品与传统家居产品在产品设计、交互方式、用户体验等方面有很大的区别，

市场上现有的智能家居产品多是以软硬件结合的形式，产品以智能硬件形式呈现，运用高新技术实现智能化功能，交互方式多样化，其操控或服务以手机APP形式为主。智能硬件产品主要是从用户某一个需求点切入，结合现有的信息技术、生物技术、新材料、自动化技术、能源技术、航天技术等高新技术，将这些高新技术应用到创新产品领域，并将产品做到极致。其产品特点是功能实用，操作更简单有趣，有用户自主设置选项，可以满足个性化需求。下面将从以下几个智能家居产品领域来举例说明智能家居产品的特点以及与传统家居产品的区别。

1. 智能家电

传统家电在家中的角色就是一个具有某个功能的工具，使用传统家电可以节省时间，减少体力劳动，让生活更舒服。而理想状态下的智能家电应该是网络化、数字化、人性化的，可以通过手机以及互联网等多种方式对家里的智能家电实现智能化控制，随时远程查询并控制，而且会根据不同的用户习惯定制专属的服务模式。在常用的家电产品中，空调、热水器、电视、电饭煲、电烤箱、电动窗帘、电动门窗等，这些智能设备不仅可以定制个性化需求，它们还能记录你的使用数据并分析出你的喜好，做到适时自动调节功能，自然而人性化。

随着生活的发展，人们对于水质、空气质量的要求越来越高，净水器和净化器不再只是传统的净化功能，更多地应用在了人们的生活场景中。因空气质量问题而兴起的家电产品智能空气净化器近几年也随之火起来，其中占领净化器最大市场的产品是小米空气净化器。之所以在产品刚推出就可以打爆空气净化器这个行业的市场，除了借助小米的营销平台，小米空气净化器的高品质、高性能、低价格是很重要的原因。小米空气净化器在产品设计上摒弃掉一切多余的元素，把产品打造得既简洁其效能又强，实用又具有亲和力，亲民的价格使得越来越多的人可以拥有它。不仅仅是性能和价格方面的优势，智能远程操控体验也是小米空气净化器核心优势之一。当人们回家前，可以通过手机APP操控小米空气净化器以最强风力运行，到家就可以享受到洁净的空气，还免受净化过程中的噪音影响。睡觉前，传统的净化器需要人们走到机器身旁手动关闭指示灯以及调节静音模式。而小米空气净化器设计有自动模式、睡眠模式、个人最爱模式，自动模式具备自动调节净化器强度以及风速的功能，睡眠模式则噪音小、风速低。当准备睡觉时，可以用手机切换进入睡眠模式，此时净化器超低运转声音完全不会打扰休息。如果是传统的空气净化器，

图 5–1 小米空气净化器

更换滤网需要等到指示灯亮起才知道；而小米空气净化器的 APP 能够实时显示滤网寿命，让用户有充足的时间做好准备。

小米空气净化器的极简式设计、极致的品质和良好的净化能力体现出产品的美观性、可靠性和实用性。其亲民的价格极具亲和力，让更多的人用得起空气净化器这也是民主化的表现。智能的使用体验，简单易懂的操作按键和操作界面体现了小米空气净化器的易用性和人性化，好的用户体验让用户更青睐产品。

2. 智能安防

安防产品是保证家庭安全的重要工具，传统的安防、监测产品如防盗门、防盗窗，只是起到安防作用，没有提醒功能；传统煤气监测器在监测到煤气的时候会开启声音和警示灯警报，需要人手动关闭警报。如果家中没有人，那警报会一直响。智能安防系统可以让你在一个安全的家居环境中生活，门禁系统可以识别主人的身份，若突发烟雾浓度超标、燃气泄漏等危险情况，安防系统会自动启动报警装置并在手机端提示，在家中无人情况下，可以通过手机查看家中的情况。

人们使用传统家居产品会有自己的习惯，而智能家居产品在使用方式上也应考虑到用户习惯。在智能化家居生活中，渐渐兴起的智能恒温器成为智能家居系统中重要的一部分。传统的可编程恒温器能在使用者入睡或是离开房间时调节温度以节省电能，但它们却需要复杂的设置，这导致 90% 的用户不愿去手动调节。而智能恒温器 Nest 则能自己学习控制温度。在使用这款调温器的第一个星期，用户可以根据自己的喜好调节室内温度，此时 Nest 便会记录并学习用户的使用习惯。为了能让居室变得更舒适，Nest 还会通过 WiFi 和相关应用程序与室外的实时温度进行同步，内置的湿度传感器还能让空调和新风系统提供适宜的气流。当用户外出时，Nest 的动作传感器就会通知处理器激活“外出模式”。Nest 恒温器简洁易操作的界面使用户学习成本很低，除了其实用性和易用性之外，它充分满足用户习惯和个性，帮助用户节省时间、提高效率、节约能源，不用刻意改变用户习惯，在用户看不见的地方提升用户体验才能真正体现其智能化。

3. 智能照明

传统照明是固件开关控制照明，智能照明与智能控制器相连接，用户可以自己设置灯光系统的开关位置，可以在任何一个房间内控制所有灯光开关，省去来回走动的劳苦。也可以通过设置场景记忆模式来控制灯光的开关机亮度灯，采用语音交互或红外感应等方式随心所欲地控制客厅、餐厅、书房、卧室的灯光照明模式，在看电视、吃饭、看书、睡觉的时候，灯光不同随意切换。智能照明可以给生活带来无穷的乐趣，让人们更好地享受生活。

照明行业属于传统行业，对于传统垂直细分领域的改造，智能照明有很大的市场可以探索。消费者不需要一下子去颠覆原有的生活方式，只需要在原有的生活方式基础上适应和完善就好。在人们的日常家居生活中，照明用的灯具是必不可少的家居用品。例如，小巢台灯是一台卧室智能台灯，其最大亮点是全体盘触摸式操控，省去了机械按钮，通电即可实现5米距离内语音识别和控制，同时还可以微信、APP双操控。不是所有的智能家居产品都适合用手机控制，人们平时习惯的传统开关灯只需要简单地按下开关即可；但如果使用手机APP来控制开关灯，则需要完成多个动作，拿起手机、解锁、打开APP登录、按下控制按钮才能完成一个原本很简单的动作。小巢台灯采用语音交互控制，通过语音交互来改变灯光颜色、亮度、模式的设置，用户可以提前设置好属于自己的个性定制。当你走进家门，只需要说一句"开灯"，瞬间会亮起温馨的灯光；当你想看书看杂志，一句"看书"就能让台灯听话，柔和的光线即刻铺满书页；当你与爱人共进晚餐，想营造浪漫的气氛，对台灯说"我爱你"，甜蜜浪漫的玫瑰色灯光瞬间洒满房间。

图 5-2　小巢台灯

在人们的基本需求得到满足后，需要满足情感需求的时候，智能照明灯具简单而实用的操控方式，比那墙壁上密密麻麻的开关插座要温馨浪漫得多。作为智能家居系统中的产品，这款台灯最大的特点是交互方式新颖，使用起来足够简单，能贴合消费者的差异化需求，在不同场景和不同心情下，产生不同的灯光。通过色温、颜色、亮度、模式的可调控，创新的语音交互方式给人们的生活带来很多意想不到的惊喜，营造卧室的"爱与氛围"，打造风格各异的卧室情境体验，创造美好体验的生活方式。真正的智能产品绝不仅仅是与互联网的简单连接，应是人与产品的直接交互，以实现无中介和简单操作，创造全新体验。

4. 智能电子商务

以前购物人们需要去商场超市，买了菜之后自己拎回来。在电子商务盛行的时代，购物成为一件很便捷的事情。足不出户，就可以通过网络进行挑选采购，并且送货上门。不仅是智能手机、电脑可以购物，有些智能家居产品也具备上网购物功能，并且可以完成所有缴费项目。

三星在2016年国际电子消费展上推出了一款全新的智能冰箱——Family Hub，三星为这款冰箱加入了一块巨型的智能触控屏，感觉就像是一个"冰箱+Tizen智能手机"的结合体。除了冷藏食物以外，用户可以通过它制定食物清单、监控食物状况、阅读新闻、听音乐、查看日历和天气、写电子备忘录以及语音对话，并且能够在冰箱上进行下单购买食品。Family Hub 配备了语音控制功能，用户在不方便触控的前提下也能够通过语音来控制冰箱，这也是对于冰箱产品的操控方式的创新。另外，Family Hub 上搭载的“Groceries By Master Card”也是一个全新的功能，是三星公司与万事达联合推出的一项应用，被 CNET 评论员 RyCristcalled 称为“迄今为止所有智能家居设计中最有吸引力的应用”，可允许用户直接在冰箱上采购、支付食物商品，然后在家等待即可收货。用户通过冰箱门侧栏的摄像头拍摄的照片看到冰箱内部的状况，并且及时在线上商店中补充。当用户关上门时，摄像头就会自动拍一张照片并显示到 Family Hub 的显示屏上，并且会在画面上标注拍摄时间、食物的存放天数，这样用户就能够直观地看到这些食物的状态和存放时间。这台冰箱支持 Smart Things 标准，如果用户家里有很多符合该标准的电器，它还能够充当家里的智能家居中心。统一标准，产品互联互通也是未来智能家居产品的大趋势。

5. 智能看护

传统的家庭看护需要专人负责看护老人、儿童及家中其他弱势群体，而智能看护主要体现在家中的老人和儿童，在他们身上配备智能穿戴设备或其他传感器设备，可以随时监测其位置和身体状况，如果遇到突发情况，儿童和老人可以通过紧急按钮求助，手机端即可接到通知，也可以一键叫救护车。

如图所示，这款名为 Sensfloor 的地毯在一平方米的织物内部嵌入了传感器，当人们或任何导电物体在地毯上活动时，Sensfloor 便能够实时监测人们的活动，并将数据传输到控制模块。在初期，Sensfloor 主要应用于防范独居老人跌倒的风险。比如 Future Shape 最近将 Sensfloor 部署在法国一家养老院的 70 个房间中，一旦有老人在室内跌倒，Sensfloor 便可以实时监测到并通知护士寻求帮助。由于地毯几乎实时与人们产生“交互”，那么这款产品以及技术在未来可挖掘的想象空间会很大，比如当用户走进房间，Sensfloor 监测到人为活动，然后引导电灯自动打开、空调自动打开；将这项技术与婴儿秤结合设计出毛毯式婴儿秤等等。虽然现在它的成本很高，但未来随着科技的发展和市场需求的增多，这种隐于无形的产品会渐渐走进寻常百姓家。好的设计往往是隐形的，Sensfloor 让人们看到了智能家居的新方向——不再局限于家电设备上，它可能存在于无形，无论是多么司空见惯的物件都可能在隐匿中影响人们的日常起居。

图 5-3 Sensfloor 地毯示意图

三、智能家居产品的设计原则

设计是使产品增值的重要手段，在对不同类别的产品进行设计的过程中，有很多原则要注意。通过对以上五类智能家居产品的分析和对比，总结出设计智能家居产品，要从市场导向出发，满足消费者的需求，产品应做到真正的智能化，注重产品的实用性、易用性和人性化的同时要考虑到用户习惯，让产品更有亲和力，全方位提升用户体验，但同时也要保障产品的稳定性以及未来智能家居产品间的互联互通。智能家居产品的设计原则主要有以下几点：

1. 实用性——真正的智能化

对于智能家居产品来讲，其最重要的核心就是产品的实用性，摒弃掉那些华而不实的多余功能，从市场导向出发去挖掘用户真正的需求，将产品最主要的功能做到极致，发挥其最大的实用价值。智能化要从用户的实际需求出发，不要为了智能而智能。不少产品的功能质量虽然很好，但市场销售情况却不乐观，其原因就在于不了解消费者，或者是产品没有显示出本身自有的价值，还有种可能是消费者根本就不喜欢或不需要这种产品。以小米空气净化器为例，摒弃掉一切多余的元素，把产品打造得既简洁效能又强，又实用，具有亲和力，主要是产品真正解决了用户对于改善空气质量的需求。若在其功能基础上添加一些音乐播放或者照明等其他功能，则整个产品会有不伦不类的感觉。摒弃掉华而不实的功能，将净化功能做到极致，使用方式更智能，这才是用户真正需要的智能化的实用性。

2. 易用性——好的用户体验

智能家居产品的易用性非常重要，消费者购买智能产品是看在其实用性，但是用户黏度要靠产品带给消费者的用户体验来维持。智能产品通常需要借助软件或其他交互形式来操作控制，那么操控起来容易、学习成本低会让用户觉得产品简单易用，更加愿意使用。好的用户体验就是让用户付出最小的成本来满足需求，同时又方便、舒适、快捷。就如 3 岁小孩拿起 ipad 就能随意使用，很快就能找到自己要看的动画片，这就是产品易用性最大的体现。

3. 人性化——多样的交互方式

任何产品设计都要讲究人性化，人性化的本质是以人为中心的设计，把人的因素放在首位，强调人、产品、环境、社会之间相互依存、互促共生的关系。从造型、彩色、材质、功能等方面都可以体现其人性化，对于智能家居产品来说，简单、多样化的交互方式更能满足消费者对于人性化的需求，产品也要能自动为用户解决问题。例如，一盏可以语音控制的智能台灯，它摒弃了传统的毫无情感交流的开关按键，使用语音交互方式控制产品，一句“关灯”就完成指令，这样的产品会省去用户很多精力。

4. 亲和力——注重用户习惯

智能家居产品的亲和力除了表现在产品外观美，更应该在使用方式和用户体验上体现，设计过程中考虑到用户心理和用户习惯，从使用者本质的心理需求入手。产品设计简洁实用会有亲和力，例如小米空气净化器；智能产品设计考虑用户习惯，在不改变用户使用习惯的前提下，尽可能地让产品用起来更舒适，例如Nest恒温器；产品有温情和感染力，满足人们最深层次的情感需求，在使用中获得使用体验和满足愉悦感，例如小巢智能台灯。

5. 可靠性——可生产制造

可以批量生产制造是产品可靠性的基本标准，也是智能家居产品最应保证的一项。现有的一些智能产品在设计之初设想很完美，但在生产过程中遇到无法解决的硬件问题从而妥协导致产品在使用过程中出现质量问题，这是很常见的现象。智能家居产品一般都很复杂，每一个零件的可靠性往往决定了整个产品的寿命。提高产品安全可靠性及稳定性可以尽量简化设计，或以最少的组件实现产品的全部功能，也可采用超过需要的安全系数来增加稳定性，设计产品时也应该考虑到后期维修的方便和有效性。

6. 经济性——民主化的性价比

产品的经济性是指在保证所有功能与品质的同时，其价格可以让更多的家庭轻松购买，尽可能地扩大消费群体，高性价比的产品能让智能家居真正走进千家万户。这也可以说是一种民主化的表现，民主化是整个消费产品的趋势，比如宜家，消费者可以在宜家选到各种质优价合理的心仪产品。比如小米空气净化器，亲民的价格体现高性价比，在它出现之前空气净化器只是少数人的消费品，它的出现使越来越多的人消费得起净化器产品。

7. 拓展性——产品间的互联互通与跨界服务

在智能家居行业不断发展的过程中，智能家居的标准会越来越完善，不同厂商之间系统的兼容性和互联性会越来越高。这就要求智能产品在设计过程中要符合行业标准并且要具备扩展性，需要增加功能或与第三方受控设备进行互联互通时可以完美地对接，这也是未来智能家居产品发展的趋势。除了产品与产品间的拓展，在跨界服务方向也体现智能家居产品的拓展性。很多互联网公司搭建智能平台与传统产业进行跨界合作，实现优势互补，为消费者提供更好的服务，让消费者体验真正的智慧生活。

四、智能家居产品的发展趋势

随着经济的飞速发展，人们进入了后工业时代和互联网时代，人们的生活方式也有所改变。物联网的发展赋予了智能家居新的生命，智能家居产品也必将蓬勃发展。通过对于不同的智能家居产品的举例分析以及相关的调研数据分析可以总结出未来智能家居产品的发展趋势如下：

1. 市场规模扩大，企业布局智能家居

据艾媒咨询发布的《2014 ~ 2015 中国智能硬件市场研究报告》显示，2015 年，全球智能家居市场规模将达到 680 亿美元，并呈逐年增长趋势。中国智能家居市场规模将达到 431 亿元，同比增长 41.896%，未来两年的同比增长率有望突破 50%，发展势头迅猛。而从 2014 ~ 2015 年中国智能硬件领域的投资案例、投融资金额占比的统计数据来看，智能家居分别以 38.6% 和 35.1% 位居第一，可以清晰地看出，智能家居是最受投资市场青睐的领域。

随着智能硬件市场的火热，以互联网企业、传统硬件厂商、软硬件结合的企业为代表的中国硬件厂商的数量不断增加。其中，互联网企业凭借自身在技术研发、云计算、大数据应用等方面的优势进入到智能硬件产业，例如百度、腾讯、360 等。传统的硬件厂商一般则是靠实力较强的研发生产销售为一体的能力，最大的优势在于拥有强大的供应链管理和销售渠道以及硬件研发实力，例如美的、海尔、创维等企业。而软硬件结合的企业多为初创企业，是在近几年的智能硬件热潮下诞生的新兴企业。最大的特点是从最初就选择采取了软件与硬件结合方式，专注先做一款产品，使这一款产品成为爆款后再衍生做其他产品，代表企业如小米、咕咚等。

这些企业无论出身背景是互联网还是传统厂商，它们都瞄准了智能硬件市场，并纷纷布局智能家居生态系统，各产业链环节都已经有巨头企业提前占据，中小企业想在其中分一杯羹只能选择单点突破。

2. 注重用户体验，情感化设计。

智能家居是为用户烦琐的生活作减法，需要站在用户的角度去思考和度量。提升用户体验的核心是以人为中心，正如苹果公司就深谙设计的本源就是人性化之道，致力于通过创新的硬件、软件、外部设备、服务以及互联网服务带给用户最佳的体验。苹果手机的设计非常自然，简单易用，没有在产品中塞进太多的东西，而是专注于产品本身，只做人们真正关心的事物。而这也是智能家居产品未来的发展方向，保持简单的产品人性化。

工业产品的设计趋势从注重功能设计转为情感化设计，智能家居产品是工业产品范畴，同样也要注重情感化设计。人们对合理的生活理念和生活方式的追求，要求产品不能仅仅停留在现有的科技上，应该结合人们现有的生活方式、生活理念，结合潜在需求趋势去研究。信息化时代的到来，给人们带来了便利的同时也带来了许多现实问题，如人的孤独感、失落感、生活压力增大、环境问题等。人们追求的是人机环境的和谐共存，在设计产品时不仅要考虑到产品的功能需求，还要考虑到产品的情感语言，是否能达到情感诉求的目的。消费者能在产品中找到心理上的共鸣，产生喜欢愉悦的态度，这才算是一个好的产品。

3. 产品互联互通，交互方式优化

目前，智能硬件行业处于初步发展阶段，产品形态及种类都较少，不同品牌间的产品很难实现联通，这对智能家居整体发展带来阻碍，以后的智能家居产品若不能实现设备间的互联互通将很难扩大市场。国内各大企业在传感器、芯片、视觉识别、语言处理、图像处理等技术上有较大的发展，未来这些技术将会应用于智能硬件产品。语音交互、手势交互以及体感交互等交互方式将越来越多地应用到产品设计上。例如在前文中提到的小巢智能台灯以语音交互来操控灯光的色彩、亮度及模式，省去了手动操作或APP操作的不便，创造了全新的体验，给生活带来了乐趣。而从产品层面来看，交互方式的优化必将成为智能硬件的发展重点，注重情感化的交互方式会使产品更加人性化。智能家居作为热点发展领域，需要多样化、创新的交互方式来优化人们的生活方式。

4. 跨界合作，第三方服务拓展

智能家居产品的终极价值是为消费者服务，除了产品本身的功能，产品的持续服务会带给消费者更深切的体验。整合不同产业的优势，接入智能产品体验，解决用户痛点等越来越多的第三方服务将成为未来服务拓展的方向。很多互联网公司搭建智能平台与传统产业进行跨界合作，实现优势互补，为消费者提供更好的服务，让消费者体验真正的智慧生活。如阿里推出支付宝付款服务，走进线下各大超市、小便利店，让人们出门购物不用带钱包，方便而且惠民，消费者也会因此慢慢改变自己的生活习惯或生活方式。

5. 智能家居产品所面临的问题

目前，我国的智能家居行业正处于成长期，尽管市场前景很好，行业受各大企业追捧、资本市场力挺，但从智能家居概念到产品落地的过程中，智能家居行业存在很多问题，产品技术不成熟、产品功能伪智能、行业体系不统一、市场欠缺规模化效应等。智能家居系统没有统一的技术框架和标准，各企业自成一派，纷纷建立自己的品牌及产品线，很难将各种智能家居产品互通互联。当智能家居系统出现问题或某个智能家居产品有问题需要更换零件的时候，只能选择更换原厂品牌的零件，不能与其他厂家品牌的产品通用，消费者选择被迫接受产品，这给消费者带来了诸多不便，也限制了智能家居行业的壮大。

除此之外，在消费者最担心的问题中，“价格太贵”和“实用性差”占70%。很多智能家居产品并非真的“智能”，很多智能硬件仅仅是多加了一个wifi模块联网功能，没有真正深层次解决用户的需求，无法让用户感受到智能家居的便利和人性化。

而且部分智能家居产品的价位定得很高，消费者对智能家居产品的认可度低，多数用户都是第一次使用智能家居产品，无品牌忠诚度可言。在产品整体不成熟，供应链不成熟，品质不稳定或用户需求把握不准确的情况下，消费者又缺乏对产品的体验，导致无法激起消费者的购买欲望。

第三节　智能家居产品用户需求分析

一、人群基本分析

1.马斯洛需求层次分析

马斯洛需求层次理论将人类需求像阶梯一样从低到高分为五个层次：生理需求、安全需求、社交需求、尊重需求和自我实现需求。在自我实现需求之后，还有自我超越需求，但通常不作为此理论中必要的层次。当某一个低层次的需求相对满足了，就会追求更高层次的需求。设计解决的就是人们的需求问题，当人们把衡量产品设计的工业设计标准与马斯洛需求层次理论进行对照，从工业设计角度来看，人类不同层次的需求与对应的不同学科领域所涉及的产品特性及提供的服务相关联，可以从中发现更深层次的启示。

任何一款产品想要深入人心，必须要深谙人性，清楚地了解人们表面的需求和潜在的需求。如果能把握人性更深处的需求，做出满足需求的产品或服务，那就能让产品深入到用户的灵魂深处。马斯洛的需求层次理论也为产品背后的用户需求分析带来了更明确的方向。现有的很多智能家居产品还处于满足人们的生理需求和安全需求层次，更多注重的是产品的功能智能化、安全易用性、实用美观性等方面，欠缺对用户情感方面、用户体验、可持续发展方面的考虑。

2.家庭中人群特点分析

家庭生活中，家居产品与人的关系尤为密切，家融合了人们生活的绝大多数内容。每个家庭的家庭成员不同，有自由的独居者，有新婚的小两口，有甜蜜的三口之家，有幸福的三代之家，也有难得的四世同堂。由于不同家庭的人群特点，家居产品所面对的用户差异性是非常大的，每个家庭成员之间也存在着能力差异，这就要求智能家居产品在设计之初考虑到产品的通用性。通常，人们在设计产品前要进行人机分析，但往往会忽略弱势群体的需求，只考虑“健康人”的尺度标准。对于家庭中的老年人、儿童、孕妇及残障人群，家居产品相对于公共环境中的无障碍设施的使用频率要高很多，在设计产品过程中要在安全性和方便性方面考虑周到，考虑到使用者的能力和人机尺寸，提升产品的人性化程度。

对于老人以及弱势群体，智能家居用品主要使用环境是在家中，所以要在设计时考虑到通用设计的原则。通用设计具有七大原则：公平地使用、可以灵活地使用、简单而直观、能感觉到的信息、容错能力、尽可能地减少体力上的付出、提供足够的空间和尺寸让使用者能够接近使用。这些原则为智能家居产品的设计实践提供了框架，但在设计实践过程中不仅要考虑到适用性，还须把其他的因素，如经济、文化、环境、工艺等融合到产品设计中。

家庭成员中每个人的生活能力不同，家居产品作为最基础的家庭生活用品应尽量满足全部目标人群。著名的 Selwyn Goldsmith 的通用设计金字塔按照能力将使用人群分为 8 层，从下往上看：

第一、二层是健康活力的青年和成年人，他们是有完全行为能力的群体。家庭生活中的家居产品应该不会对他们造成任何障碍，他们通常是设计师会选择设计的服务群体。

第三、四层是女人、孩子以及行动不便的老人，他们是有轻微能力障碍的群体。他们在使用一些家居产品时会感到不方便，需要更人性化的设计来解决问题。

第五层是存在不同能力缺陷的人，有中度能力障碍的群体。在家庭环境中，他们需要相关辅助设施才能更好地生活。

第六层是独立的坐轮椅的人，有独立生活需求，属于重度能力障碍群体。如果家庭环境和家居产品在设计时没有考虑他们的需求，他们连基本生活需求都难以满足。

第七、八层是需要被照顾的人，没有自理能力的群体。家居产品的设计在这方面要考虑到减轻护理人员的工作强度或者解决这样的家庭成员间的沟通问题。

如果在家庭环境及家居产品设计时只考虑到有完全能力的使用者，会使很多家庭成员不能很好地融入家庭生活。应该在设计过程中让更多的人可以通过智能家居产品来享受家庭生活的快乐。

二、老年人特殊群体分析

1. 我国人口老龄化的情况

表 5-1　　我国 2015 年人口统计情况

指标	年末数（万人）	比重（%）
全国总人口	137 462	100.0
其中：城镇	77 116	56.10

续 表

指标	年末数（万人）	比重（%）
乡村	60 346	43.90
其中：男性	70 414	51.2
女性	67 048	48.8
其中：0~15 岁（含不满 16 周岁）	24 166	17.8
16~59 岁（含不满 60 周岁）	91 096	66.3
60 周岁及以上	22 200	16.1
其中：65 周岁及以上	14 386	10.5

注：数据来源：2016 国民经济和社会发展统计公报

人口老龄化是当今很多国家面临的重要问题，世界上所有发达国家都已经进入老龄社会，许多发展中国家正在或即将步入老龄社会，而目前我国老龄化态势极为严峻。根据表 5-1 显示的数据可知，截至 2015 年末，全国内地总人口 13.7 亿多人；其中，60 周岁及以上人口 2.22 亿人，占总人口的 16.1%，65 周岁及以上人群占总人口数的 10.5%。已经严重超出国际老龄化标准，可见，目前我国老龄化的程度有多严重。

2013 年，全国老龄工作委员会预测，到 2020 年中国 60 岁及以上人口占总人口的 16.6%，但以 2015 年人口普查统计数据来看，现在 60 周岁及以上人口占总人口数已达 16.1%，很明显老龄化浪潮已提前到来，中国正处于人口老龄化加速时期。而我国空巢老人的数量很多，子女长期在外工作学习，老人独自在家生活。据统计部分大中城市的空巢家庭达到 70%，以目前社会的发展，年轻人更愿意远离家乡去大城市打拼，空巢老人的现象只会越来越严重。

2. 老年人的生理及心理特点

老年人是家庭成员中的一个特殊群体，随着年龄增长，老年人在生理和心理上都会有很大的变化。生理方面，很多老年人会感觉身体健康程度大不如前，动作缓慢，反应力和平衡力下降；视觉减退明显，老花眼越来越严重；听力下降，语言辨识能力逐渐下降；嗅觉、触觉都有明显下降，表现迟钝；甚至认知能力越来越差。随着空巢老人的不断增加，老年人在心理方面会表现出怀旧、留恋过去，害怕孤独，容易产生冷落感、忧郁感、孤独感、疑虑感等负面情绪。子女不能时常陪伴在父母身边，不能很好地照顾老人、与老人聊天，往往子女们很难在第一时间察觉到老人的生理和心理变化。这就需要子女多与老年人沟通交流，多关注老人的身体健康状况以及心理情绪上的变化。

三、我国网民的发展情况

进入互联网时代以来，随着网络环境的日益完善、移动互联网技术的发展以及智能手机的普及，各类移动互联网应用层出不绝，人们的各种需求不断被满足，从吃穿住行到娱乐、医疗、金融、教育等各方面的应用服务，移动互联网塑造了全新的社会生活形态，人们的生活方式受这些服务的影响也在潜移默化地发生着改变。

截至 2016 年底，我国网民规模达到 7.3 亿，拥有全球最多的网民数量，互联网普及率为 50.3%。其中，手机用户量也是其他国家无法超越的，手机网民规模达到近 6.95 亿，比上一年增加 7 500 万人。只利用手机上网的网民数量达到 1.27 亿，占整体网民的 18.5%。

从年龄分布上来看，我国网民以 10 ~ 39 岁群体为主，占整体的 75.1%，在这群体中 80 后、90 后占大部分。而与上一年相比，40 岁以上的中高龄群体和 10 岁以下的低龄群体的占比数量有所提升，这说明我国的互联网正在向青少年和中老年群体渗透。

对于未来“互联网 +”产业的发展，中国的网络用户数量具备得天独厚的基础。农村网民规模增长速度是城镇的 2 倍，说明我国在大力发展农村网络普及工作，这也对未来普及智能家居，发展物联网产业奠定了基础。

四、移动智能设备的消费者行为分析

1.“低头族”现象

随着智能手机的发展和普及，4G 信号及 WiFi 覆盖率也在不断扩大，用户对于移动网络的需求也越来越明显。各种商场、饭店为了吸引顾客，让顾客愉快消费之余能更好地消磨时光，都会提供免费的 WiFi 服务。如今，我国一线城市的部分公交车、地铁等交通设施也覆盖了 WiFi，这也催生了一大批“低头族”，他们在公共场所的低头率变高。据统计，这些低头族主要以 90 后、00 后年轻人为主，手机作为生活必备品早已融入他们生活的点点滴滴。手机可以用来聊天、看视频、看小说；可以用来购物支付、转账收款；可以用来学习充电、搜索资料；可以随时把握社会最新动态。他们平均每 8 分钟就要低头一次，所以人们才会经常看到这种现象：回到家，每个人抱着手机或平板电脑沉浸在自己的世界，家人间的交流越来越少；朋友聚会时，大家经常低头玩手机，无法好好地叙旧聊天；公共交通上的上班族，几乎都是低头看屏幕的状态，每个人都想通过盯住屏幕的方式来填满零碎的时间。“低头族”现象让人们逐渐疏远陌生，家人、朋友间缺乏面对面的交流。

2. 消费者使用智能手机的情况

近期，德勤科技、传媒和电信卓越中心（以下简称“德勤”）专门针对中国 2 000 名不同年龄、不同行业的智能手机消费者进行了“用户在不同情况下使用手机的情况”的调研，其中，智能手机的使用频率最高的是在使用公共交通工具上下班时，45% 的用户会因上下班路途过于无聊，使用智能手机来消磨时间。而值得注意的是，在参加互动性的亲友活动时，例如与朋友或家人吃饭、聊天，手机的使用率也很高。

对于一些人来说，手机随时不能离手，吃饭、上厕所、走路、开车无时无刻不用手机。智能手机给生活带来便利，也带来多种多样的娱乐手段，上网浏览、玩游戏、听歌、看视频、阅读电子书等成为低头族的最爱。越来越多的年轻人的碎片化时间都被智能手机所占用，手机“上瘾症”已是普遍现象。目前，我国人均智能手机持有数量接近 2 台，智能手机已经成为消费者生活必备品，并渗透进生活的各种场景。

3. 消费者查看手机频率的调研分析

据德勤公布的《移动消费大未来——2016 中国移动消费者行为》的调研统计数据显示，约有 58% 的消费者每天查看 11 ~ 50 次手机，约为每小时查看 1 ~ 2 次。而有 20% 的用户每天查看超过 50 次手机，约为每小时大于 3 次。德勤将这一部分用户定义为智能机重度使用者。

不同年龄群体每天查看智能手机的次数也有较显著的差异。18 ~ 24 岁的年龄群体中，52% 的用户每天查看手机在 25 次以上，25 ~ 34 岁的群体中这一数据为 47%，而 35 岁以上的年龄群体中每天查看手机 25 次以上的比例明显低于半成。由此可以看出，手机已经成为人们的生活中不可或缺的必需工具，而且对手机成瘾的用户逐渐趋于低龄化。而在这些数据的背后，我们可以想象智能手机占用了人们的很多时间，这也导致人与人之间面对面交流沟通的时间就会减少。

4. 消费者使用智能手机拍照、分享、存储的情况调研分析

对于人们拍照以及分享照片的价值来说，拍照后的价值远大于拍照前的价值。各类社交平台的兴起带动了图片相关的应用市场，用户使用手机拍照的目的也从以前单纯的拍照留念变成既要留念也要在社交平台分享。针对用户拍照分享行为，德勤对用户使用智能手机拍照和分享存储照片的频率进行了调查，数据显示 72% 的人每周都会用手机拍照，其中每天拍照的人占总受访人数的 23%。可见，手机的拍照功能被频繁使用，这也致使很多手机厂商在新产品研发上对拍照功能下足了功夫，各种创新的拍照应用层出不绝。

在 2 000 名受访人群中，89% 的用户愿意把照片分享到社交平台上，让家人朋友甚至陌生人看到自己拍的美照。其中，有 31% 的用户喜欢每天分享照片，这应该是社交平台上那些比较活跃的用户。愿意在云端平台备份照片的用户占 80%，其中

有12%的用户有每天云端备份照片的习惯。分享照片和云端存储照片都是很多用户经常会使用的功能，这也催生了各种移动社交APP的崛起以及云端存储与同步照片应用的发展。

其实，对于消费者来说用手机拍照只是第一步，给照片修图美化、分享至社交平台、存储到云端这一系列步骤是更重要的。随着智能手机的普及，拍照成本越来越低，手机内的照片数量不断增多，每张照片的珍贵程度随之降低。以前，拍一张照片，可以珍藏一辈子，现在拍100张照片可能随手就会删掉90张。如何珍藏记忆并分享传递幸福才是最关键的。随着用户对于图像处理和分享的需求不断增强，创新的图像分享、存储方式值得去设计研究。

五、照片分享行业研究分析

人们容易迷恋那些独特的能够让人心灵愉悦或深情回忆的东西。比起其他任何东西，相片具有更加特殊的情感吸引力：它会讲故事，而且是针对个人的。私人照片的魅力在于，将观看者带回到特定的社交场合。私人照片是纪念品，是勾起回忆的东西，也是社交工具，它穿越时空，跨越地域，使人们能分享回忆。毫无疑问，照片在人们的情感生活里非常重要。有人冲进失火的家里只为抢救珍贵的照片。即便人们分开了，那些温馨的影像仍是家庭的纽带，它们让记忆天长地久、代代相传。

1.照片分享过程历经的三个阶段

根据调查数据显示，未来两年人们在移动设备拍照的比例大大增加，并且更希望能通过拍照设备将照片上传至云端或分享给其他人。其实，人们对照片存储和分享的过程大致经历了三个阶段：第一阶段是传统纸质照片阶段，存储功能的实现依靠的是照片打印，分享功能的实现依靠的是厚重的影集。第二阶段是光盘或优盘存储阶段，这样解决了因时间对纸质照片的耗损问题，同样借助电子设备也更易观赏，但互动性差。第三阶段是社交网络阶段，借助智能手机和互联网，照片的存储和分享变得轻松而随意，但社交网络的大数据时代充斥着许多无关信息。这使得消费者对照片存储和照片分享的原始动机“欣赏效果”降低。

2.国外照片分享行业现状

自从有了相机、智能手机，拍照就不再仅仅是单纯留下影像这么简单，照片被赋予了各式各样的意义。拍照的原因也有很多，有时是为了让自己快乐，有时是为了让别人快乐，有时是为了留影纪念，有时仅仅为了分享炫耀。智能手机和移动互联网催生了海量图片时代，2014年全球一年所产生的图片，比人类五千年以来所有图片加起来的总数还要多。智能手机的爆发、社交媒体的盛行等因素打造了人人产生影像，人人传播影像，人人消费影像的互联网生态环境，全球已经进入全民读图的时代。

近几年，数码照片（Digital Photography）行业市场前景很好，据2013年的调查数据显示该行业的全球市值为4 956亿元，平均年增长率达到5.9%。照片的周边产品电子相框、照相机和明信片占据了其中4 110亿元的市值。照片分享业是该行业最近5年发展最为迅猛的细分行业之一，国外照片分享行业中的领头羊有：Pinterest，Instagram，ColorLabs，Flickr等。

为了抢夺照片分享行业的市场，各大IT公司纷纷争相收购上述发展迅猛的企业。早在2005年，雅虎以3 500万美元收购Flickr；2012年苹果公司又以700万美元收购ColorLabs；2014年Facebook更是以10亿美元高价收购Instagram。由此可见，国外的照片分享行业增长迅猛，同时竞争也异常激烈。

3.国内照片分享行业现状

与之相比，国内的市场发展相对较晚，目前脱离社交网站而独立实现照片分享功能的应用也在不断增多。如果只依附原始的社交平台，通过微博、微信朋友圈以及其他图片社交平台实现的照片分享功能难以行业化和商业化。再加上，国内实现照片分享的社交平台用户绝大多数年龄小于40岁，基于照片传输与分享的中老年用户值得被开发。究其原因，主要有两个方面：第一，智能手机在中老年人群中使用的广泛性不强；第二，拥有智能手机的中老年人使用手机的基本功能的频率最高，手机中大部分智能化功能均处于被闲置状态。由此可见，正是因为中国的照片分享行业还处于萌芽阶段，还有大量的中老年用户尚未被开发，处于需求待满足状态。

照片周边产品数码相框的消费行为属于精神文化消费和服务性消费，根据相关研究数据显示，这两项消费仅次于位列第一的医疗健康消费。随着物联网技术的普及和应用，新型智能化的数码相框将会进一步刺激消费者的购买欲望，市场容量只会有增无减。本研究将继续结合对用户的深入调研，对于照片分享的周边产品提出设计可能。智能硬件行业，呈百家争鸣、百花齐放之势，但多数智能硬件为满足年轻人新奇特需求打造，真正为老年人设计的智能产品寥寥无几。从这个需求点出发，要想做一款老年人也可以使用的智能家居产品，更大意义在于促进老年人也能低门槛地进入互联网时代，对于如孩子性格一般的他们来说，更需享受智能的便捷。

六、用户深入调研

1.调研方法

本次调研将采用调查问卷、用户访谈、消费者大数据分析等方法，从具体的用户需求角度进行调查和分析，总结人们对照片分享、存储的需求点，探索用户对于解决照片分享存储的智能硬件产品的需求及看法，分析目前市场上现有产品的不足之处，提出可实施的设计可能，为设计实践提供重要依据。

采用调查问卷法是想通过问卷上的问题了解调查对象的真实情况，并分析出调查对象的潜在需求。根据调研内容制定问卷，并有针对性地邀请用户填写。虽然问卷数量不多，但每一份问卷都是有效的，参与调研的用户都是非常认真的。

访谈法是通过和受访人群面对面的交流和互动来了解受访人的心理和行为，主要采用焦点小组访谈法和图片联想法，与一个具有代表性的消费者小组交谈互动，从而了解到受访人对于照片分享储存的需求，也可以让受访人对解决需求方式提出设想，倾听到用户真正的需求为之后的设计实践指明方向。

消费者大数据分析方法是结合现有数据分析技术，利用“淘宝指数——淘宝消费者数据研究平台”分析购买照片分享存储行业周边产品数码相框的消费者的人群特征，为之后的设计实践确定目标人群做可靠依据。

2. 问卷调研分析

此次问卷调研是“关于人们的照片管理习惯与照片管理需求的调查”，本次问卷针对性地发放了30份，回收30份，且全部有效。参与调查的用户均属于20岁至40岁的年龄段，来自北京、天津、广东等近10个省市，其中60%是女性，有40%是男性。参与调研用户的所在行业有：信息传输、计算机软硬件服务和互联网行业的用户等。

这些调查对象中有46.67%是未婚人士，其余53.33%均是已婚并且育有小孩。其中，在有小孩的用户中，87.5%的用户的孩子在7岁以下，这些用户是年轻的爸爸妈妈，属于上有老下有小的阶段。问卷中，关于目前是否与父母同住的问题，只有24%的人和父母住在一起，超过一半的受访用户没有与父母同住，并且多数现在是在不同城市生活。越来越多的年轻人，远离家乡在外求学或工作，只能逢年过节、遇上假期回家陪父母几天；一些人结婚生子在一二线城市打拼，不能经常带孩子回家看望老人，这种现象在大家身边的人群中很常见。

在调查完用户基本背景后，对用户使用手机拍照及照片管理的行为进行了解。其中，在受访用户中更换手机的频率在两年以上的人数超过50%，也有13.79%的人一年就要换一次手机。每天多次打开手机相册软件的用户达到43.33%，打开手机相册的原因最多是怀旧想看看曾拍过的照片，其他主要原因有他们把相册当作生活记录，看看自己的生活或者突然想找某张照片。调查中发现，用户手机相册里的照片数量大多在1 000张以下，但也有10%左右的用户的手机照片超过了2 000张。当今时代，照片已经不像胶片时代那样珍贵，人人都有手机的当下，拍照也就成了随手就可完成的事。拍美食、拍风景、拍人物，各种人们觉得有意思的事物都可以拍照记录，同时也新生了一群“自拍党”无时无刻不在自拍。调查中发现，用户手机相册中除了44.83%的小孩照片，排第二的照片类型就是自拍，占到所有选项的

37.93%，美食和亲友照片占有一定比例，其他的类型如风景、合影、景物、截图或收藏的照片也不在少数。

手机内的照片数量很多，那如何存储就是一个需要考虑的问题，因此在问卷中向用户调研了存储方式，让用户根据自己的照片存储数量从多到少的顺序排列存储方式，其中使用手机相册存储的照片量最多，其次是电脑硬盘和云存储软件。

如今，手机像素质量使每张照片都比较大，照片占用手机内存会比较多。有很多人不但拍照片，还要经常拍小视频。调查中，大部分用户都偶尔会拍摄视频，尤其是家有宝宝的年轻父母们。这些有孩子的用户会经常给孩子拍照或拍视频，有将近一半的用户会经常在社交网站分享宝宝的成长足迹，这也算是一种管理宝宝照片的方式。他们中56.25%的人会把照片按照时间顺序分组或保存成文件夹，方便查找；也会选择一些专用的宝宝成长记录软件来管理孩子的成长照片。对于如何管理自己以及亲人朋友间的生活记录照片、视频，用户的选择按事件主题分文件夹存储的最多；按照时间分成文件夹或者给照片加上注释说明的选择其次；也有用户将照片散乱保存在一个文件中，不去整理；云盘存储的用户相对较少。看来，大多数用户会更信任固件存储，对于兴起的各类云盘、手机照片管理软件还需要再观望。

各种社交软件的兴起让越来越多的用户与父母朋友间交流更方便，56.67%的用户会将照片分享到社交平台给家人、朋友看，30%的人会选择单独发给想与其分享的人，只有3.33%的用户选择将照片冲洗打印。由此可见，纸质版照片的传播度最低，用户很少会选择，他们更青睐于社交平台或照片管理软件。而对于照片管理软件的功能，受访用户更重视照片备份功能，其次是智能整理功能。56.67%的用户觉得照片多且分散存储，无法很好地管理照片给自己带来很多不便。所以照片备份和智能整理的需求比较强烈。

关于是否了解或使用过照片分享管理的智能硬件（如智能相框），70%的用户没有了解过，了解过的用户中有13.33%的人使用过。针对列出的智能相框相关功能进行需求排序问题中，需求最强的四个功能分别是硬件存储空间要大、接受展示照片、云端存储、照片智能分类及搜索。可以看出，解决照片的存储和管理问题是解决用户痛点的关键。

对于智能相框，90%的用户可以接受的价位是600元以下，在价格合适的情况下，他们更愿意买来送给父母、朋友、企业客户，其中选择送给父母使用的用户占43.33%，也有33.33%的用户选择自己使用。在智能相框的材质方面，76.67%的用户更喜欢自然的实木质感，也有10%的用户喜欢金属材质。而在使用场景方面，用户更愿意把智能相框摆放在自己家客厅或卧室，或者摆放在父母家中。

从调查问卷总体来看，用户手机相册中的照片越来越多，对于照片的分享、存储和管理需求愈发强烈，照片管理软件和相关智能硬件的潜在市场很大，如果可以解决照片的存储和管理问题将是解决用户痛点的关键。

3.访谈法调研分析

本次调研主要以焦点小组访谈法，采用了小型座谈会的形式，以一种自然的形式与一个具有代表性的10人消费者小组进行交谈互动。这10位消费者中有4位男性、6位女性，其中有调查者认识的朋友，也有通过其他方式找到的陌生人。他们中有大学生，有刚参加工作一两年的职场新人，也有3岁宝宝的妈妈。他们会根据访谈中所提到的问题结合自身实际情况进行主观性回答。

首先对于“用户拍照与照片管理的习惯”进行访谈了解，调查者发现很多受访者会经常使用手机拍照，直接存储到手机里，会经常翻看这些照片并定期删一删。通常，他们根据手机自动生成的文件或自建文件夹来分类这些照片，苹果手机用户也会使用相册中的收藏功能，把值得收藏的照片放到收藏夹，方便随时可以找到。在手机内照片数量达到几千张时，想找到没有收藏过的某一张照片就需要一直按时间轴去查找。也有些用户会把有意义的照片发到微博、朋友圈或其他图片社交平台，没有纪念价值的照片就会直接删掉。找照片的时候只去自己的微博、朋友圈等社交平台。

对于家里有宝宝的母婴用户，他们手机中宝宝的照片非常多。对于他们来说，每一张都是宝宝成长过程中的珍贵瞬间，每一张都不舍得删掉，而现在手机像素的提升使照片清晰度越来越好，却又因为手机内照片数量太多经常内存不够。因此，他们就会定期将手机照片上传至云端平台备份，或者定期把手机内照片转存在电脑上或移动硬盘内。总体来说，受访者多通过手机自带相册进行照片的拍摄与管理，同时也会借助云端或固件存储空间进行照片的存储。当然有受访者表示这三种方式他都会使用，针对不同的照片采用不同的管理方式。

在了解到用户习惯后，调查者询问受访者是否使用过数码相框，如果有一款智能相框可以实现跨屏分享照片他们会不会感兴趣。受访者中有3位曾经使用过数码相框。与传统存放纸质照片的相框相比，数码相框不只是一张照片的展示，它可以循环展示多张照片，环保而方便，不用打印很多张照片。但传统数码相框需要先通过电脑将照片放到存储卡或U盘中，然后把存储卡或U盘插到数码相框上才能显示照片，照片播放的张数就是之前存储的数量，每次更新照片都要再重复之前的步骤，几次更新下来使用者就会嫌麻烦。几位受访者纷纷表示对智能相框很感兴趣，如果可以播放照片和视频、可以实现照片随时更换、可以远程控制，短时间内就可以完成操作，他们都想拥有一台。而且有一名妈妈受访者觉得这样的智能相框给家里的老人使用特别好，她经常想把孩子的照片分享给远在家乡的父母看，但父母的年龄比较大，对电子产品不太会用，智能手机或平板电脑根本玩不转，如果智能相框操作简单甚至可以远程遥控不需要他们操作，她就可以经常把宝宝的照片分享过去，老人开心她也开心。

当问到受访者愿意花费多少钱购买智能相框，大多数受访者可以接受300元至500元的价格区间，也有一位受访者表示他是摄影爱好者和数码发烧友，如果产品的功能完全符合他的需求，并且产品的工业设计及用户体验做得很棒，他愿意花费千元以上来购买。很多受访者希望智能相框能展现更纯粹的相框功能，有效地与平板电脑进行区分。他们会愿意买来送给父母，考虑到父母可能是相框的主要使用者，会更希望智能相框在功能操作和交互上尽量要简化，便于使用。

照片从拍摄至社交环节已经发生了变化，然而，社交后环节的需求却一直缺乏关注。自存图像已经不仅仅是一张照片、一个文件，其背后承载更多的是对情感需求的满足。照片定格了瞬间，记录了美感，承载了回忆。如果说，照片是对瞬间的永久保留，那智能相框就是分享和记忆这个瞬间的一种方式。分享、展示自我、记录下各种难忘瞬间、实现自我愉悦是智能相框及照片的主要作用，相框还可以作为礼物给家人和朋友带来惊喜与情感的交流。

受访者认为，智能相框在某种程度上讲自带情感纽带的功能，可以满足亲情、友情、爱情间纽带的情感需求。智能相框带来的交流价值会是增进情人间距离的工具，有一位受访者表示自己现在工作越来越忙，父母与自己不在同一个城市，平时见面机会很少，打电话交流的话题都变少了，如果通过相框可以让他们知道调查者的近况，通过照片和语音能够增加子女与父母间的互动，希望产品传达出惊喜、家庭、轻松、亲情的感觉。在访谈中发现，受访者对于“纽带”与“表达”的诉求尤为突出，他们将爱与归属的纽带作用放在第一位，但普遍认为这样的产品代替性也很高。但记住每一个瞬间与自我特点的展现则更能体现他们的个性化需求。

最后，受访者预测了智能相框的核心用户，他们认为智能相框的购买者多为追求新鲜的年轻人、需要增加家庭情趣的主妇和为宝宝珍藏成长记录的三口之家，而老年人及三口之家则是产品重要的使用者。

4. 消费者大数据分析

此次大数据分析调研的是2015年PC端淘宝平台搜索及购买数码相框类产品的人群特征。从用户对“智能相框、电子相框、数码相框”的搜索指数变化中可以看出，电子相框和数码相框的日搜索量相对高一些，其中消费者对于数码相框的认知度较高。整体来说，智能相框较电子相框、数码相框而言是近两年新的概念，作为新兴事物并未被大众熟知，用户搜索量较为有限。

（1）地域细分人群占比是对各个区域市场实际消费能力的客观描述，从数据中可以发现搜索“数码相框”的用户主要分布在东部沿海经济较为发达的地区，以省为单位进行统计，广东省毫无疑问地遥遥领先。以城市为单位，北京、上海、广州、深圳为代表的一二线城市为主，这些城市经济发展速度很快，人们对生活质量的要求较高，同时也是智能硬件产品购买力较强的区域。

（2）从性别比例上来看，可以发现主动搜索相框类产品的消费者中男性用户较女性用户占据压倒性的优势，显然男性比女性更喜欢数码类产品，尤其是对于新兴智能产品更愿意去尝试。但同时也必须注意，尽管搜索数码相框类产品的用户大多数是男性，然而依然有三分之一左右的搜索是女性用户，她们对于智能产品的需求还是很高的，只是应该更专门地去考虑如何引导和开发这个群体市场。

（3）分析喜好者的年龄段，可以发现在 25 ~ 34 岁这个年龄区间的用户对于相框类电子产品有着最高的喜好度。对于智能相框的搜索用户从人群占比来分析，25 ~ 29 岁和 30 ~ 34 岁区间分别占据了 31.6% 和 22.7% 的比重，而这个区间总计超过 50% 的用户，也是对智能相框喜爱度最高的年龄段。

（4）通过“爱好”这一项，可以看出主动搜索相框类产品的用户多为“数码爱好者”“户外达人”“摄影爱好者”，这类人群乐于追随新产品与新潮流。值得关注的是“居家主妇”和“花卉一族”的用户占比也不少，他们是热爱生活，充满生活情趣的人群。智能相框恰好是能给生活增加情趣，愉悦家庭生活的智能产品。

（5）就消费层级而言，主动搜索相框的消费者多为消费水平中等及以上的用户，他们有一定的购买力，愿意为了提高生活质量、追求生活品质购买智能硬件产品。

（6）通过淘宝指数上搜索相框类电子产品的消费者大数据分析，总结出智能相框潜在购买者的用户特征：主要购买用户为 25 岁至 50 岁的一二线城市白领，他们对生活品质有要求，重视情感沟通，他们性格开朗，乐于展现自我，追逐潮流，部分用户是摄影爱好者或数码产品发烧友。

第四节　智能相框产品设计与创新

通过对于物联网及智能家居产品市场的分析研究，发现在现有的很多智能家居产品都是对传统家居产品的智能化改进，无论是家电产品还是非家电的常用家居产品，结合现有的信息技术、生物技术、新材料、自动化技术等高新技术，使其功能更实用且更智能化，为人们的生活带来更便捷的体验，能更好地满足需求。智能硬件产品应该是软硬件结合的产品，不仅包括硬件产品、软件产品，还要能联网、具有云端服务和大数据分析，这才是有价值的智能硬件。智能家居产品是智能硬件中的与人们的生活最为密切的产品，以软硬件结合的形式运用高新技术实现智能化功能，其主要操控或服务以手机APP形式提供，通常APP的主要功能及操作不会很复杂，在交互方式上会考虑到不同能力的使用人群。

一、智能相框产品设计

1. 目标用户

根据之前的用户需求调研情况，可以总结出对智能相框有需求的用户通常手机内照片数量很多，有很强的分享意愿，对照片管理有很强烈的需求。并且他们热爱生活，重视情感沟通，对生活品质有追求。大象框作为家居生活中的一台智能硬件，可以很好地为家庭生活增加情趣。

大象框的目标用户主要分为两部分：购买者和使用者。购买者多为追求新鲜感的年轻人、不常与家人居住的在外求学工作者、需要增加生活情趣的家庭主妇和为宝宝珍藏成长记录的三口之家，主要购买用户为25岁至50岁的一二线城市白领，他们重视情感沟通，对生活品质有要求，他们性格开朗，乐于展现自我，追逐潮流，部分用户是摄影爱好者或数码产品发烧友。而智能相框的购买者不一定是使用者，因为在调研中发现很多人购买愿意智能相框的动机是送给父母使用，他们不能经常陪伴在父母身边，就想通过智能相框与父母分享生活点滴美好，增强情感的沟通。所以，大象框的使用者中除了包含购买者群体，更要重视老年人使用者群体，对于大象框的使用群体主要是老年人和家有宝宝的三口之家。

2. 产品功能定位

大象框是一款基于互联网的智能硬件，实现与手机APP的绑定后，即可实现手机端向相框端发送照片以及其他双屏互动的功能。大象框可以连接WiFi，在网络环境下可以实时接收内容。精彩的照片瞬间分享给远方使用大象框的家人、朋友、恋人，即使相距遥远，也可以通过大象框“陪伴”在他们身边。

大象框可以连接WiFi，通过手机APP远程控制，轻松实现相框智能同步接收照片。相框是通过触屏操作，可以播放照片、语音、视频，拥有一定的本地存储空间，也可以实时云端存储。每台大象框拥有自己特有的ID号，可以与手机APP绑定好友，并可实现多用户绑定，让家庭中每个成员都能发送照片，不错过每一幅爱的画面。独有的一键催照片提醒，让想念一触即发。

3. 产品设计草案

根据设计定位，结合功能需求进行智能相框产品的设计，解决充电问题，实现照片跨屏展示，音画同步等功能。在产品设计之初，本人利用设计发散思维提出多种设计可能，对不同的摆设方式、不同的充电方式进行探索，并最终确定可行方案。智能相框属于情感关怀类的智能家居产品，相框又是家居环境中不可缺少的温馨装饰品。为了能很好地融入家居环境中，在产品设计过程中，除了满足基本功能需求，更应注重通用设计及人机工程学，考虑到家庭成员中的老年群体以及其他能力弱势群体，不仅要在产品的安全性和方便性上考虑周到，在使用方式上更要简单人性化。

（1）产品设计方案一

方案一是桌摆式智能相框，将传统实木相框进行微创新，用高清触摸屏替代纸质照片，使用传统的桌摆相框支架方式，可以调节支架变换摆放角度和方向，充电采用侧面充电方式。为了探究方案的可行性，先用可以替代的电子产品简单制作样品，产品样机的外框选用了现成的相框木材制作，内部用平板电脑代替，可以实现方案想要的效果。该方案实现较容易，但缺乏设计创新性，充电口位置影响产品整体美观性。

（2）产品设计方案二

方案二是 15 寸挂墙式智能相框，使用传统的挂墙相框的悬挂方式，搭配照片墙使用会让整个照片墙更加丰富多彩，单独使用可以作为记录生活美好瞬间的动态回忆录。手机随时分享照片至相框，每天都能有新的惊喜。相框采用背面充电方式，但由于相框需要悬挂在墙上，充电线的长度有限，对于插座的位置有要求。如果插座离相框位置较远，充电线会悬下来影响美观。

（3）产品设计方案三

方案三是全新的外观设计，采用相框与底座搭配的形式，底座斜槽的角度为 75° 最佳视觉角度，观赏照片最舒适。侧面充电设计，独特的底座可以代替支架起到支撑的作用。高清的触摸屏，可以随时拿起相框，滑动翻看心仪的美照。相框不但可以播放画面，还在相框背面设计了音孔，可以实现音画同享。该方案的问题在于充电时，侧面的充电线会影响整体产品的美观性，拿起相框使用时充电线会对使用造成不便。

（4）产品设计方案四

方案四与方案三的外观设计相同，同样采用相框与底座搭配的形式，只是充电位置发生变化，改为相框背面充电，解决了充电线在侧面影响产品的美观性问题。但在进行产品打样制作过程中发现，背面充电对于厚度不超过 2 厘米的电子产品来说，在电子制作工艺上的难度及成本很大，充电稳定性不佳。

（5）产品设计方案五

方案五是在方案三的外观设计基础上，同样使用底座支撑，但采用了全新的充电方式，独特的底座不仅起到支撑作用，同时具备充电功能。在底座和相框底部嵌入充电顶针和强力磁铁，实现接触式充电方式。底座的 DC 口在底座后面位置，相框摆在桌上完全看不到充电孔。矩形磁力充电槽与相框尺寸适配，相框可以随手插拔，正负极磁铁相吸，自动确认充电位置，不用担心分不清充电方向。该方案在保证观赏角度最佳的情况下，提出了合理的充电方式，解决充电线对相框使用造成的不便，以及实现相框随手插拔的方便。充电底座完美承托相框，相框摆放在底座上即开启充电模式，自身的电池充满后开启充电保护功能。

4. 产品最终设计方案

通过对五个方案的探究与对比，确定方案五为最终设计方案。接下来将在方案五提出的功能设计的基础上不断优化，并实现其主要的产品功能。

（1）产品概述

大象框是一款实木互联网相框，照片分享与管理智能硬件。大象框由三部分组成一个系统：大象框产品、大象框手机 APP 客户端、云端。每台大象框都有自己的专属 ID 号和二维码，用户注册移动客户端APP，通过绑定大象框ID号，可以绑定为好友。通过大象框手机 APP 客户端可以随时随地分享照片至大象框，照片实时云端存储。每台大象框可绑定多个 APP 用户，每个 APP 用户也可以添加多个相框好友。通过大象框手机 APP 客户端，用户可以完成拍照或者进入本地相册选照片，照片处理并录制语音，选择一个或多个相框好友并点击发送等一系列完整的程序。大象框除了可以接收手机发来的照片和附带的语音外，还可以将照片设置个性列表、一键催照片等功能。大象框的外观沿用传统相框特色，材质选用纯实木，彰显品质，更能融入家居生活。大象框可以挂在墙上、摆在桌上，或像手机一样拿在手里使用。

图 5-4　大象框样图

（2）产品 LOGO 及移动端应用 icon 介绍

这款互联网相框的中文名称为“大象框”，英文名称为“ELEPHRAME”。大象框的 logo。是用线条勾勒出的大象生动的形态和神态。大象背部给人以稳重的感觉，翘起的鼻子和甩起的小尾巴又不失俏皮。在大象框背面雕刻的是上图的大象 logo 附带中英文名称的图案，在产品底座正面雕刻的是单独的大象 logo，

图 5-5　大象框 logo

醒目而有趣。

手机APP的icon是将大象框的logo处理成扁平化设计风格，采用对比鲜明的黑、黄两种颜色搭配，用长阴影来表示立体效果，这样看起来更加简单、鲜明，尽量减少图标上的细节，让图标看起来简洁，更容易引起用户注意。

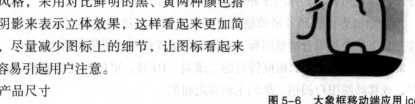

图 5-6　大象框移动端应用 icon

（3）产品尺寸

大象框产品分为两部分：相框和底座，相框的整体尺寸为21.8cm×17.8cm×2.2cm；底座的整体尺寸为12.0cm×8.0cm×2.8cm，屏幕比例为4：3。

大象框的外框及底座采用纯实木材质，简约的外观彰显实木自然的品质，不同于金属或塑料材质带给人的生硬冰冷感，木质外观让这款智能产品多了一份天然的亲切感。不同颜色的产品给人带来不同的心理感受，暖色调使人感觉温暖，冷色调使人感到冷清。所以在木质颜色上选择了暖色调的红橡木，红橡在美国有着不可或缺的地位，作为“美国国树”象征着高端和品位，它的辉煌洒满白宫的书房和宴会厅，数百年来，红橡早已红遍欧洲，特别是法国的高端酒庄广泛采用做葡萄酒桶。大象框带给家人的不仅仅是感官上的格调品位，更是挥洒温馨的情感氛围。

二、产品界面交互设计与创新点

1. 产品实物介绍

如图5-4所示，大象框是一款实木互联网相框，外观设计沿用传统相框特色，材质选用进口红橡木，人性化设计的75°最佳平面视觉角度、独特的底座设计、简约大气的外观，给人以舒适、自然、质朴的品质感，能更好地融入家居环境。底座不仅起到相框支撑作用同时具备磁力接触式充电功能。大象框的屏幕尺寸为8寸高清触摸屏，分辨率为1024×768，显示比例为4：3。大象框自带电池，方便断电情况下使用，可以挂在墙上、摆在桌上或拿在手里使用。

2. 相框端系统程序界面设计

（1）第一版相框端系统程序界面设计

第一版相框端系统程序主要的功能界面设计为：主页功能圈界面、好友列表界面、照片播放界面、相框旧界面等。

主功能圈界面：点击正在播放的照片，弹出主功能圈，五项功能分别为催照片、相册管理、网络设置、锁定本照片、删除本照片。点击催照片图标跳转至好友名单，点击单独一个好友栏的“催照片”按键，这位好友的手机就会收到“您的大象框好友 XX 催您发照片”的提醒。

好友列表界面：显示好友数量以及每个好友分享照片的数量。单独点击其中一个好友，好友列表右侧弹出该好友分享的照片详情。

照片播放界面：照片播放模式可以设置为循环播放或锁定单张播放，带语音的照片在右下角会有语音播放图标，点击即可播放此照片附带的语音。

相框 ID 界面：显示相框特有的二维码、ID 号，可以在此界面邀请移动端用户好友，或移动端用户扫描二维码主动绑定相框。

（2）第二版相框端系统程序界面设计

第二版相框端主要的功能界面设计为：主页功能圈界面、下拉菜单界面、好友列表界面、相册管理界面、单独的相册界面（本地相册、云相册、个人收藏等）、好友设置界面、相框旧界面、系统设置界面等。

1）主功能圈界面。轻轻单击正在播放的照片，在屏幕中间区域弹出四个功能圈：相框 ID、好友设置、相册管理、系统设置，点击每个功能圈都能跳转至相应功能的界面。

① 相框旧界面显示相框特有的二维码、ID 号，可以在此界面邀请移动端用户好友，或移动端用户扫描二维码主动绑定相框。

② 好友设置界面可以邀请好友、删除好友以及一键催照片。这个界面中可以看到你的好友数量、每个好友分享照片的数量以及每个好友分享的最后一张照片的时间。向左滑其中一个好友，出现催照片和删除功能。点击催照片功能，相应的好友就能收到系统提示“您的大象框好友 XX 好想你，快向他分享你的美照吧！”。点击删除功能，会弹出是否确认删除该好友，确认的话则解除与该好友的绑定关系。

③ 进入相册管理界面，可以看到系统自带本地相册、云端相册、个人收藏，可以根据用户的个性需求添加相册，每个相册可以单独循环播放。本地相册的内容是下载并存储在大象框本地的照片，可以选择照片添加到其他相册内。云端相册的内容是所有移动端好友发来的照片，包括已下载照片和未下载照片，每张未下载照片都有下载图标可以点击直接下载到本地。个人收藏是方便用户选择喜爱的照片，并可以一次全部循环播放。每个相册都设计有搜索功能，点击搜索图标弹出搜索框，可以输入时间进行对照片的搜索。

④ 系统设置界面的主要功能有网络设置、屏幕亮度调节、照片播放速度设置、照片切换效果设置、字体的大小设置、音量的调节、开启新消息通知、软件更新、帮助、反馈、关于我们等。

2）下拉菜单。照片播放主界面下拉菜单是快捷方式，主要针对正在播放的照片进行管理设置以及常用的系统设置。包括 WiFi 链接、新通知提醒、播放方式切换（循环、单张、随机播放）、照片收藏、备注、删除这六项对照片播放常用的操作功能。

3）好友列表。主界面左侧右滑可以拉出好友列表，显示好友数量以及每个好友分享照片的数量。单独点击其中一个好友，好友列表右侧弹出该好友分享的照片详情，右上角点击催照片图标同样可以实现催照片功能。

3. 移动端应用程序界面设计

（1）第一版移动端应用界面设计

第一版大象框移动端界面功能突出，界面简洁。主界面主要功能包括选照片或拍照、添加好友、显示分享的最后一张照片。左侧右滑出菜单栏：主页、相框、反馈、设置。点击相框出现相框管理界面，显示已绑定相框好友数量，可以右滑出删除按键。移动端应用向相框发送照片的过程如下：点击主页选照片图标即进入手机原生相册进行照片选择，将想要分享的照片选择好点击下一步进入照片编辑器，可以用软件中的照片编辑功能为照片添加滤镜效果、裁切合适的尺寸、装饰贴纸或文字、调整照片对比度等功能，编辑好后点击完成进入发语音界面，可以录制一段60秒内的语音随照片一起分享，也可以跳过此步骤直接进入下一步，选择要分享的相框好友点击发送，跳转至发送成功提示界面即可完成照片分享的整个过程。

（2）第二版移动端应用界面设计

为了完善移动端应用的功能，设计了第二版移动端应用界面，在原有的功能基础上增加相册管理功能及活动界面。通过手机号注册大象框APP用户，登录主页，主页显示的是已绑定的相框好友以及发照片、加好友功能，单击其中一个相框好友的头像跳转至好友个人界面，显示该移动端用户已分享给该相框好友的所有照片。这些照片存在云端相册，可以下载至本地。点击右上角的编辑可以对每个好友进行备注或删除管理。点击发照片下侧弹出选框，选择“拍照”或“从手机相册选取”，若点击“拍照”即跳转至相机，完成拍照进行发送过程；若点击“从手机相册选取”则跳转至手机相册，选择照片进行下一步发送过程。同样每次照片选择后可以录制语音一同发送，下一步选择相框可以同时选择多个相框一次性发送。点击加好友，跳转至二维码扫描界面，并且设计有输入框可以直接输入相框ID号。

主界面左侧右滑可出现菜单栏：主页、相册、大象框、设置。其中大象框界面是推广活动界面，可作为官方活动入口。相册管理界面中除了手机原生的相册，还有云相册，云相册中包含移动端用户分享过的所有照片，可以下载到本地相册。系统设置主要包括用户信息、修改密码、新消息通知、检查更新、通用设置、帮助、反馈等功能。

4. 产品创新点

（1）独特底座设计

相框通常是摆放在家中的某个地方让人们欣赏，但偶尔也会想拿起来仔细看看。大象框是高清触摸屏，人们在使用过程中可以触屏操作，单独拿起相框的使用情况会更多。秉承人体工程学原理，严格遵从场景实际使用习惯，配合重力感应，设计了相框与底座结合的形式。独特的底座设计不仅起到相框支撑作用同时具备底座充电功能，相框与底座分离式设计，既可以将相框摆放在桌上，也可以手持操作。

（2）磁力充电方式

大象框的充电底座和相框可分离，矩形磁力充电槽与相框尺寸适配，相框可以随手插拔，正负极磁铁相吸，自动确认充电位置，不用担心分不清充电方向。大象框与传统数码相框的一大区别在于，传统数码相框本身不带电池，而大象框自带电池，可以在充满电情况下单独使用 1 小时。相框摆放在底座上即开启充电模式，自身的电池充满后开启充电保护功能。

（3）最佳视觉角度

大象框是由相框和充电底座组成，底座充电槽既可以充电也可以完美地承托相框，考虑到人机工程，相框的充电槽设计成了 75° 倾角，刚好形成最佳平面视觉角度，让人们更加舒适地欣赏照片。

（4）智能同步接收照片

除了产品硬件上的独特设计，在软件及交互方面大象框同样有其设计特点。最主要的功能是智能同步接收照片，大象框在连接 WiFi 状态下，已绑定好友的手机 APP 用户可以通过移动端应用随时随地发送照片，相框端自动接收照片。简单的操作就可以实现跨屏展示及智能同步功能。

（5）音画同享功能

使用大象框移动端应用，分享的照片之前可以录制一段 60 秒语音一同随照片分享至大象框。相框端用户收到新消息提醒并点击查看就可以边欣赏照片边收听语音。语音不是自动播放，需要点击播放图标，避免自动播放语音给用户带来的困扰。照片可以循环播放或单张播放，可以根据自已的个性化需求设置播放列表。每张照片背后都有一个故事，记录了一个时刻、一段回忆。随着岁月流逝，照片通过唤起细节，使人们能重新勾起回忆。添加了声音的照片能很好地带来完整鲜活的回忆。

第六章　基于物联网的物流产业融合与研究

第一节　物联网与中国物流产业发展

一、物联网与中国物流产业发展

1. 中国物流产业发展现状与存在的主要问题

从发达国家的物流发展现状看，物流业已进入较为成熟的阶段，发展主要是物流内涵的拓展、过程的延伸、覆盖面的扩大以及物流管理的日益专业化、信息化和标准化。① 物流服务的拓展。物流服务已经逐步将加工、仓储、金融、保险乃至报关、通关、商检、卫检、动植检、中转等业务统一进来，把整个商贸流通过程作为一个完整的领域来进行通盘考虑和经营。近年来，由于信息技术的发展和比较成本优势的驱动，产品异地加工、装配、包装、标志、分拨、配送、销售等增值服务，也逐渐涵盖进来。② 物流服务过程的延伸。物流服务的过程经历了“港口到港口”“门到门”和“货架到货架”等几个阶段，其过程在逐步延伸。由于生产企业需要实行“即时供货”和“零库存”，以加速资金和货物的周转利用，物流业将生产以前的计划、供应也逐渐包括在自己的服务范围之内，使服务过程向前延伸。③ 物流服务的覆盖面不断扩大。科学技术的日新月异和交通工具、信息系统的不断创新，使地球变得越来越小，也使物流产业相应地扩大了自己的覆盖面。近年来，跨国家、跨地区、跨行业的物流服务都有了较快发展。④ 第三方物流作用日趋显著。“第三方物流”是指为发货人（第一方）和收货人（第二方）提供专业物流服务的第三方企业。物流服务公司在货物的实际移动链中并不是一个独立的参与者，而是代表发货人或收货人来执行。之所以强调发展第三方，主要是实现物流运营的专业化、科学化，并使物流企业与物流需求者之间建立更紧密、有效的联系。⑤ 基于物联网的电子商务迅速发展，使电子物流快速发展。企业或个人通过电子网络与外界沟通，实现网上购物，这种网上直通的方式使企业能迅速、准确、全面地了解需求信息，实现最优的生产模式和物流业务。这种可在线跟踪货物、在线规划物流线路、在线实施物流调度及货运检查的电子物流，是21世纪物流的发展方向。

与国外物流发展水平相比，我国物流业目前尚处于起步期。随着我国“十二五规划”的实施，交通、通信等基础设施的投资不断加大，物流技术装备水平逐渐提高，对物流的认识水平也不断提高，这些都为提高物流效率提供了良好的基础条件。然而现状仍存在一些问题，突出地体现在以下五点：① 接受新概念的认识不统一。由于我国长期受传统计划经济管理体制的影响，一些部门单位习惯从局部角度考虑问题，难于接受全社会、全方位和综合服务的角度。甚至有人还对物流能产生效率、产生利润有怀疑。② 物流基础设施能力不足。交通运输能力仍不能满足运输需求，主要运输通道供需瓶颈和矛盾依然十分存在。仓储设施明显落后，大量老旧仓库效率低下，分布不合理。③ 物流技术装备落后。现代化的集装、散装运输发展速度太慢，高效专用运输车辆少，汽车以中型汽油车为主，能耗大，效率低，装卸搬运的机械化水平较低，这些同样阻碍了物流的发展。④ 物流管理分散，社会化服务水平低。由于体制上存在部门、行业条块分割，市场发育滞后，国内物流企业多处于散和弱的状况，还未形成有效的社会服务网络。⑤ 缺少发展规划和管理。目前国家宏观上还没能对物流产业的发展作统一规划，缺乏可操作的标准，难于协调国内物流相关行业发展。由于市场竞争机制不健全，价格市场秩序比较乱，国有物流企业很难适应市场经济要求。

国内外物流业发展特点表明，物流活动的领域及方式仍在不断的拓宽和发展之中，这种拓宽和发展呈现以下趋势：① 物流范围扩大，企业向集约化、集团化方向发展。物流服务范围的扩大来自企业生产效率、效益提高的要求。许多现代大型企业的原料、加工、销售三地分离的方向发展。特别是全球、区域经济一体化的发展，为获取便宜的原材料、实现低加工成本、创造最佳的销售利润，三地分离的趋势愈来愈明显，这使物流的活动范围逐步扩展；与此同时，现代科技在交通运输领域、信息领域大规模应用，极大地提高了货物的沟通能力，这既支持了扩展物流范围，也使物流活动的效率越来越高。企业集团化是物流产生效率、产生利润的保证。② 物流服务向优质化、全球化发展。物流与运输之所以关系密切，就在于早期物流服务的功能较单一，一般只解决运输问题。20世纪80年代以后，逐步将搬运、装卸、仓储、通关、保险等纳入进来，但还是围绕运输进行。20世纪90年代中期以来，计算机和网络技术发展很快，物流活动开始与现代信息技术融合，其功能呈现不断增加的趋势，逐渐出现了产品的异地简单加工、组装、包装、标志印刷等流通加工功能，以及配送、代销、分拨等以配送中心为依托的新功能；由于物流功能的不断增加，使物流与商流、信息流、资金流融为一体，物流所创造的价值也逐渐丰富，不仅继续创造着与运输直接相关的价值，而且还创造了与生产、流通相关的增值价值。物流服务正在向着优质化、全球化方向快速发展。③ 现代科学技术推动物流管理水平不断提高。现代科学技术，尤其是工 T 技术及互联网技术的发展，使物流数量增加和物流速度大大加快。国外物流应用新的科学技术已达到较高水平，目前已经形成了以系统技术为核心，以信息及自动化技术为支撑的现代物流技术格局。今后的发展方向是建立电子物流信息系统，将政府、企业和货主涉及运输、商贸、海关、检验等物流信息及运输企业可调动的车辆信息上网，整合运输市场，实现物流信息资源共享、合理配置和优势重组。④ 电子物流信息系统的核心主要包括三大部分：一是电子数据交换（ED 工）系统，用于物流数据流转处理。它能使各行业、各部门、重点企业、重点客户和政府，根据业务和工作需要进行横向顺利交流及资源共享。二是条形码系统，用于仓储库存控制。货物条形码是货物属性及其物流信息的标准代码，在现代物流及现代仓储中具有不可替代的作用。三是卫星定位系统（GPS），用于物流流程监控。它是通过卫星导航，给运输工具及货物准确定位的管理系统，对于物流的全过程监控、车辆指挥调度、提高车辆效率、缩短运输时间、降低成本作用很大，是现代物流增强竞争力的保证。

二、物联网技术突破与物流产业融合

物联网在我国物流产业的应用在食品和药品行业中已经得到广泛应用，在产品的智能可追溯网络系统方面，为了保证食品卫生和药品安全，提供了成熟的物流保障。在物流产业智能化可视系统管理方面，采用了基于 GPS 卫星定位系统、RFID 技术、传感技术等多种技术，对物流中的车辆跟踪定位、运输物品监控、实时在线调度与及时配送实现可视化管理，实现了物流管理的透明化管理。物联网智能化物流配送中心能够实现全自动化控制和操作，可以实现物流与生产联动，达到物流、商流、信息流和资金流的有机结合。物联网的发展使得物流产来发生深刻的变革，将形成基于物联网的物流产业融合，迎来智慧物流新时代。

物联网在物流产业的融合将在四个方面体现：第一个方面是物流供应链与智慧生产融合；第二个方面是物流产业的网络开放共享和社会物联网融合；第三个方面是多种物联网技术如传感技术、蓝牙技术、视频识别技术、M2M 技术集成应用于物流产业；四是物流产业中应用物联网创新应用模式。当当网物流中心实现与电子商务网络融合，开发出智慧物流与电子商务相结合的新模式，无锡粮食物流中心利用各种感知技术与粮食仓储配送实现了粮食的温度、湿度、库存、配送实时监测系统。

我国物联网融合物流产业的发展方向主要有以下几大特征：① 物流产业的智

能化、物流一体化和物流产业的层次化。在物流产业中融入运筹与决策系统，以物流管理为核心，突出“以顾客为中心”的理念，优化配置区域资源，实现物流产业的高科技化和信息化。② 提高物流产业的生产效率，在流通的各个环节实现提升。③ 实现物流产业的长远规划，达到目的运用物联网的各种技术的成熟运用。④ 物流仓储环节的管理要实现高效、准确和透明，达到节约人力资源和全自动化的操作流程，能够实现人员的远程监控。⑤ 物流产业在物联网的平台上实现物流管理的优化和决策支持，实现数据间的交换和传递，加快响应时间，使产业链联系更紧密。作为物联网的先行者的物流产业，将会把物流领域的创新应用模式推向其他产业，实现行业的大发展，开拓产业的新视野，推动中国产业的新变革。物联网应该成为各行业的一个融合平台，站在行业的前沿，把握产业的发展方向，实现信息平台的建立和行业系统的信息化，全面迎接物联网时代的到来。

第二节　物联网与物流产业的产业融合理论与动力机制

一、物联网与物流产业融合的理论

1. 技术创新理论

技术创新会带来产业成本的降低、生产效率的提高，例如一个企业改善生产工艺的流程，通过技术升级减少资源的消耗，利用新的生产设备提高工作效率。技术创新的另一种方式会带来全新的产品，产品创新是技术创新的结果。创新作为经济学的概念，源自熊彼特的《经济发展理论》(1912) 一书，创新就是把生产要素和生产条件的一种重新组合，并且引入到整个生产体系，建立健全并且新型的生产函数。在创新活动中，主要有五种方式的创新模式：① 利用新技术生产新产品或者提高产品新的附加值；② 在生产过程中，开发出一种新的生产方法和新工艺流程；③ 充分利用资源开拓新的市场；④ 在供应环节，获得原材料或半成品的新的供给来源。⑤ 在组织方式和管理方法上实现创新。

进入 21 世纪，信息技术推动下知识社会的形成对技术创新产生了很大的影响，技术创新是“生产函数的移动”，是一个科技进步和经济一体化的过程，采取技术进步与应用能力创新“双螺旋结构”的模式。企业在发展过程中，不断进行扩张和技术创新，探索如何更好地满足消费需求的同时追求利润最大化，并力求保证具有长期的竞争优势。

当技术达到产品多样化后，便在企业间产业合作，在合作过程中产生创新而实现某种程度的融合。所有的企业都以成本最低化和产业最大化作为企业的发展目标，产业融合突破了产业间的分割，加强了竞争和合作关系，降低了交易成本的同时减少了产业间进入的壁垒，提高了企业的产业竞争力，最终形成了持续的竞争优势，形成了企业持续进行产业融合的动力之源。扩大企业所提供的产品或服务的种类会引起经济增长的现象，是由于生产多种产品时对产品的成本节约。不同产业中的企业为达到多元化经营、产品的多元化，利用技术融合创新发展模式，改变成本结构，降低生产的成本，提供差异化的产品和服务，引导顾客的消费倾向和习惯，实现市场融合，达到产业链的完全融合。

技术创新理论决定因素主要有竞争程度的优胜劣汰的机制，企业规模的大小同时也影响技术创新，垄断程度也影响技术创新的持久性和其他企业的模仿。

2. 产业融合理论

（1）产业融合的类型和方式

从产业发展角度来看，产业融合分为三类：产业渗透、产业交叉和产业重组。①产业渗透是指在高科技产业和一般传统产业的边界处的产业融合；②产业交叉是指通过不同产业间的功能互补和互相延伸形成产业融合，高科技产业产业链的加长和自然延伸就属于产业交叉；③产业重组存在于具有紧密联系的产业之间，使这些重组的产业发挥 $1+1>2$ 的效能。

产业融合过程不是几个产业的简单相加，它是基于技术进步，管制放松和管理创新，在不同产业边界或者几个产业交叉部分发生的技术融合，从而达到改变原有产业的产品特征和外部的市场需要。产业融合的方式主要有两种形式：①高新技术的应用渗透融合。如现在的生物芯片、纳米电子等行业，就是高新技术在与其相关产业渗透融合的新行业；电子网络系统的触角延伸到汽车制造业、商业、运输业，形成电子商务、现代物流、机电一体化等新型工业。高新技术成为传统产来提升的动力，促进了传统产业的升级，推出新品种和新的产业，促进产业现代化的转变。最突出的信息技术产业对美国的制造业的经济指标贡献达到35%，使美国制造业的劳动力增长了6.4%，信息技术渗透到制造业的各个环节，使制造行业发生了深刻的变革。②产业间的延伸融合。主要是通过产业链的延伸，达到互补。这种融合主要产生在高科技产业发展的过程中，通过产业融合使原有产业产生新的附加功能和竞争力。主要形式为服务业向第一、二产业的渗透，如金融、研发、广告等服务在第二产业中的比重越来越大，相互之间融合成新的产业类型。再比如现代农业体系中开发的农业旅游，农业新产品的开发和观光，提高农业生产经济基础的同时，大力发展了现代农业体系的规模，使得产业发展。③产业内部的重组融合。同一产业内部的不同行业之间，通过重组型产业融合提供新的产品和服务。例如，种植业、养殖业和畜牧业中的产业间可以运用生物技术为融合基础，通过生物链的重新组合，形成生态农业。

产业融合同样遵循经济发展的一般规律，表现为成本最低化，利润最大化，产业融合发展因素是在全球经济一体化，高新技术主导的提高产业生产率和竞争力的发展新模式和产业组织形式。

（2）产业融合的效应

理论研究表明，产业融合发生的背景是在经济全球化、高新技术迅速发展大环境下，产业为了提高生产效率和竞争力而采取的一种发展模式和产业组织形式的外在表现。产业融合产生的效应主要体现在以下几个方面：① 在传统产业中形成创新，推进了产业结构优化和发展。产业融合的结果产生了新技术、新产品、新服务，从而在客观上提高了用户的需求层次，摒弃了传统技术、产品和服务，使这些产业市场的需求日渐下降，在整个产业结构中的功能萎缩。产业融合为传统产业部门融合了新的技术，传统产业的生产与服务方式发生了本质的改变，促使产业结构升级。② 产业融合平衡了市场结构在企业竞争与合作中的关系，使两者在变动的过程中趋于合理化。市场结构理论表明，有限的市场容量结合企业规模经济的动向会形成生产的高度集中化和企业的兼并。产业融合能够建立产业新的格局，实现产业、企业组织的竞争范围的扩大，产业融合使垄断竞争转变成完全竞争。③ 产业融合提高了产业竞争力实力。产业融合和产业竞争力具有动态的一致性，最终达到新的平衡。技术融合为产业融合提供基础，企业把融合的需要推进到各个层面，使产业融合成为现实。产业的横向联合提高了自身的产业竞争力，对企业一体化战略提出更高的要求。产业融合中企业之间发生了新的竞争合作关系，进行融合的产业竞争加剧，企业自身能力被激发，优胜劣汰的竞争结果使产业形成新的布局。④ 产业融合形成了一体化的区域经济。产业融合使资源的流动加速和产业重组。产业融合使传统企业和行业之间的界限打破，实现业务重组的同时发展了新的业务。⑤ 产业融合提高了产业之间的联系水平，产业融合使企业网络组织的发展形成区域联系的新主体，突破产业间的壁垒，扩大了区域中心的辐射效应。产业融合对于不同产业之间的发展会提供一个创新的模式和新的产业效应，达到相互促进的功能。

（3）产业融合发展的动因和演进方式

产业间的关联性和对效益最大化的追求是产业融合发展的内在动力。从当今世界产业融合的实践看，推动产业融合的因素是多方面的。

1）技术创新是产业融合的内在驱动力。技术创新开发出了替代性或关联性的技术、工艺和产品，然后通过渗透扩散融合到其他产业之中，从而改变了原有产业产品或服务的技术路线，因而改变了原有产业的生产成本函数，从而为产业融合提供了动力；同时。技术创新改变了市场的需求特征，给原有产业的产品带来了新的市场需求。从而为产业融合提供了市场的空间。重大技术创新在不同产业之间的扩散导致了技术融合，技术融合使不同产业形成了共同的技术基础，并使不同产业间的边界趋于模糊，最终促使产业融合现象产生。比如，20 世纪 70 年代开始的信息技术革命改变了人们获得文字、图像、声音三种基本信息的时间和空间及其成本。随着信息技术在各产业的融合以及企业局域网和广域网的发展，各产业在顾客管理、生产管理、财务管理、仓储管理、运输管理等方面大力普及在线信息处理系统，使顾客可以在即时即地获得自己所需要的信息、产品、服务，致使产业间的界限趋于模糊。产业融合在 20 世纪 90 年代以来成为全球产业发展的浪潮，其主要原因就在于各个领域发生的技术创新，以及将各种创新技术进行整合的催化剂和黏合剂，通信与信息技术的日益成熟和完善。作为新兴主导产业的信息产业，近几年来以每年 30% 的速度发展，信息技术革命引发的技术融合已渗透到各产业，导致了产业的大融合。技术创新和技术融合则是当今产业融合发展的催化剂，在技术创新和技术融合基础上产生的产业融合是“对传统产业体系的根本性改变，是新产业革命的历史性标志”，成为产业发展及经济增长的新动力。

2）竞争合作的压力和对范围经济的追求是产业融合的企业动因。企业在不断变化的竞争环境中不断谋求发展扩张，不断进行技术创新，不断探索如何更好地满足消费者需求，以实现利润的最大化和保持长期竞争优势。当技术发展到能够提供多样化的满足需求的手段后，企业为了在竞争中谋求长期的竞争优势便在竞争中产生合作，在合作中产生某些创新而实现某种程度的融合。利润最大化，成本最低化是企业的不懈追求。产业融合化发展，可以突破产业间的条块分割，加强产业间的竞争合作关系，减少产业间的进入壁垒，降低交易成本，提高企业生产率和竞争力，最终形成持续的竞争优势。企业间日益密切的竞争合作关系和企业对利润及持续竞争优势的不懈追求，是产业融合浪潮兴起的重要原因。范围经济是指为扩大企业所提供的产品或服务的种类会引起经济效益增加的现象，其反映了产品或服务种类的数量同经济效益之间的关系。其最根本的内容是以较低的成本提供更多的产品或服务种类为基础的，范围经济意味着对多种产品进行共同生产相对于单独生产所表现出来的经济，一般是指由于生产多种产品而对有关要素共同使用所生产的成本节约。假定分别生产两种产品 A，B 的成本为 C（A）与 C（B），而当两种产品联合生产时，其总成本为 C（A，B），则联合生产带来的范围经济可表示为：C（A，B）< C（A）+C（B）。不同产业中的企业为追求范围经济而进行多元化经营、多产品经营，通过技术融合创新改变了其成本结构，降低了其生产成本，通过业务融合形成差异化产品和服务，通过引导顾客消费习惯和消费内容实现市场融合，最终促使产业融合化。

3）跨国公司的发展成为产业融合的巨大推动力。一般来说，只有超巨型的国际直接投资，才能形成并支持跨国生产经营的实力与能力。因此，每一个跨国公司的产生和发展，实际上就是国际金融资本的融合、产业融合的发展史。跨国公司根据经济整体利益最大化的原则参与国际市场竞争，在国际一体化经营中使产业划分转化为产业融合，正在将传统认为的“国家生产”产品变为“公司生产”产品。可以说，跨国公司是推动产业融合发展的主要载体。

4）放松管制为产业融合提供了外部条件。不同产业之间存在着进入壁垒，这使不同产业之间存在着各自的边界，美国学者施蒂格勒认为，进入壁垒是新企业比旧企业多承担的成本，各国政府的经济性管制是形成不同产业进入壁垒的主要原因。管制的放松导致其他相关产业的业务加入到本产业的竞争中，从而逐渐走向产业融合。为了让企业在国内和国际市场中更有竞争力，产品占有更多的市场份额，一些发达国家放松管制和改革规制，取消和部分取消对被规制产业的各种价格、进入、投资、服务等方面的限制，为产业融合创造了比较宽松的政策和制度环境。值得说明的是，技术进步加上放松管制并不一定就导致融合。产业的技术进步大多发生在本产业内部，而不是发生在产业边界，产生了被学术界称为“死尸融合”的现象。“死尸融合”迫使实业界对企业传统经营观念进行了创新，提出了企业重组（BT）、业务流程重组（BPR）、虚拟企业等管理模式，并在20世纪90年代中期为促进产业融合开始直接进行管理创新的实践。通过将管理创新、技术进步、放松管制结合起来，使产业融合变为现实。正是美国政府放松了对电信业的经济性管制，使得电信业、有线电视业之间的产业边界模糊，导致了产业融合现象的出现。

当前的产业融合成为新的发展趋势，产业融合以不同的方式在不同的产业演进，最终形成产业结构的集中化和合理化，形成产业新体系。产业创新研究的权威弗里曼认为，产业创新过程包括三个阶段：技术和技能创新阶段、产品和流程创新阶段、管理和市场创新阶段。我国陆国庆认为，产业的融合和创新的进程包括技术融合阶段、产品与业务融合阶段、市场融合的阶段。

3. 物流产业发展理论

物流产业从区域环节看，覆盖地域随着市场边界的扩大延伸到全球各地，从涉及的物流业务环节来看，采购、供应各环节具备满足用户的各种需要，如各种运输、报关、售后等。现代物流的运作过程是由各个服务商共同完成的，要求物流服务质量高，反应速度快。现代物流的发展模式要根据物流需求方的客观要求、产品的数量规格、交货周期，采取不同的动作模式，定制适当的价格，规定的地点，送达相关的物品中，是一种适应全球物流需求的新型物流模式。

（1）集成化物流理论

供应链构建可以有四种方式：基于成本核算、产品、多代理的集成供应链和产品开发的构建模式。通过供给和需求的市场经济模式，形成社会化物流网络，驱动整个社会经济的资源融合，实现客户价值，降低物流成本。集成化物流是将供应链上所有节点看成统一的整体，有共同的目标，一定的制度约束，以网络和信息为载体，综合各种先进的物流产业的技术和管理，统一管理各部分，形成一个有机的整体，充分利用现有资源，达到协同运作，按照资本和要素的整合形成完整的物流系统。具有以下显著特点：①集成化的物流服务。电子采购、订单处理、库存管理、客户服务统一完成，提供仓储运输、搬运包装、流通加工、物流服务、方案选择、回收结算完善的解决方案和个性化服务。客户面对的只是物流服务商，为客户全面负责，提供“一站式”服务。②服务运作机制集成化。通过标准规范的机制要素，实现管理一体化、业务规范化、服务标准化，形成无缝连接。③提供网络化服务体系。在多级物流网络体系中，按照分工与合作的原则，各自发挥自己的技术优势和专长，实现物流反应迅捷和最优化目标。

（2）集成化物流服务商理论

集成化物流服务商实施集成化服务，成为组织者、协调者、控制者、规划者、设计者。通过技术优势、高端人才、市场需求对资源进行整合，实现网络共享资源，建立完善强大的物流网系统。为客户提供综合高效一体化的服务。具有以下显著特点：①全球的供应链的制定、业务管理、人力资源的融合，能够联合多个不同特长的物流服务提供商。②集成供应链技术的专业技能和外包能力的领先地位和水平，拥有包括陆运、海运、空运和多式联动的能力。③具有覆盖全球的管理能力，为不同区域的客户提供完善的服务，拥有与客户节点分布相适应的全球物流支持能力。④具在有深刻的组织变革和理解管理能力，具有创新性的思维和战略思想，把握机遇。⑤强大的技术支持系统和财力资源，能够有效管理大量的数据流和提供先期物流方案，能够分享风险和效益。

（3）物流产业发展理论和模式

集成化物流是现代物流产业发展的高端模式，利用现有的资源，整合管理咨询公司、大型制造企业、第三方物流企业，实现聚合优势，协同作业的目的。

1）以管理咨询公司形成的集成化物流。通过与第三方物流企业、信息技术公司和功能型物流企业，实现战略联盟、虚拟组织、企业组合方式建立集成化物流系统。与客户建立长期合作关系，与成员企业提高信息共享，注重业务流程再造。这种管理咨询公司不具备实体运输和仓储能力，主要业务从事管理、融合资源和网络人脉。要求具有运营经验、整合能力，还要有良好的品牌、领导能力，物流信息网络健全。

2）以综合的第三方物流企业的集成化物流。第三方物流公司结合自身行业经验，制定全球供应解决方案和能力，“一站式”服务，“一个窗口”提供全程物流服务，是整个系统的核心。具有信息流、物流、资金流合一的网络而迅速将触角延伸到世界每个角落，产生蝴蝶效应。第三方物流可以实施多元化发展，提升核心竞争力的同时，降低企业经营风险。采取连锁经营的方式，复制产业模式化发展，并购加快企业规模化发展，拓展供应链的范围，加大增值服务。例如UPS的发展历程伴随着多元化成长，逐渐扩大规模，成为世界霸主。

3）以核心制造业的物流机构的集成化物流。这种发展模式适合已经在制造企业内部形成了完整的网络化和自动化的物流平台系统，在满足本行业的物流服务具有丰富的经验、技术能力，保证自身物流发展的同时参与第三方物流市场。实现充分利用现有资源，进行了多样化经营，为企业创造新的利润增长点。例如，海尔物流发展过程就是从制造企业的内部物流成长为物流企业，建立了完整的物流体系。

4）以大型连锁企业配送的集成化物流。大型连锁企业的配送中心采用战略联盟将第三方物流企业进行融合，建立集成化物流。在企业内部建立网络化、自动化、信息化程度很高的物流平台，在物流管理和运作方面具有相当丰富的经验，擅长从事物流服务的采购和销售。配送中心在集成化物流方面具备下面几个优势：利用连锁企业的经营规模和品牌效应，能够很容易与客户和企业建立良好的供求关系；拥有物流服务的设备和场所、技能和管理人员，在具体实施采购和销售方面，有能力和实力提供各种服务；为物流服务的各相关部门能够与连锁企业建立良好的关系，支撑大型连锁企业实现正常的工作和开展业务。能够对客户提供快速有效的服务和配送，真正实现“点对点”和“门对门”服务，达到高效、准确和快捷。

沃尔玛的成功案例成为世界上一流的物流运营商，全球4 000家门店的销售、库存、订货情况都可以互联网系统、卫星系统和视频系统进行实时查询，在美国就拥有三万辆大型运输车，每辆大型运输车都有卫星定位系统。可以随时了解每辆车的位置、装载的货物、货物运输的目的地。及时掌握物流和信息流，使整个供应链从生产企业到商店的供应，采用商业的标准化、统一化、专业化的运营模式，实现经济规模和效益，成为世界的连锁企业的霸主。

二、物联网与物流产业融合的基础和动力机制

1. 物联网与物流产业融合的基础和需求

物流产业作为物联网发展战略规划的课题之一，成为物联网十个重点领域之一。智能物流成为物联网应用的目标，当前对智能物流的解释还停留在技术层面，比如物流产业中的传感器应用。某种技术大面积应用于产业中，要实现技术驱动和产业

驱动。那么，物联网为物流产业提供哪些应用，主要表现在网络整合、资源整合和管控流程、设计流程，实现技术人员的推广和应用在物流产业之中。

智慧物流，是物联网应用与物流产业的根本需求。IBM 提出的“智慧供应链”的报告，从技术的角度和产业的角度，提出产业面临的问题和环境变化带来的供应链的需求变化，运用智能供应链来解决传统的供应链面临的诸多问题。实现产业驱动、信息化整合资源和提高网络理作用。从物流产业来看，物联网表现的只是一种技术手段，最终要实现智能化。智能化不等同于自动化，例如全自动照相机、智能洗衣机，它们能够根据实际情况做出判断和选择，实现信息化与自动化的完美结合。当今互联网的出现为自动化程度又提高了一步，采集信息的同时，要进行筛选和判断，同时还要与网络互连的同时把信息传输到数据中心，进行动态数据的调整，实现动态管控和动态选择，智能化具有自动化、信息化和网络化的显著特征。智能物流的实现，表示信息整合进入了一个新的动态平衡和管控水平。未来发展的方向，是根据物流产业的实际水平和客户的实际需求来确定信息化的目标。物联网对物流产业的影响主要表现在如下几个方面：

（1）系统资源的开放性

物联网的基础要求有一个开放的系统，要将社会信息和外部信息进行交换共享，自身信息向社会发布。不仅要做好服务，还要了解、调整和掌握更多的资源。建设一个开放性的平台，是提高运营水平的有效方式。开放过程中包括关键技术中的定位技术和传感器技术，还要考虑安全问题。平衡好开放性和安全性的矛盾，处理好制约整个系统开放性的发展，需要技术、流程、法律和管理的约束。不断调整开放性和安全性之间的平衡状态，促进系统的逐渐开放进程，推动系统开放时的技术和资源的因素。

（2）系统资源的动态性

当前企业的发展需要适应快速变化的外部环境，还要提升自身的精细化管理，既要制定好专业化的解决方案的同时还要执行好。对于交通运输的动态管理，要求做到对车辆和集装箱设备进行监管，建立动态的公共服务，向社会开放。

（3）系统资源的集中性

集中管理正成为各大企业加强信息化建设的首要任务，信息化应用于网络资源的融合趋势日渐明显。集中建立信息服务中心，引入云计算服务等高科技技术。

（4）系统关键技术的应用

1）信息识别与采集技术的应用，包括 RFID 和传感器的设备应用。

2）移动通信技术，包括移动和联通的 3G 网络建设，无线通信技术。

3）智能终端设备的投入，物流产业中必须具备车载终端和手持终端，方便系统内的联系和快速反应，实现物联网基础上的物品和人的管理方式的转变。

4）位置服务的转变，传统的卫星定位系统是通过智能手机提供的服务，现在是利用传感设备精准定位，减少误差，同时达到实时跟踪。

5）利用商业智能技术地信息进行加工处理，实现决策支持。

（5）数据中心的建立

在物联网推进建设中，为了更好地进行物流产业融合，主要是用数据中心的核心功能实现经济实体的成功，比较成功的案例有阿里巴巴、苹果公司和谷歌公司，发现这些公司的成长都得益于数据中心的快速成长。通过这些跨行业、跨部门的综合经营，实现分类管理的新型经济实体的发展模式。数据中心的建设还要依赖于公共信息平台的建设，公共信息平台的建设要考虑标准问题、商业模式问题、资金问题，关键的还要解决将不同的信息平台的融合和接轨。对于这个问题，常出现一个信息平台建设完成后，让另一部分人来运营，出现不会操作的问题，原因是这些平台的建设不符合使用者的方案和要求。目前存在的两种平台，一种是做得比较成功的公共平台，另一种是其于实体建立起来的平台，主要采取一个数据中心的模式进行复制，利用销售环节积累的数据，进行采购方案的制定，采取数据驱动的模式，达到基本上实现物流的过程，其中对于工作人员不需要太多的专业物流知识和销售经验，对人的技术水平要求不高，这样的发展结果就是实现物的智能化。智能化的要求是对于人的依赖水平递减，智能能够解决整个流程的操作，决策和管控能够自行完成，这也是智能物流发展的方向和趋势。

2. 物联网与物流产业融合的动力机制

2012年2月14口，《物联网“十二五”发展规划》正式发布，对于发展和利用物联网技术，促进经济发展和社会进步具有重要的现实意义。《规划》根据《国民经济和社会发展第十二个五年规划纲要》和《国务院关于加快培育和发展战略性新兴产业的决定》，明确了2011～2015年中国物联网产业发展的重点和方向，将物联网作为抢占世界新一轮经济和科技发展的战略制高点的重要部署。随着物联网技术被列入中国战略性新兴产业的核心突破领域，物联网的研发应用不仅是新兴产业培育的重要内容，而且对推进信息化与工业化深度融合、促进经济循环发展，推动中国产业结构调整和转型升级具有重要的战略意义。大力推动物联网技术在物流产业中的应用，是改造提升地方物流产业，提高信息化水平、促进发展方式转变的重要手段。

根据中国物流统计中心的预测，我国未来三年的“三网融合”能够带来投资和拉动消费将近6500亿元人民币。对于其中的电信企业、广播电视网络和互联网的运营商带来了新的经济增长点。其中目前进行的比较顺畅的是广播电视有线网络的双向改造，机顶盒的更新换代以及视频节目和内容的增加，对广电网络的经济带来了新的利润。随着国家对于3G网络的资金投入和政策倾斜，集成电路和软件开发等重点产业发展很快，为物联网平台的建设打下了良好的基础，取得了实质性的进展。在国家产业化和企业技术突破的双轮驱动下，物联网产业的发展将得到质的飞跃，带来物流产业焕发新的生机。

物联网的发展方向代表了第三次信息化浪潮的到来，电脑的出现使人类从繁重的脑力劳动中解脱出来，互联网的出现成为一个信息时代到来的标志，物联网又把人们带入了新的市场和庞大的产业空间。国家对于物联网的建设也给予了多方面的支持，物联网的建设成为“十二五规划”的重点项目，我国制定了适合中国自身的自主编码体系，从技术的角度突破了核心技术和重大关键技术。现在已经实现了整个物联网流程的全部技术能力，从感知、识别、芯片、终端设备、软件、整机、网络和具体的业务应用形成了完整的产业链，培育出了一批具有核心竞争力的企业，已经成为国际上领军企业和行业的风向标。对于国家大力建设和推进的以物联网为平台的物流产业的发展，到2015年已初步形成了基于物联网的智能物流体系，建立起了与国家现代物流产业相适应的协调发展的物流信息化系统。

在战略性新兴产业的激励下，以及三网融合为物联网建设提供了一个物理平台，再有电信网络、广电公司和无线通信行业的兴起，一定会带来物联网产业的产值爆炸式增长。根据IDC调查显示，在今后五年信息产业的支出将是现在的三倍多，目前企业的云计算投入的市场规模高达每年420亿元，企业投入的云计算服务占整个IT企业成本的25%，比例将会逐年提高。对于物联网建设的软件产业国家同样放到了重要的位置，从解决集成电路的硬件设备投入到具有核心竞争力的软件开发，明确增值税的退税政策，改善市场环境，同时政府应该加大对芯片行业的投资额度，保证芯片的研发能力的提高。

第三节　物联网与物流产业融合的模式

一、物联网对物流业的产业内融合模式

各国普遍认为，物联网的发展对于物流产业发展将起到推动作用，这种深远影响将会在物流系统管理中提升物流产业的经济效益。在物联网中，通过对物流物品上植入的电子标签、条形码等一系列存储物品信息的标识，通过无线互联网络进行实时信息发送到后台信息管理系统，各个数据中心运用全球的互联网络，达到实时跟踪、监控的智能化管理，在物流产业的制造、运输、仓储和销售的环节上达到快

捷方便安全高效。

物联网是物物相连的互联网，使用各类传感装置，电子标签技术、视频识别技术、全球定位系统、红外感应系统、激光扫描系统等信息传感设备，按照约定的协议根据需要实现物品的互相连接，进行信息的识别和交流，实现物流的智能化识别、定位跟踪和监控管理的智能化现代物流系统。如前文提到的，物联网在七层网络协议中只有三层架构：感知层、网络层、应用层。

从物联网本质来看，物联网结合了现代信息技术和各种感知技术以集人工智能与自动化技术的融合，使人与物进行交流，形成智慧物流体系。物联网具有互联特征、通信特征和智能化特征。物联网实现了感知技术、通信与网络技术和智能体系三大技术。

1. 物联网感知技术与物流产业的融合

物流产业中对各种物品的管理种类繁多，形状不同，还实时处在移动和交换过程中，运用物联网的感知技术，发展智慧物流成为技术融会的关键。识别和追溯物流产品运用了 RFID 和条形码自动识别技术；分类、挑选和计数运用了激光技术、红外线扫描技术和条形码扫描技术；定位追踪运用了 GPS 卫星定位系统技术、GIS 地理信息技术、车载视频技术；监控物品运用了视频识别技术、GPS 技术。总体来看，物联网与物流产业的技术融合主要有：RFID，GPS 技术、视频监控技术、传感器识别技术、红外线技术、激光技术和目前比较流行的蓝牙技术。

现在，物流管理已经是一个公司发展战略的重要组成部分，是“第三利润源和成本源”，因此对物流与商流进行科学、合理的设计与管理，已经成为我国企业必须解决的重要难题之一。物流业是融合运输、仓储、货运代理和信息等行业的复合型服务产业。要使我国物流业快速发展，必须充分利用现代信息技术，建立起一套布局合理、技术先进、节能环保、便捷高效、安全有序并具有一定国际竞争力的现代物流服务体系，提高我国物流业信息化水平。

为了推进我国物流业快速发展，促进信息技术的广泛应用，改善我国物流业信息化水平，多年深耕 RFID 通信协议安全技术、芯片研发及技术应用推广，由中国物联网行业领导型企业航天信息股份有限公司，针对物流管理中的贵重品及危险品等重点管理对象推出了物流全程感知解决方案。该解决方案通过对物联网技术应用深入研究，借助航天信息丰富集成物联网应用技术经验，构建了一整套从物品分拣、装车、配送、落地到户等各环节无缝管理，服务于全程物流配送的全程感知系统。

2. 物联网通信与网络技术与物流产业的融合

物流产业的工作区域范围不仅局限在公司内部运输和管理，还包括全程的物流运输，以及仓储管理中心的参与，为了更好地发挥效能，需要借助物联网的通信与网络技术。企业内部通过建立局域网系统，实现内部的信息管理，同时要与互联网相接，达到统一管理。在远程物流中还要有货运联网，车辆配货系统调度的智能化和智能化，企业内部的仓储核心系统采取总路线技术实现统一管理。在网络通信方面要采用无线移动、3G和网络直连技术，也可以运用M2M通信技术。

因此，综合运用结合了无线局域网、互联网、总线技术和通信技术。按照通用的技术理论家的观点，物联网技术的发展在短期内可能并不能带来产出的快速增长。报告指出，中国对物联网机遇的把握仍面临一些挑战和制约因素，主要包括标准规范、核心技术、统筹规划、商业模式、规模应用五个方面：① 物联网行业标准规范缺失。由于物联网涉及多种学科和技术，且涉及多层次的多个标准，目前尚没有一个统一的标准体系出台。② 核心技术缺位。纵观中国物联网的技术创新，相当一部分是在原有信息化技术基础上进行深化和发展，通过增加新功能，使其具备物联网的特性。但并不是从无到有的创新，也很难形成核心技术。③ 统筹规划和管理缺乏。在全国范围内尚未进行统筹规划，部门之间、地区之间分割的情况较为普遍，产业缺乏顶层设计，资源共享不足。④ 成熟商业模式缺乏。虽然物联网市场前景广阔，但是整个行业目前尚未出现稳定和有利可图的商业模式，也没有任何产业可以在这一点上物联网的发展。⑤ 规模应用不足。物联网在我国虽然有一些基础应用，但目前国内“以物为互联”的应用需求还是低层次的，难以激活产业链的参与和投入热情。

针对物联网发展现状，物联网应用到物流产业，一是要加快物联网标准体系的建设步伐；二是要加大对核心技术研究的投资力度；三是实施重点应用领域的重大专项；四是加强物联网产业链的合作，提高产业链融合度，提高资源共享水平。

3. 物联网智能技术与物流产业的融合

采用智能技术主要包括ERP技术、自动控制和专家技术等。对于社会物流运输智能技术采用数据挖掘、智能调度、优化运筹技术；对于仓储物流中心，运用自动控制、信息管理、移动计算等技术；对于供应系统采用云计算、智能计算、ERP技术。

在物流领域来看，物联网只是技术手段，目标是物流的智能化。谈到“智能”二字，人们对智能的认识是一个逐渐深化的过程。早期认为自动化等同于智能。而后随着科技的发展，出现了一些新的智能产品，如傻瓜相机、智能洗衣机等，它们能够从现场获取信息，并代替人判断和选择，而不仅仅是流程的自动化，此时的智能是“自动化+信息化”。然而发展到今天，互联网的出现，或者说进入物联网时代，智能的含义又更进了一步。仅仅通过自动采集信息来做出判断和选择已经不够了，还要与网络相连，随时把采集的信息通过网络传输到数据中心，或者是指挥的本部，由指挥中心做出判断，进行实时的调整，这种动态管控和动态地自动选择，才是这个时代的智能。也就是说，智能应该具有三个特征，即自动化、信息化和网络化。而智能物流的出现，标志着信息化在整合网络和管控流程中进入到一个新的阶段，即进入到一个动态的、实时进行选择和控制的管理水平。这个水平不一定是目前大家马上都需要的，所以一定要根据自身的实际水平和客户需求来确定信息化的定位，但这肯定是未来的发展方向。当前智能物联网对物流信息会产生影响，主要体现在五个方面：

第一，开放性。过去建信息系统就是把自己的流程和资源管好，现在不行了，也就是说采集信息完全靠自己投资和管理的时代快要过去了，必须要有社会信息、外部信息的交换共享，同时还要有自身信息向社会发布的机会。在很多案例中看到开放的系统整合外部信息，将自身的信息向外发布，而且还能够获得收益。因为管理，在前期基本上是按照二八法则定位的，也就是说，企业的KPI指标、服务水平，只要求把自己的事情管好，就是一些车、人、仓库，把他们管好了，服务水平的80%就有保证。其他因素可能很多，但影响很少。但是在这个基础上要再上一个台阶就困难了，还需要知道道路的情况、交通拥挤的情况、天气的情况等等，这些情况对于自身进一步提高KPI非常重要，从80%提高到90%、95%，没有外部系统的沟通是不可能做到的。所以在进一步提高时，二八法则就要调整，要掌握更多的资源。因此，一定要建开放性的平台，这种开放性是提高运营水平的一个必然的趋势。在这个开放的过程中，一些热门技术，像定位技术、传感器技术等，将会成为实现开放性的关键技术手段。同时，人们还要认识到制约开放的主要问题是安全性。所而现阶段要解决安全的问题，一要靠技术；二要靠流程，要重新设计流程；三要靠法律；四要靠内部管理。安全的问题也在不断变化，包括对安全问题的认识、承受程度等。这种变化使开放性和安全性之间的平衡状态不断调整，这也会促进系统自身逐渐地开放。在新的时代要建开放性的系统，而开放性的系统和安全性之间怎样平衡，考虑这两方面的关系，以及涉及的相关技术、资源等，都是在推动系统开放性时需要考虑的因素。

第二，动态性。适应快速变化的外部环境，提升精细化管理要求，这是目前企业发展的重要需求。一是制定专业化的解决方案，二是很好地执行这个方案，只要能做一个很好的专业化方案，同时能够很好地执行方案，就是有竞争力的物流公司或者供应链公司。现在这样不行了，因为除了有一个好方案外，还要有实时的调整能力。要根据外部情况的变化，随时判断和调整，这就能够“动起来”。所以要使管理系统适应外部快速变化的复杂环境，动态化一定会提到日程上来。当需要系统动态化的时候，定位信息服务将成为基础。定位信息就是采集的信息里包含识别和时空两个基本要素，定位信息捆绑其他状态信息构成物流动态管理的“信息元”，上面可以加载其他管理信息，可以加温度、压力、湿度等信息。用传感技术捆绑，捆绑在什么信息上，就对什么作动态管理。所以，识别信息加时空信息成为一个捆绑的信息元，可以形成动态信息的公共服务。现在已经出现了非常多这样的位置服务公共信息平台。再一个就是运输网络的监管动态化和服务社会化将决定着物流管理动态化的进程。动态服务要从何处用起？建议可以先从交通运输的动态管理用起，首先对车辆和集装箱等运动中的设备和人进行监管。从这里开始做起，建立动态管理的公共服务，并且把这种服务释放到社会上去，很多物流公司就可以用来监管动态的货物运输。所以当前动态服务最看好的市场，或者基础的市场，是运输的监管服务以及向社会开放的公共服务。

第三，集中性。现在各大企业都在加强信息化建设，而集中管理成为一个重要趋势。信息化应用于网络资源的整合和流程的管理的趋势越来越明显。信息如果不集中是无法加工和提升的，因此，这种集中管理有利于提高信息的处理能力和服务能力；同时，信息加工服务的人才是稀缺的，只有集中起来才能够投资建设数据中心。所以，人们会看到信息管理的集中化是近期信息化建设非常重要的特征。同时人们还看到促进信息服务外包的技术，如云计算服务等也得到了快速发展，数据挖掘、知识管理的技术和人才需求急速上升，这些都是集中性带来的变化。

第四，关键技术。一些关键技术将得到快速发展。一是识别与采集信息技术，包括 RFID、传感器等；二是移动通信技术，包括 3G 网，甚至 4G 网等移动无线通信技术；三是智能终端，与其他行业的信息化相比，物流信息化中特有的两种装备，机载终端和手持终端，将得到快速发展。研究这两个智能终端的差异性，将反映物联网时代物品和人的管理方式。四是位置服务，基于位置的服务现在非常流行，除了传统的 GPS，发展最快的是通过智能手机提供的位置服务；五是商业智能技术，一旦管理转移到依赖于信息加工、信息处理，即利用商业智能技术进行加工和处理信息，实现决策、实现增值时，商业智能技术将会热门起来。

第五，数据中心。数据中心常常是被忽视的领域，但是在物联网推进过程中，遇到的各种问题可能没有统一的答案，但是随着一个个案例的出现，人们发现，这些案例体现的是数据中心经济实体的成功。大家看到现在最成功的案例，发展最快的实体，恰恰都是数据中心类型的。国内有阿里巴巴，国外有谷歌、苹果公司，都是发展非常快的数据公司，对世界经济产生了非常大的冲击。通过数据中心模式，这些公司自己解决了实践中碰到的标准、流程、人才、体制等各种问题。要想等这些问题都解决后再去推物联网可能不行，因此要鼓励多产生这样的数据中心。

所以，如何推进数据中心的发展，可能是人们下一步信息化，或者物联网时代急需解决的课题。在此之前人们是很少研究的，特别是现行体制很不适应这种数据中心的发展，因为它是跨部门、跨行业的。按照传统的分类去管理的话，数据中心将无法生存。所以人们现在需要有一种体制去鼓励这种新型的经济实体的发展。另外公共信息平台的建设也是一个数据中心的问题，实际上，公共信息平台建设存在的问题，不是标准问题、资金问题、商业模式问题，而是许多平台建设脱离了数据中心发展成长的轨道。经常是设计一个公共平台，论证以后，却让另外一些人来运营，而运营的这些人根本不懂这些事情，不是他自己的方案和想法。现在出现了一个很好的苗头，已经出现了向数据中心转化的经济实体。可以看到有两类，一类是公共平台，做得比较成功；另一类是原来就是实体，例如北京的物美集团就在朝着一个数据中心的模式去转化，销售方案是基于数据积累制定的，有了销售方案以后制定采购方案，也是基于数据的，有了物流配送方案后变成每个作业单，也是数据的，整个流程是数据驱动，形成一系列数据的单证，多数员工不需要懂专业物流和销售知识，对人的依赖很低。这样的发展，相信未来的目标就是智能化。

二、物联网与物流产业融合模式

1. 物联网技术与物流信息融合

RFID 是基于物联网与物流产业，来进行信息融合最主要的模式，1998 年麻省理工学院研制出以 RFID 为基础的编号方案，对每个物品统一标识，能通过互联网进行该产品所有信息的查询，形成全球统一开放的标准体系。利用电子标签的技术实现每个物品的信息处理，便于分析处理和决策。在物流产业中，电子标签的使用为自动化程度的提高奠定了坚实的基础，实现了自动仓储库存系统管理，物流产品跟踪服务，供应链系统自动管理，产品装配自动化、技术防伪多个方面，使用电子标签提高了整个物流产业的管理水平。

（1）货运信息追踪与管理

现代货运主要是集装箱物流，要求能够准确掌握集装箱相关信息：如开关箱时间、所处的地理位置、运输的路径等等。电子标签实现了物流信息全程的记载和实时监控。

（2）道路货运车辆信息的管理

在道路货运车辆贴上 RFID 标签，含有车牌号码、运输路线、企业归属、货物信息，方便查询和管理。

（3）在托盘上装载设备的记录系统

托盘上加载电子标签，使得出入、配送、监管更加容易，有利用设备的管理。

（4）物流航空集装设备、货物查询管理

在货物空运过程中安装 RFID 标签，便于跟踪记录相关信息。

（5）车辆的智能跟踪和定理

利用 GPS 卫星定位系统对车辆进行实时跟踪和监控，掌握车辆运行状态和货物安全。

2. 物联网技术在物流产业应用融合

从物流产业链的角度来看，在上游利用RFID和传感器，在通信网络的平台上，利用下游的物联网运营商，使物品具有了身份标识和赋予智能感知能力，为服务提供商提供海量数据分析处理的结果。目前，我国的三大通信运营商和提供给系统设备的中游厂家，例如华为和中兴等厂家，都已达到了世界级的领先水平。但是其他环节的建设还相对滞后，例如物联网是物物相连，对地图的地理位置要求非常精确，需要有很大的提高。

从发展的空间角度来看，物联网运营商与RFID的发展具有很大潜力，物联网运营商属于新兴产业中的子行业，系统集成的需求将远大于目前电信和互联网的需求，存在巨大的商机。从发展的规模来看，RFID和传感器被视为整个物联网的触角，潜在需求很大。当前很多企业已经将这些设备应用在很多行业，随着政府支持力度的加大，这些设备的需求量将逐渐释放。从物联网运营商的角度来看，目前已应用研究到包括交通、电力、能源、保险、建筑行业等方面，随着技术的成熟，将会有进一步的推广和应用。从时间的角度来看，这些参与物联网建设的企业，在物流产业的发展过程中，将会先后受益，包括设备厂商、系统集成商和物联网运营商。当前同方股份有限公司作为提供RFID设备的上游产业链中的厂商，提供RFID芯片的生产、封闭和集成业务，与中国移动建立战略合作伙伴，建立面向全国的M2M软件服务平台，参与经营和服务，面向全国推广成熟的模式。

从时间的角度来看，经过中期的发展，系统集成企业的行业利润会激增。在物联网的初始发展阶段，物联网的应用只在垂直行业应用，长期来看，物联网涉及的技术层机开始增多，专业的系统集成会大量增加。物联网运营商从无到有，从导入期到成长期，发展壮大，子行业里具有竞争力的企业将会逐渐显现，物联网的市场份额和规模将逐渐增大，更有利于物流产业的发展。

物联网的应用不只局限于物流和生产领域，包括在国际贸易中，影响国际贸易的瓶颈主要是物流效率，利用物联网的技术可以减少人力成本、装卸成本和仓储等物流成本。帮助国内制造商、进出口商、货代贸易方同时参与到物联网中来，实时掌握货物及航运信息，提高国际贸易风险的控制能力。我国已经制定了规划方案对于目前的市场规模对今后几年的发展给出了一个物联网行业市场在各个行业的规模，物流行业的投入占有一定的比重。

3. 物联网在行业物流中应用与案例

（1）物联网在医药物流中应用

我国医药的流通比较混乱，成为国家经常进行管控的目标之一。为解决流通过程中渠道复杂、环节众多，因此，引入物联网的建设和规划会给医药物流带来一个质的改变。当前医药流通领域存在的问题主要有：① 药品的安全难以得到保证。药品易受温度、光照、环境的变化发生变质甚至药效消失；② 流通环节中被调包成假药或者混入假药；③ 流通过程中频繁发生返货和串货的情况，大幅增加药品流通成本；④ 流通中药品价值虚增，增大了对药品管理的难度。针对这些情况，解决的办法要实现对整个流通过程中对药品的实时有效的监控和跟踪，解决药品的流通安全问题，才能降低药价成本。因此利用物联网的技术在医药流通过程中全程参与，在每个药品上贴一个电子标签，用于被授权的全世界唯一的一个编码，记录了此药品的生产厂家、批号和时间等相关的自然信息。在药品的流通过程中，用传感器进行对电子标签的读写，对于 RFID 具有非接触的特性和超大容量数据，会在有效距离和快速读取，相当于每件药品具有自己的“身份证”，方便查询。可以对药品的运输商、时间和路程在 EPC 中进行更新，还可以对存储和运输环境要求较高的药品进行温度、光照等条件的监控，达到运输的安全高效。对于验货商来说，可以方便查询到整个流通环节生产、运输等的信息，更能验证产品的真假辨别。

（2）物联网在现代制造业生产物流应用

我国大中型企业正在加紧信息平台的建设，实现集中进行管理、生产、销售、物流和服务等环节的计算机处理。数字视频技术的发展成为企业可视信息组成的重要部分，实现企业安防、生产管理的视频数据管理系统，由传统的视频监控系统发展而来，结合通信技术的升级和进步，组成企业现代管理的主要方式。

采用分布式图像处理结构的远程视频监控系统，完成视频的采集和传输，使每个前端设备作为一个网络节点进行逐步扩展，可以进行多个设备同时管理。基本实现的功能有：延伸监控的范围；集中远程动态调度；实现一般防控。主要设备投入有前端视频采集设备，传输网络系统和图像显示设备。

（3）物联网在快餐业物流配送的应用

食材的新鲜要求是首位的，从仓库到餐厅包括出库、运输和收货，都要保持在合理的温度内，才能保证新鲜和完好。对于每个食材贴上 RFID 无线射频识别冷链温度监控系统，能够对温度进行实时收集，并存储到 RFID 中，还能够通过 RFID 读写天线发射传送，实现远距离的读写功能。对于工作人员，可以采取远程操作，达到远程办公，大大节省了人力的投入，同时对于工作效率大大提高，实现减员增效的现意义，提高了快餐业的利润空间。

当食材放在仓库时，可以通过食品贴有的 RFID 实时监测、记录食材保温箱的温度信息，冷链温度监控系统能够对整个全程运输系统进行监测，能过安装在每台车上方的 GPRS 无线传输网络将温度实时传送到总部的管理系统中，解决了工作人员远程监控的作用。出现温度异常，系统会自动报警，司机在第一时间采取相应措施，解决了人为造成的冷链风险。人们需要更多的信息化技术进入快餐行业，实现整个行业的信息化进程，让消费者满意的快餐品牌迅速崛起。

根据不同客户的要求，按需分配给不同商家，实现随时观测食材供求和库存情况，实现无障碍沟通，实现按照批次和货位进行管理，降低运营成本的同时，减少了不必要的开支，同时达到高效快捷。对于企业化经营形成连锁反应，营造企业产业链的健康发展。产业的融合会推动整个快餐业的发展，建立一个典型的模式向整个快餐业推广，实现行业的整体提升，整个产业的运作上升一个新台阶，形成产业集群效应，为物联网和其他产业的融合也带来了现实意义，使得技术的发展为产业的腾飞插上翅膀，提供不竭的动力之源。

第四节　基于物联网的物流产业融合发展对策分析

一、阻碍基于物联网的物流产业融合进程的主要因素

当前，欧美及日本在物联网技术的研究和应用上处于相对前列，但仍处于起步的发展阶段，对于在物流产业的应用范围和尝试还十分有限。中国对于物联网的应用在证照防伪和电子支付等方面有较大的进步。

1. 标准问题

国际上物联网已形成 UCC、EAN、AIM、UID、ISO 五个标准体系，同时也代表着不同组织集团的利益。全球大部分国家只在 13.56MHz 的高频区域得到了一个统一标准，而在其他频率难以达成一致，阻碍了物联网的全球推广。

2. 技术问题

当前物联网的超高频电子芯片均是一些大公司掌握着核心技术：HITACHI、TI、INTEL 等国际公司。这些电子标签的生产工艺流程、基质材料和规格型号的相关因素要求比较严格，天线接收系统和芯片的适应问题很难突破。此外，物流产品的外观，形状，包装介质对于在识别标签时也会受到影响，产生误码，对于会产生磁场的金属材料和液态物体运输过程中会产生干扰因素。

3. 成本问题

用于识别物流产品的电子标签进行扫描的每个成本要 1 美元左右，而进行识别电子标签的解读器大约成本在 1 000 美元左右。对于投入的成本还包括接收设备、计算机网络通信、数据处理系统、统一集成平台等各个系统的建设费用。由于当前物流产业的现状，利润偏低，从而各个公司难以投入增加成本。只有电子标签大幅降低，才

能吸引物流公司介入，预计电子标签价格低到5美分（约是现在成本的二十分之一）。但物联网的投入和产出符合总成本高但边际成本低的特点，适合大公司采用。

4. 行业问题

由于制定物联网的行业标准高，涉及商业机密和各个公司的内部安全问题，阻碍了各公司对于物联网的融合。例如RFID标签，在交通环节、出入监控、电子支付等领域存在行业间和行业内部的利益纠纷，以及各公司的商业机密。

5. 安全问题

当前的互联网飞速发展，黑客和病毒泛滥成灾，其中的RFID系统的安全会出现问题，为了解决这个问题就要使芯片具有加密功能，增加成本投入，而大部分芯片没有植入安全防护功能，从而增加了安全隐患。

二、推进我国基于物联网的物流产业融合的对策建议

1. 基础建设和产业服务工作

（1）加大对物联网建设资金的投入，开展信息化网络系统建设。针对物联网的高投入高成本，物流企业应加大对物联网的资金投入，引进专业化的网络信息管理系统和硬件设备。同时要有前瞻性，根据企业自身的发展规划，进行基础设施建设时要接口兼容、扩展，达到减少后期的成本投入。

（2）创新商业模式发展，细分市场行业。物流企业制定适合自己的差异化战略或集中化战略，针对高附加值产品推进物联网细分行业的应用，发展新型电子商务和现代智能物流，创新基于物联网的物流商业模式。

（3）引进技术人员，培养能够二者兼通的复合型人才。物联网是新兴的技术，缺乏专业的人才，物流企业需要引入高端人才，培养物联网技术和物流技术都能够管理和使用，更需要大量培养和储备，为企业的发展奠定坚实的基础。

2. 制定标准，消除融合障碍

（1）统一标准，共享共建。各国在大力推进物联网建设时，国际上形成了以UCC、ISO、EAN、UID、AIM五大物联网标准体系，对于物联网的核心技术——RFID（射频识别技术），服务提供商的标准各不相同，使得系统间不能互联互通，给物联网的建设和管理带来了技术上的障碍。

（2）发展技术，应用成熟。电子标签的技术要降低门槛，达到流水线生产，制造电子标签的原材料要供应充足。对于金属和液体物品的运输，要有抗干扰能力，方便物流管理部门的监控。

（3）降低成本，优化平台。对于组成物联网的接收设备、传输网络、识别系统的成本费用，进行批量生产，优化技术投资，达到普及推广，减少物流企业的成本

负担，使物流企业积极投入到物联网，使应用程度提高。

（4）提高保障，安全高效。物联网的平台组成部分的互联网平台，会存在安全漏洞，以及泄露商业机密和个人隐私，加强安全保障，达到安全高效，确保物流畅通。

3. 加大外部支撑环境的前提基础和条件保障，推动融合进程

就我国目前的状况而言，政府部门、企业、第三方物流公司等机构之间很少有成熟的公共信息共享平台，他们之间在业务流程上环环相扣，却面临信息沟通困难的尴尬。货品流通速度缓慢，从而造成整个物流产业成本远远高于发达国家。

政府、企业、第三方物流公司等机构应该打破物流产业各机构之间的沟通壁垒，采取物联网的平台建立起高效的多方沟通模式。物流信息系统的边界正在消融，从信息化角度为我国物流产业的发展提出了新的发展模式。

（1）加大国家宏观政策的支持：物流产业是一个跨企业的复杂系统，在将优势资源进行整合，在行业分割严重地域存在分离的情况下，集成化的物流服务商，宏观政策要对产业融合给予必要的扶持，鼓励强势企业兼并重组的物流资源，使存量资产盘活，加快物流产业进行产业融合。

（2）获得所需资源：包括人力资源和市场资源，硬件、软件资源，解决集成物流化所需的技术，通过自身的整合实现全面供应链的解决，为顾客提供高质量和集成化的服务，资源已成为物流产业融合存在和发展的基础。

（3）技术体系的支撑：新的管理模式为物流产业提供体系的支持，其重点是信息技术和管理技术的提升，两者成为集成化物流产业运行的有效保证，二者有机地相互交融、共同发挥物流组织的作用，形成集成化物流系统。

（4）契约支撑：为准市场性企业组织提供双边的实际形态就是契约，由于集成化物流系统成员企业都具有法人，彼此不存在任何隶属关系，不存在完整的组织系统和等级制度。需要设计出激励机制的同时还要有约束的契约管理体系，才能使集成化的物流系统有效地发展。

《中国物联网“十二五”发展规划》指出，物联网的发展主要应用在九大领域：智能工业、智能农业、智能物流、智能家居、智能安防、智能交通、智能医疗、智能电网、智能环保。物联网至今发展了十五年，随着 IPV6、传感器、云计算、三网合一、嵌入式操作系统的技术突破，物联网由概念阶段进入到应用阶段。其中，物流产业是最早与物联网接触的产业，同样也是物联网最早应用的产业。未来各种各样的物品，将嵌入一种电子标签的芯片，利用传感器信息获取、分析，通信方式运用一个全新的沟通维度，将以全新的模式渗透到政府办公、企业经营、人类生活的各个领域，而对于已经率先运用物联网技术的物流产业会产生深远的影响。

智能物流主要实现三大系统的建设：库存监控、配送管理、安全追溯等环节的

物流流通应用系统；感知与交换、智能化管控、车辆定位和调度、远程监测和服务、协同控制、开放综合的物流服务系统；建设跨区域和行业的物流信息公共服务平台，实现电子商务与物流产业一体化的管理系统。当前，我国物流产业呈现出高速增长的态势，大中型企业物流、第三方物流企业加大了对信息化的投入，通过信息化手段提升竞争力和扩大企业的市场份额成为共识，物联网技术的引入促进了物流产业的成效表现在：经济效益的提升，市场份额的扩大，运营成本的降低，综合竞争力的提升，社会效益的显现，新型产业的发展，经济方式的转变，降低物流成本，降低能源消耗，提高运输效率，探索出基于物联网的物流产业的新模式。

第七章　基于物联网发展的智能化社区医疗服务与研究

第一节　智能社区医疗服务概念与现状分析

一、智能社区医疗服务概念

1.社区医疗服务的概念

社区医疗服务，是依托社区而出现的一种医疗机构。社区的概念是 19 世纪最早由德国的社会学研究中心提出的，这一定义认为，社区是由人们生活的家庭历史和整个家族的地域历史两方面相结合而产生的。人们通常对社区的理解是，在一定的地理区域内一群没有血缘关系的但是有着相同的生活环境的人所组成的，他们有自己特有的生活规范。所以综合起来社区的定义如下：社区就是在共同地域范围内的一群人组成的有着一定的规范和共同服务的小社会，人们生活的共同体。一个完整的社区包括六个方面的要素：人口、地理位置、公共场所和设施、社区的综合管理、同一社区的共同生活方式、社区居民的认同感和归属感。所以政府利用地理环境的优势，在社区的基础上，发展相关医疗服务的供给，来治理整个社会医疗资源的配置不合理的现象。

社区医疗服务是最早在英国出现的一个概念，是建立在全科医学为基础上的一种服务形式。全科医疗指的是受过全科医学教育的医护人员所组成的团体，全科医生就是能够担当起社区医疗机构服务的医疗重任，独立地为人们提供全方面的诊断和治疗工作，从而能够为社区的居民提供便利的就医条件。20 世纪七八十年代，世界卫生组织要求全世界都要大力发展社区医疗服务，为以后建立世界性的社区医疗系统体系奠定基础。各个国家都经历由远古时代到今天这样漫长的历史变迁，而每个国家的历史都各不相同，所以社区医疗服务在各国的发展历程和最终形态也不同，社区医疗服务之所以在全世界范围内存在，就是为了能让人们在有疾病困扰的时候，第一时间得到救治，这是社区医疗机构的首诊服务，如有需要才往大医院进行转诊，现在“小病在社区，大病到医院”的这种理念在国外已经非常流行。

对于社区医疗服务的界定，出发点不同所得出的概念也不相同，从社区医疗服务为人们提供服务的模式方面来看，实践性的医护人员和纯理论工作的学者之间有很大的争议。有关学者对社区医疗服务的定义是“非住院的医疗卫生服务供给称为社区医疗服务”，显而易见，这样的解释是不全面的。经过对有关资料的查阅分析，社区医疗服务的定义可有如下理解：

社区医疗服务主要服务对象是一定地理区域范围内的居民，主要目的是为人们提供医疗保健服务。以能够满足人们的首次治疗为目标，向社区全体成员提供以预防、医疗、保健、康复、健康、教育、为主的一级接触的卫生服务。社区医疗服务是一种把全科医学作为核心的医疗模式，在这种模式下对社区居民进行健康的护理和预防指导，为每个家庭提供医疗服务，从生理、心理、社会和环境等各种影响因素来判断人的健康问题和疾病防治。

对社区医疗服务的发展也是城市社区建设的一部分，我国对社区医疗服务的要求是“居民步行 15 ~ 20 分钟以内能能够到达社区医疗服务机构”。社区医疗服务机构有着不同于大医院的明显特征，首先它以基层的医疗机构为主要存在形式，包括社区医疗中心和社区医疗服务站。其次，它有主要的服务群体，主要以妇女、儿童、和社区的老年人为主要人群，他所针对的病症主要是日常疾病，和常见的慢性病，同时也包括对社区患有痴呆和精神性疾病患者的护理。第三，社区医疗服务要以服务对象的日常需求为向导，为人们提供有效、便利、价格适宜的连续性的基层医疗服务，社区医疗服务的医护人员必须具有一定的全科医疗的知识功底，这种人才也符合社区医疗服务人力资源的特殊需求。

2. 社区医疗服务的公共性理论

(1) 新公共服务理论

新公共服务理论是伴随着公共管理理论的演变而出现的，从“传统公共管理”到“新公共管理”再到现在的“新公共服务”。新公共服务理论作为政府管理的新的理论的出现，是建立在对传统和新公共管理的完善和批判之上的。新公共服务理论最早是在 20 世纪以美国著名公共管理学家罗伯特·丹哈特为代表的一批公共管理学者基于对新公共管理理论的反思，特别是针对作为新公共管理理论之精髓的企业家政府理论缺陷的批判而建立的一种新的公共管理理论。新公共服务理论的内容包括了重塑和新管理主义等在内的一系列思想和实践活动。新公共服务理论认为，公共管理者在其管理公共组织和执行公共政策时应该集中于承担为公民服务和向公民放权的职责，他们的工作重点既不应该是为政府航船掌舵，也不应该是为其划桨，而应该是建立一些明显具有完善整合力和回应力的公共机构。新公共服务理论不同于传统行政理论，其不是将政府置于中心位置来改革完善政府，而是将公民置于治理体系的中心。新公共服务理论对新公共管理理论的改善体现在以下几个方面：公共管理者不应该是企业家，在公共服务中民主与公平应该稍稍优先于效率，应该把公共服务的对象当作公民来对待，让公共利益永远凌驾于个人利益之上。

新公共服务理论虽然指出了新公共管理理论的不足并对其进行了补充，但是两者在精神层面和实施方法上是保持一致的，新公共服务理论更看重的是政府在服务于公民的时候，公民的权利和职责，而不仅仅是政府在执行公共政策时候自身的权利，这也是新公共服务价值观的体现。新公共服务所建构的是理想的社区治理模型，整合了政府、市场、社会三者的力量，对公平与效率做到了均衡兼顾。社区治理实际上可以成为可供选择的一种善治方式，一方面，从社区居民对社区的认同感出发，通过对社区公共资源的规划和管理，让社区居民积极主动地参与到社区活动中来，能够亲自参与社区的发展和规划，同时对社区的管理工作起到监督作用，增加社区居民对社区的认同感和归属感，这也是社区治理的关键因素之一。另一方面，从事实出发，社区内的各个组织更加了解其服务对象，能从社区居民的切实利益和基本需求出发，更加清楚自己所面临的对象和问题，这样就能制定出更加符合社区居民的各项政策，体现出社区的本土优势，在提供公共服务时也比政府部门和市场机制更有弹性、更有效率、更有创意和更具关怀精神。

该理论可以为人们建设社区医疗服务提供一定的参考和借鉴，新公共服务理论的内涵和重点都向人们强调了公共服务的公平性和合理性，强调了社区建设中平衡政府、市场、社会三者之间的力量。提出社区治理成为可供选择的一种善治方式的可行性，把社区管理提到了一个新的建设高度。在社区医疗服务建设的过程中人们可以以新公共服务理论为指导，把人民群众的要求和利益放在首位，着力保障医疗服务水平，以人民群众满意为目标，用正确的社会服务价值观来指导公共医疗行政人员队伍建设，建立有弹性、有效率、有创意和具关怀精神的社区医疗服务体系。因此，有关新公共服务的理论应该引起我国社区建设领域的研究和实践者的关注。

（2）公共产品理论

公共产品理论主张是每个人都有使用它的权利，但没有拥有权，可以有更多的人加入到对它的分享中，只要限制任何一个人的使用就要付出巨大的成本代价，这也是由公共产品理论的非排他性决定的。

19世纪，公共领域的研究学者结合边际效用理论与财务理论的研究得出了公共产品理论，这是公共产品理论的初始形态，主要内容是对国家的有关财务部门在市场运行中的各种特征，包括了它的合理性、互补性。

产品的公有性和私有性是社会所有产品的两个特性，而公共产品理论是针对社会产品的公有性来进行研究的。公共物品具有的三个特性中，最重要的是它的效用不可分割性，私人物品是属于谁消费，谁就可以拥有它并独立地从中受益，而公共产品不同，只要存在这项公共产品，任何人都可以享用，可以受益，国防和公共设施是最为显著的例子。

随着我国医疗改革的发展，有关学者对社区医疗服务到底是属于公共产品还是私人产品这个问题上进行了讨论，得出在社会不同时代的发展对社区医疗服务的定位也是不同的，在社区医疗服务发展的初级阶段，社区医疗服务应该是有一定的私有性，对社区医疗服务做出这样的定位是为了促进它的发展，当社区医疗服务发展到中级阶段时，它的定位应该相应地产生变化，应该是属于准公共物品，现阶段我国社区医疗服务就处于这个阶段，带有一定营利性质的公共物品。但是，发展社区医疗服务的目的就是让社会的每个人都能享受免费的医疗服务，这时社区医疗服务就成了纯公共物品，这也是我国社区医疗服务发展的终极目标。

3. 智能社区医疗服务的概述

智能社区医疗服务，就是把我国的社区医疗服务向着智能化的方向发展，社区医疗服务的信息化水平决定着它在我国医疗服务行业的地位，才能跟国家医疗体制改革的方向保持一致。对于智能社区医疗服务的概念，国内外的学者在这方面的研究几乎没有，但是通过对有关物联网在社区医疗服务中应用的现状分析，总结出智能社区医疗服务是："将物联网的技术应用到社区医疗服务的各个方面，将社区医院的医疗设施、医疗手段、医疗流程、全部实现智能化"。

物联网这一信息技术的出现，在社会各界都引起了强烈的反响。在医疗方面也一样，智能社区医疗服务的应用，对物联网技术的研究实现了一个大的跨越，同时也可以使我国社区医疗服务的水平有大的提升。从国家现在社区医疗服务的发展来看，对其信息化水平的提高非常重视，这样一来智能社区医疗服务的发展将会是必然趋势。

大力发展智能社区医疗服务，不仅可以使社区医疗服务能力向大型医院靠拢，同时也可以解决我国所面临的重大社会医疗问题。物联网技术应用能给社区医疗服务带来最大的好处在于，为社区居民提供高效高质的医疗卫生服务，提高社区医院的管理水平，并以最快的速度获得上级医院给予的技术支持。智能社区医疗服务的应用，一方面节省了医护人员和患者就诊治疗的时间；另一方面，对那些行动不便、家庭无人照料的特殊病人和孤寡老人的护理更加方便，同时还降低了病人的医疗费用，减少医护人员的工作强度。经过一段时间的发展，物联网已经在个别的社区医院投入使用，有些社区医院现有的监控系统就是对物联网技术的应用。同时，国家相关部门已经开始研发智能社区医疗服务的应用系统，经过对智能社区医疗服务系统的应用，院里的可视化和信息化的水平都将取得显著的进步。但是现在我国社区医疗服务在信息化方面的发展比较落后，所以，对智能社区医疗服务系统的使用还存在一些问题，同时由于物联网技术在医疗行业的应用还没有统一的技术标准，所以在对智能社区医疗服务进行研发的时候还要考虑到与旧系统的兼容问题。

物联网作为我国大力发展的新型技术，当社会的发展达到其爆点的临界值，必然会对社会政治、经济、生活的方方面面产生深刻的影响，物联网技术在社区医疗服务中的应用不仅仅能在医院的视频监控方面进行使用，当智能社区医疗发展到成熟阶段，对整个医院的运营管理也可以发挥作用，到那时对社区医院的药品防伪，和医疗垃圾的处理工作就显得非常简单，智能社区医疗服务中最实用的技术便是定位系统和远程监控的使用，通过这两方面的技术可以让社区居民在遇到病患问题时，以最快的速度获得救治，大大提高了社区医疗机构的治疗效率，也减少了病人的等待时间，对病症的医治起到了积极的作用。

最为理想的智能社区医疗服务模式应该是以人为本，能够满足不同程度病症患者的医疗要求，以方便、高质、高效的服务、和后期全程护理为主打，能够在我国实现“预防为主、防治结合”与“小病在社区、大病在医院、康复回社区”的医疗理念，从全社会的医疗配置规划，和自身服务水平方面，让智能社区医疗服务融入人们的日常生活中，从根本上缓解我国“看病难，看病贵”的社会问题，大家要坚信，智能社区医疗服务经过一段时间的发展，在未来一定会实现这一目标。

4.灰色系统预测模型 GM（1，1）

灰色系统理论在我国的发展还是比较完善的，它的应用也很广泛。灰色系统理论起源于控制学，“灰色”这一叫法是与信息的明确程度相关的，“黑”表示完全未知的信息，对应的是黑色系统理论，“白”表示完全已知的信息，对应的是白色系统理论，“灰”表示部分信息已知，部分信息未知，对应的是灰色系统理论。灰色系统理论以其预测的准确度和误差小而被广泛使用。多个领域的研究学者都是通过对灰色系统模型的应用来预测该领域未来的发展方向。

灰色系统是对离散序列建立的微分方程，灰色系统理论及其微分方程模型简称GM 模型。GM（1，1）是数列的一阶微分方程模型，也是最常用的一种灰色动态预测模型，对于灰色系统有重大的意义。主要用于对复杂系统某一主导因素特征值得拟合和预测，以揭示主导因素变化规律和未来变化态势。

二、智能社区医疗服务的现状分析

1.智能社区医疗服务的优势

我国医疗改革已经进入了攻坚阶段，医疗改革的重点之一就是大力发展基层医疗服务，加强基层医疗单位的能力建设，不断缩小城乡、地区医疗卫生资源的差距。

由于传统社区医疗服务已经无法适应人们对社区医疗服务的基本要求，它在发挥其“六位一体”的功能时受到限制，所以导致社区居民会舍近求远地到大医院进行救治。而物联网这一技术的出现及其在社区医疗服务中的应用，会给社区医疗服务的状况带来大的改善，应用最新的物联网技术于社区医疗服务中心，可以缩短社区医院与大医院的信息鸿沟。智能社区医疗服务通过RFID感知技术的应用，电子健康档案的建立、远程病情监测等应用，可以避免病人奔波、避免医生重复检查、询问病史；方便行动不便、家庭无人照料等特殊病人；降低病人费用，减少医护人员的工作强度。不久的将来，将物联网技术在全国社区医疗服务的普及，是社区医疗服务和我国医改的必要途径。物联网技术的应用对于传统的医疗社区服务是个挑战，同时也将会给社区医疗服务带来巨大的改善和变化。相对于传统的社区医疗服务，智能社区医疗服务的优势可以从服务对象和作用两方面来说。

（1）从智能社区医疗服务的对象来说

首先，对于在社区医疗服务中的患者来说，就诊过程更加便捷。智能社区医疗服务的便捷首先体现在就诊流程上，人们只需要拥有RFID技术的“一卡通”，这样就省去了患者挂号和等待就诊的时间，当人们走进社区医院的那一刻，患者的信息就会自动出现在社区医院的数据库中，由于社区医院属于全科医疗模式，所以也避免了分科诊治的时间，从这一方面来说，“一卡通”在大医院的应用率就远远低于社区医院；从医生诊断来看，物联网技术的应用可以免去医生手写记录患者过往病史和过敏记录的过程，这些记录在患者走进医院的时候就已经被存到了医院的后台数据库中，医生只要点击查询按钮就可以轻松获得这些信息。

其次，医护人员的诊治效率大大提高。当医生对患者进行检查的时候，需要对患者体征数据进行分析，这些过程，利用物联网的无线传感技术可以轻轻松松地实现。在对患者进行测量的仪器中嵌入无线传感技术，体征数据一经测量出来，医生的接收器中就会显示这些原始的体征数据，和对数据的分析结果，这样就省去了医生记录和对患者的这些数据进行分析的时间，医生只需要将分析结果讲解给患者，开出治疗处方，就可以完成整个就诊过程。

最后，对于医院的管理层来说，医疗变得更安全，医疗事故出现的概率也大大减少了。物联网技术在社区医疗服务中的应用还可以对患者进行远程实时监控和患者地理定位功能，当他的身体发出危急信号的时候，医生能够迅速准确地到达患者身边为其进行救治。

（2）从智能社区医疗服务的作用来说

1）智能社区医疗的信息作用：智能社区医疗服务中，物联网技术有着能够对患者的信息进行存档、处理和输出的功能。对于在社区医院就诊过的患者，医院的患者数据库就会有一份完整的信息存档，这些信息包括患者的个人基本信息，和就诊信息与患者病史和过敏史的记录。这样当患者出现紧急情况，需要向大医院进行转诊治疗的时候，社区医院只要将这一份数据传送到大医院便可，这样不仅可以为患者减少救治时间，同时，大医院的医生也可以为患者的救治做好相应的准备。未来，当物联网技术发展到更加成熟时，应该能够实现对患者日常生命体征的测量，并且可以实时地传送到医院的患者档案库。

2）智能社区医疗在康复治疗服务中的作用：随着物联网技术研究的深入，智能社区医疗服务与大型医院之间的同步诊疗技术也会成为现实，同步诊疗技术针对的是那些术后需要康复的患者，在手术之后患者能够在社区医疗机构进行康复治疗对患者、大医院双方都是有好处的。对患者来说，社区医院费用低，与家之间的距离短，方便了对患者的陪护工作；对大医院来说，在医院床位紧张的情况，还可以省去每天查房的麻烦。但是，同步诊疗技术必须能够实现社区医院和大医院能够同时获得患者的恢复信息和每天的检查状况。这样当患者出现社区医院无法解决的紧急情况的时候，大医院可以先把急救方案传给社区医院，再以最快的速度到患者身边进行治疗，这样一来智能社区医疗在康复治疗方面的作用就不言而喻了。

3）智能社区医疗服务的宣传优势：物联网技术被人们所广泛关注，是由于物联网有强大的生命力、有巨大的技术优势。社区医疗必须发挥其宣传预防作用。现在很多人生活节奏快、生活习惯不健康、缺乏必要的医疗常识，等到出现病变症状时为时已晚、治疗成本巨大。如何能够使社区的人们不生病、少生病、避免小病转化成大病？社区医疗在宣传方面的作用就更突出，社区内各种宣传媒体都可以与社区人员密切接触。社区建立了完善的健康数据平台后，可以及时统计分析人们的身体指标参数。及时对社区人员进行饮食、行为的指导，对不良习惯进行纠正，对部分超标数据进行对症指导和监测，就可以大大降低常见病、高发病的概率，有效地降低小病转成大病、甚至发展成不治之病的现象，提高了人们的生活质量、减轻了人们的医疗成本。所以，物联网技术应用在社区医疗服务后，在宣传预防方面的作用也同样不可忽视。

2. 智能社区医疗服务的技术简介

一个成熟的智能社区医疗服务系统应该是一个拥有完美的硬件和软件的综合构成体，因为智能社区医疗服务的存在要实现的功能是多种多样的，所以它对于硬件的要求非常高。首先要有能够理清医院和外部因素，包括患者，家庭和各应用医疗点的网络结构；要有能够为患者进行病情检查和医治的医疗设施；还要拥有能够在家庭中对人们进行日常护理和检查的终端服务器。在智能社区医疗服务系统中，医护人员和患者的所有信息都是可以共享和利用的，包括病人信息库、专家知识库、医学信号与图像处理程序库、疾病分类与诊断专家系统、医院的药品存储信息等。从概念上讲，智能社区医疗服务系统可以被看作一个智能化的虚拟医院，它可以不分时间、不分地点地为任何患者进行治疗。

（1）智能社区医疗服务系统的体系结构

智能社区医疗服务系统的构建主要是对物联网技术的应用，主要原因是由于社区医疗服务系统中的数据获取非常重要。社区医疗系统体系的构建不同于其他物联网应用的领域，它有着自己独特的信息收集、信息处理和信息传送的方式，物联网技术在智能社区医疗服务中的应用应该从三个层次来理解。

1）"物"就是社区医疗系统的对象层面，包括医生、社区患者、医疗设施和机械。

2）"联"就是信息的收集和传递，也就是信息的互联，物联网面对的对象应该是可感应、互动和处理控制的。

3）"网"就是整个系统的流程连接，智能社区医疗服务的概念，必须是基于标准化的医疗流程。

物联网技术的应用牵引着整条主线，包括全对象、全功能、全空间、全过程管理，整个管理过程都是相辅相成的，有一方面的短板，整个系统的功能就无法实现，管理上就会出现漏洞，所以整个管理过程要求严谨、精细。从物联网的技术层面来讲，物联网技术在社区医疗服务中的应用要有统一的技术标准为参照物，人们的应用理念是用复杂的信息技术，去创造简约的社区医疗系统体系，用简约的社区医疗系统体系去完善社区医疗的标准。纵观全国整套医疗体系，最难做到的就是医疗行业统一的标准，而物联网技术的应用将从本质上推进社区医疗服务乃至整个医疗系统的改进。

（2）智能社区医疗服务的系统设计概述

智能社区医疗服务的系统总体分为四方面，包括 RFID 应用子系统、远程病情检测子系统、HIS（Hospital Information System）和患者定位子系统。

智能社区医疗服务系统应该是一个覆盖整个社区的网络结构，智能社区医疗服务应用系统和各个子系统之间是通过如下方式来实现的，在每个社区居民的家里有一个能够感应 RFID 的无线感知终端设备，社区居民通过 RFID 子系统进入到智能社区医疗系统中，将个人的人体生理各项参数输入并存储到此系统中，让系统能够对社区每位居民的身体情况有所备份，系统自动生成并建立数据库。然后通过远程病情检测子系统由系统和医护人员对传输来的数据进行统计、分析、诊断和报警，在社区居民身边的可视化界面中给出其自身的身体健康分析报告和医生处方，然后对社区居民的医疗保健行为进行指导，同时将社区用户的信息通过云端处理器将电子档案上传至HIS子系统的数据库，以便给社区医院的专家医生诊断，为社区用户提供进一步的医疗处方。如果遇到复杂和社区医院无法解决的症状，也可将社区用户信息上传至大型医院进行会诊。对于患者定位子系统的应用，社区用户可以将便携式的定位器随身携带，也可用手机替代，当出现紧急情况和远离社区医院时系统自动报警，这一技术应用对一些特殊病症的患者有着非一般的意义，比如老年痴呆、精神障碍和急性心脑血管病患者。有了患者定位系统可以随时随地对其进行跟踪，了解其身体状况。同时可以建立社区医疗服务范围内的电子地图，让医护人员可以快速、准确地到达患者身边。

3. 物联网技术在社区医疗服务中应用领域分析

（1）射频识别技术（RFID）的主要应用

1）一卡通：我国大型医院在医疗方面面临"看病难"问题的主要原因是在医院就诊的患者过多，病人将大部分时间都浪费在了挂号、就诊、各项检查的排队中。在社区医院中"看病难"的主要原因是社区医院有着跟大医院相同的烦琐程序。智能社区医疗服务中对RFID技术的应用可以解决社区医院所面临的问题，让社区居民的就医过程更加高效和方便。社区医院的服务对象主要是社区的老龄层、儿童和需要日常护理的慢性疾病患者，因此人们可以选用远距离的RFID技术，将患者的个人基本信息、血型、以往病例、家庭住址和联系方保存在RFID卡中，同时在医院门口装上RFID卡的读卡器，患者在进入社区医院时，经过读卡器对RFID卡中信息的读取，智能社区医疗服务系统便可自动识别出患者的各项信息，这样就省去了挂号、医院手工录入这些烦琐的步骤，也可避免患者叙述不清和医生录入失误所造成的医疗事故，在很大程度上省去了在社区医院的就诊时间，也可大大提高社区医院的医疗效率，由于RFID卡中记录这些患者所有的信息，便可当作就诊的"一卡通"来使用。

2）RFID病患标签和工作卡：跟大医院相同，社区医院也会有许多住院患者，这些患者的健康状况需要快速的识别和24小时的监护，便于患者佩戴的腕状RFID病患标签，在记录个人信息和治疗方案的同时，也可以将患者的治疗阶段和康复水平记录在内。由于社区医院的患者大部分都是一个社区的居民，从地域上来说可能患者在家庭和社区医院之间的活动比较频繁，这样一来，患者标签可以发挥其整合脉搏，体温传感器和报警的功能，通过电子标签的应用，可以防止老年患者的走失等情况，以及能够在患者发生危险时快速定位，从而达到实时监控的目的。

RFID技术还可应用在社区医院工作人员的管理当中，将医护人员的基本信息输入到个人信息卡中，医护人员通过刷卡就可以将信息传到医院的数据库进行储存，这项应用可以对工作人员进行身份的识别、权限的管理和医护人员日常考勤情况的管理。例如电子考勤、门禁、工作情况统计、电子病历授权等。

早在2007年我国就已经出台了有关RFID卡在医疗行业的发展方向的规划。人们将配合医疗改革的深入，以及卫生系统"十二五"卫生信息化的目标与任务，认真落实卫生领域IC卡及RFID技术应用发展规划，推进物联网在医疗卫生领域的应用，为病人提供更加安全有效的医疗卫生服务。

3）RFID在社区医疗废弃物管理中的应用：医疗废弃物跟普通的垃圾不同，它具有强大的放射性和传染性，尤其是在社区这种人口密集的居住环境中，如果不对这些医疗垃圾进行处理，会对社区居民的身体健康造成很大的影响。而RFID技术在对医疗垃圾进行处理这一方面有非常大的帮助。人们对医疗垃圾的处理方式，和有没有非法企业对医疗垃圾进行回收再利用都心存疑虑，所以，只要对医疗垃圾的处理过程进行不间断的监控，就可以确保医疗垃圾的处理结果，这时就要用到RFID移动标签技术了。通过移动标签，标签读取器和无线跟踪定位系统相结合，实现对垃圾处理过程的全面监控，无线定位系统在这里除了起到对垃圾处理车的位置进行定位的作用，还可以将垃圾处理的实况数据发送到垃圾处理监控处，从而实现监控中心对垃圾处理车的远程控制功能，同时也可将处理信息发送到社区的物业管理中心，让社区居民对医疗垃圾的处理进行全面的监督，进而打消人们心中的疑虑，可以安全就医，放心就医。此外，日本垃圾管理公司Kureha已经进行了RFID技术跟踪医疗垃圾的实验，并取得了令人满意的效果。试验的目的是检验RFID标签技术是否能有效地在医疗垃圾运到处理厂的过程中跟踪它们，主要目的是通过和不同的医院、运输公司合作，建立一个可追踪的系统，避免医疗垃圾的非法处理。

4）RFID在血液管理中的应用：血液管理是医疗卫生工作的一个重要分支。目前血液还没有人造的替代品，其来源只能依靠健康公民献血来解决。卫生部办公厅日前发布关于进一步加强血液管理工作的通知，要求健全高危行为献血者信息管理系统，各地进一步加强血液管理工作，保证血液质量，确保采供血和临床用血安全提出要求。血液管理业务的一般流程为献血登记、体检、血样检测、采血、血液入库、在库管理（成分处理等）、血液出库、医院供患者使用（或制成其他血液制品）。在这一过程中，常常涉及到大量的数据信息，包括献血者的资料、血液类型、采血时间、地点、经手人等。大量的信息给血液的管理带来了一定的困难，又加上血液是一种非常容易变质的物质，如果环境条件不适宜，血液的品质即遭破坏，所以血液在存储和运输途中，质量的实时监控也十分关键。RFID与传感技术便是能解决以上问题、有效助力血液管理的新兴技术。

采用RFID技术进行血液管理，无论是在血库库房还是被调出或调入时，或是被医院使用时，每一袋血上的RFID标签是这袋血的唯一标志，记录了该血液的血型、RH值、采血时间、采血量以及献血者姓名、身份证号、性别等。使用此种方法，可以对血液信息实现非接触式的快速识别，减少了血液污染，提高了工作效率。将RFID与传感技术融合起来，运用既能提高识别效率、实现信息跟踪，又能实时监控物品质量的RFID传感器标签，便能够真正实现血液管理的智能信息化。

总而言之，智能社区医疗服务中对物联网的核心技术RFID的应用是整个服务系统的核心。除了上述几种应用以外，RFID技术在智能社区医疗服务中的应用还包括对药品的管理。从药品供应来说，包括药品的防卫管理和药品的流通管理。从医院硬件方面来说，RFID还可以对医疗设施进行管理。

（2）远程病情和健康监测系统

远程监测系统的使用指的是，人们足不出户就可以将身体的各种体征数据传递到社区医生的面前，社区医生通过对所传信息的分析诊断，给出一个合适的治疗方案，这项技术的应用对象是社区里那些行动不便和患有高危病症的患者，同样可以应用到对老人的日常护理当中，家中无人的时候，对老年人使用远程监测系统可以预防并对突发事件进行紧急处理。远程监测系统的工作原理是，在需要用到远程监测的人群身边安装简单的医疗传感器，对其身体的各项体征数据进行收集，然后将数据上传社区医院的远程监测数据库，同时呈现在医生的面前，医生可以对患者进行远程的诊断和治疗。所收集到的数据还可以通过无线网络进行传递，所以，智能手机和平板电脑都成了医疗诊断的助手，这样一来，远程监测系统不仅能够在室内进行使用，在室外同样也可以进行使用，远程监测系统的应用在智能社区医疗服务中是重点发展的领域。

（3）定位系统

智能社区医疗服务中定位系统的使用应该和远程监测系统相结合，定位系统是能够将患者的地理位置信息实时传送到社区医院数据库，这样在患者出现危急情况时，社区医护人员可以快速准确到达患者身边，对患者进行救治。智能社区医疗服务中的定位系统的主要应用人群是那些患有残疾、老年痴呆和精神疾病的人群，他们对地理位置的识别能力较差，当出现紧急情况或者走失的情况下就用到了物联网的定位系统。物联网中能够进行定位的技术包括GPS定位、蜂窝定位和无线室内环境定位等，但是在社区医疗服务中应用的定位系统是GPS定位，这一技术是最常用的卫星定位系统，社区医院应用这一技术只需要在医院内安装一个特有的GPS接收器和一条卫星通信的准用天线，以提高信息接收的精确度。智能社区医疗服务在这一领域的应用推动了社区医疗服务的发展。

4. 国内外智能社区医疗服务发展现状

（1）国外智能社区医疗服务发展现状况

1）美国：美国在社区医疗服务的发展是处在世界的前沿，它的医疗体制是以社区医疗服务为主要的国家医疗机构。这一现象产生的原因是美国特有的医疗保险制度决定的，他们的社区医疗服务总是拥有最先进的技术和大量的全科医生，所以美国的物联网技术在医疗服务方面所有的应用都是在社区医疗服务中首先体现出来的。美国的智能社区医疗随着物联网的出现就已经在投入研究和使用了，最早应用在医疗领域的物联网技术是为美国战场的伤员所服务的。随后美国便将物联网技术应用到了社区医疗服务中，为促进本国的社区医疗服务的信息化做出了一定的贡献。美国的智能社区医疗服务的应用领域是最为广泛的，包括了远程监测、血液管理、便携式“一卡通”和对患者的定位系统。

目前美国已研制并试用包含基本医疗信息IC卡，使任何一家注册医院都可以通过无线查询机器得到有关患者的最新治疗信息。美国的智能社区医疗机构中物联网技术应用最普遍的就是运用RFID技术对新生婴儿的护理，美国的社区医院在每个新生儿出生的时候制作一枚专属的RFID标签，将标签和婴儿绑定在一起，同时在RFID标签中存有这个新生儿的自身和父母的基本信息，这枚特有的RFID标签可以对婴儿的状况进行实时监控，这样省去了医护人员频繁跑动的时间，也提高了美国社区医疗机构在对新生儿护理上的效率和质量。在美国，几乎80%的家庭拥有一台以上的家用电子诊断仪器（如电子血压仪、电子血糖仪等）。但是问题在于，即使病人自己测得血压、血糖数据，他的医生仍无法及时获得第一手资料，而通过传感器网技术，医生可以实时了解到其监护患者的生理参数。

2）德国：德国自20世纪六七十年代有社区医疗服务出现一来，国家的社区医疗服务就以迅猛的速度向前发展。目前，德国已经拥有上万家社区医疗服务机构，国家的全科医生和专科医生的比例是1∶1，这也为德国社区医疗服务发展的人员配备奠定了基础，也是我国需要学习的地方。德国是医疗保险服务的发源地，在全国的覆盖率非常高，所以德国的社区医疗得到了社会医疗保险对其强有力的支持，德国居民在看病的过程中首选的便是社区医院，这样在很大程度上促进了德国社区医疗服务机构的快速发展。物联网在欧盟国家的起源还是比较早的，他们一直希望能够在将来成为物联网行业的领军人物，所以物联网技术在德国社区医疗方面的应用出现的比较早，发展的比较迅速，现阶段已经发展为社区医疗信息化建设中广泛应用的技术。德国已经在计算机断层扫描（CT），核磁共振，X射线和其他图像扫描中都应用到了物联网技术。这样的医疗技术让德国的社区医疗服务质量有了进一步的提高，也降低了医疗成本。急救医疗在德国的社区医疗服务中占据了很大的比重，所以物联网技术在急救护理方面的应用在德国的社区医疗服务中大放异彩。同样RFID“一卡通”技术在德国的社区医疗服务中发展的较为成熟，在就医过程中患者唯一需要做的就是拿出就诊卡刷卡，整个过程中所有的费用也都由医疗保险公司来进行支付，这就是德国的智能社区医疗服务的智能化流程，同时德国的医疗保险系统也为德国的智能社区医疗服务的发展奠定了资金基础。

3）日本：日本的社区医疗服务在世界中属于先进水平，1994 年的时候日本的各都道府、政令府、特别行政区都已经设立了保健所、保健中心，各种保健中心的医护人员达到了 2 万人次，为日本的全体国民提供医疗保健服务。日本的医疗制度也是全民制的，这样为日本的社区医疗的发展提供了保障。日本的社区医疗机构在 2007 年的时候就实现了全面的信息化医疗服务，这为物联网技术在社区医疗机构的应用打下了技术层面的根基，日本将物联网技术应用到社区医疗机构中最早出现在 2005 年，当时也只是对 RFID 标签的基础应用，随着物联网技术在日本的发展，日本选择了七大产业作为物联网应用的重要领域，医疗保健就是其中之一。物联网的远程医疗和定位系统在日本的智能社区医疗服务中应用最为广泛，因为日本的老人是社区医疗服务的主要群体，老年人在就医方面有着很多的不便，而远程医疗技术的应用可以大大减少患者往医院跑的次数，为社区的老年用户提供了方便，也契合日本社区医疗服务的大方向。日本投入了大量的资金在远程医疗和电子病例方面的研究，现在虽然全世界在远程医疗方面都存在信息安全和系统标准的问题，但是日本的智能社区医疗服务在这方面还是走在世界的最前端。

（2）国内智能社区医疗服务发展现状

在我国医疗改革如火如荼进行的同时，物联网的出现使得医疗改革向前迈进一大步，物联网在医疗行业的应用可以让医疗设备在制作和使用方面更加智能化，也可以为远程会诊提供技术方面的支持，成为远程医疗的主要应用技术，目前我国已经出现多个物联网在医疗行业应用成功的实例，这些案例的成功预示着物联网在我国医疗行业的应用将被推向前端研究。

物联网技术在我国医疗方面的应用虽然比较晚，但是它的发展速度在世界范围内是数一数二的，很多技术已经接近发达国家的水平，随着我国智能医疗技术的飞速发展，物联网在我国社区医疗服务中的应用也按照医疗改革的方向稳步发展。我国的社区医疗服务在信息化方面的发展还不算太完善，存在许多漏洞，所以物联网技术的出现能够使得社区医疗服务的信息化发展呈现跨步式的跳跃。我国存在着 90% 以上的社区居民，对社区医疗服务的要求不仅仅在对常见病症的诊治上面，社区医疗服务要想实现社区居民的这一要求就必须在其服务中引进新的技术，此时，物联网技术的引进显得合乎时宜。社区医疗服务在将来的发展不是实现软件与软件之间的相互连接，而是能够实现患者、医生、移动设施、医疗仪器以及各种各样的传感器的链接，物联网技术在医疗方面的应用恰好可以达到这一要求。

国家卫生部门十分重视智能社区医疗服务的发展，不断地对社区医疗服务提供资金和技术方面的支持，最近推出的新医改方案中提出，未来3年内各级政府预计在医疗方面的投入达到8 500亿元，平均下来每年投入超过2 833亿元，可以预计这部分资金中有一大部分将投入到医院特别是社区医院的信息化建设之中，社区医疗的服务环境。除却政府的支持，我国的社区医疗现状也促使智能社区医疗服务成为将来的发展趋势：基于物联网的无线医疗为慢性病的监控提供了最佳解决方案，实现了医院功能的外延；现代的生活结构使得智能社区医疗服务有巨大的发展空间；智能社区医疗可以缓解目前医疗资源分配不合理的现状；可以突破时间和空间的限制，降低看病成本，缓解看病难、看病贵的现状。可以预见，在新一轮的医疗改革的浪潮中，智能社区医疗服务的发展是必然的趋势。

5. 当前国内智能社区医疗服务存在的问题

物联网作为一种在传统的网络和技术上发展起来的新型技术，在广阔发展前景下也存在一定的技术问题，而社区医疗服务不同于别的行业，对物联网技术的要求更加严谨和高超，但是在我国物联网技术的出现和在医疗行业的应用刚刚处于起步阶段，应用的物联网技术壁垒较低，技术标准也不统一，就现阶段智能社区医疗来说存在以下几方面的问题：

（1）国家对智能社区医疗服务的资金投入不足

我国的智能社区医疗服务现阶段刚刚启动，在国内只有二级以上的大型医院才有一定的实力投入大量的资金置办物联网智能设备和智能系统，支持物联网在本医院的运行。对社区医疗服务系统的发展来说，要建立一个庞大的智能社区医疗服务系统显然需要花费大量人力和物力，而现阶段我国在智能社区医疗服务方面的投入严重不足，智能社区医疗服务的发展面临着严重的资金短缺问题。智能社区医疗服务一旦投入使用，应该无偿地为一定地域内的人群建立电子档案，但是在这一方面资金的来源又是一大问题。目前我国的智能社区医疗服务补偿机制还不健全，政府缺乏足够的优惠政策措施吸引社会资金进入社区医疗服务领域，资金的来源问题已成为智能社区医疗服务建设的一大难题。由于社区医院不是营利性机构，主要的资金来源主要依靠政府拨款，国家财政应拨出专门款项用于智能化的建设。另外，利用优惠政策吸引社会资金进入社区医院，也可以缓解资金方面的压力；此外，应加强社区医院和物联网技术公司合作，开发实用、价廉的智能社区医疗服务系统。

（2）智能社区医疗服务的数据安全和患者隐私问题

每个新事物的出现都会伴随着问题的产生，物联网技术也不例外。作为信息技术行业的高新技术，物联网也存在着技术方面的问题，尤其是在技术安全和数据隐私的保护方面。物联网的数据以许多不同状态而存在，它能支撑各种复杂多态的应用，涉及的数据也是多种多样。这样在对物体的数据进行感知性交互的时候就会出现数据外泄，多种数据发送复杂而存在不真实和不完整的问题。物联网的数据还有海量性和语义丰富的特点，这些大量的数据在存储和处理的过程中会产生大量的隐含的应用语义。所以未经授权的数据是无法进行身份识别和远程定位的，这些问题在社区医疗服务中更加突出，比如，一些不法用户利用能够对物联网技术产生干扰的技术，对 RFID 标签收集到的信息进行修改，这样就会影响智能社区医疗服务系统中信息的准确性，致使医院信息系统处理混乱，对病人的安全造成严重影响；再如前面所讲的智能社区医疗服务中的电子病历，电子病历中对患者的基本信息都有详细的记录，这些信息属于患者的隐私，如果在隐私保护技术方面出现了漏洞，会把患者的信息泄露出去，会对患者的生活造成很大的干扰。而数据安全问题在对信息进行处理的三个阶段都有可能被窃取和丢失，在信息感知层如果无线网的信号被盗取了，那么信息在传送的过程中就有可能丢失；在网络传输层，用户的信息数据是最容易被盗取的，有些黑客专门研究能够对网络层解密的技术来盗取数据信息；在应用服务层，患者和医生之间的对话可能会被窃听，这样隐私的外泄就显得异常容易，另外，数据中包含用户的隐私信息，可能在访问权限方面设置得不恰当而导致数据被曝光。

（3）智能社区医疗服务费用较高

智能社区医疗服务是在物联网技术的支撑下而产生的，而物联网作为一种高新技术，它的应用成本比传统的社区医疗服务要高出很多，但是社区医疗服务的宗旨是让社区居民能够享受优质低廉的医疗服务，这种状况的出现不符合人们对智能社区医疗服务的预期，虽然物联网技术的引进能够提高社区医疗服务的救治效率和救治质量，也能在医疗设施方面有所改进，但是并没有从根本上解决社区居民的医疗问题，只是改变了“看病难”的问题，“看病贵”的问题依然存在，一个家庭在医疗方面的支出在整个家庭费用支出中占一小部分，如果社区医疗服务的费用增加，也许会有更多的居民舍近求远去大医院进行治疗，这种情况是和我国的医疗改革大方向相背而行，所以智能社区医疗服务在医疗费用方面的问题需要引起关注。

（4）物联网技术在社区医疗中应用的系统标准不统一

物联网在医疗领域的应用特点是应用规模大、感知节点密集度较低。在感知网络层，其核心技术已成熟，在网络传输层，3G 或互联网等基础网络设施也能满足产业需求，目前关键在于尽快建立面向医疗行业的物联网标准体系，规范针对医疗行业的物联网技术结构和内容。此标准体系既要依托各行业的共性技术标准，又要凸显医疗行业特色，具体包括编码标志、体系架构、组网通信协议、网络安全等几个方面。比如，为使医疗设备的干扰最小，医院在选择物联网标准时必须选择合适工作频率的有源标签和无源标签。目前，无锡市第四人民医院已向全国信息技术标准化技术委员会传感器网络标准工作组提出专门成立传感器网络医疗应用项目组的建议，旨在尽快完成并提交面向医疗行业的物联网系统标准研究报告。

（5）智能社区医疗服务项目应用不广泛

物联网的迅速发展使得其在医疗领域的应用也变得非常广泛，几乎遍及医疗领域的每个环节，主要有药品领域的药品防伪和药品安全和物流监控，在远程监控和家庭护理方面，医疗信息化的查房、重症监控及无线上网等信息化活动，医院急救和医疗设备运行状况，医疗垃圾处理的监控，还有血液管理等方面。这些应用一经在医疗领域发展起来对我国医改工作有着重大的意义，但是在社区医疗服务方面很多应用是受到限制的，这些物联网技术的应用也只有一部分能够应用到社区医疗服务中，血液管理、医院急救等一些方面还是不能跟大医院媲美，产生这一问题的原因主要是受到我国社区医疗服务发展方向的限制，国家对智能社区医疗服务的投入有限，重点放在了在大型医院的发展上面，还有一部分原因是社区医院医护人员的配备不足而产生的，许多项目无法投入到智能社区医疗服务的应用当中，即使在将来大范围的推广智能社区医疗服务，人们还是会从心理上趋向去大医院就诊，这样一来发展智能社区医疗的目的也将无法实现。

第二节　智能社区医疗服务的发展前景预测

一、物联网应用在智能医疗行业的市场规模

经过对所查文献资料的分析，2016 年我国在物联网应用方面的总投入达到 4 726 亿元，根据 2016 年物联网在各领域市场规模分析，可以计算出智能医疗在 2016 年的市场规模。

根据数据统计，现阶段我国有 97% 的一、二级城市、87% 的市管辖区域和一些县级城市已经开展了城市社区医疗服务，全国已经有 3 600 个社区医疗服务中心，社区医院的建设也已经达到 13 000 个，同时也评选和设立了 120 个全国社区卫生服务示范区。由这些数据的统计可知，我国的社区医疗服务在逐步地发展，并且已经占据了全国医疗机构的一大半以上，所以对智能社区医疗服务规模的预测与智能医疗的预测息息相关，此处主要是要做到对智能社区医疗服务未来发展规模有一个预测，但是由于我国的智能社区医疗服务处于刚刚起步阶段，对于前几年的发展规模没有详细的数据统计，所以本文根据统计物联网在医疗行业的发展规模数据从侧面来对智能社区医疗服务的发展规模进行预测。

二、物联网应用在智能医疗行业的发展前景预测

通过建立灰色预测模型，和经过细心的核算，最终计算出在 2017 ~ 2020 年我国智能医疗市场规模的预测结果。通过对 2017 ~ 2020 年物联网在医疗领域应用的市场规模的预测，可以从量化的层面看出，智能医疗在未来的市场发展上会突破千亿，并且他的增长率一直保持在 50% 以上，通过查阅各种文献资料和借鉴全球学者对智能社区医疗服务发展前景的研究，可以分析出引起我国智能医疗市场快速发展的原因如下：

① 从物联网的发展来看，物联网虽然是从外国引进的概念，但是在我国的发展是非常之迅速的，从 2012 年到 2016 年的市场规模几乎增长了一倍之多，我国是世界物联网技术研究的主要国家之一，有优秀的科研队伍，拥有的自主知识产权也很多，所以在各个领域的应用研究方面呈现出积极的态度，未来的 3 ~ 4 年物联网在我国的很多领域将会有大规模的应用，像前文提到的智能物流、智能交通、智能电力还有智能医疗。同时，国家对物联网的发展不论是从资金上还是技术上都被列在国家科技发展的前列，从国家专门在无锡划地千亩并成立物联网技术中心就可以看出。这一举措也符合我国发展的基本国情，印证了“科学技术是第一生产力”的口号。这样一来在物联网发展这一方面会吸引更多的企业家来对物联网进行推广，将来，物联网的发展会达到其爆发的临界值，之后便以不可阻挡之势普及全国。

② 从社区医疗的改革和发展来看，我国正在慢慢实现全民医疗保险制度，从国家在农村实施的一系列改革举措可以看出，我国社区医疗必将成为医疗改革的重点，因为社区医疗的发展不仅可以方便人们的就诊，同时也可以解决我国医疗方面最大的难题。国外学者研究的需求层次理论依次排序的是生理、安全、社交、尊重、自我实现，这几方面的需求，这一理论应该是用在对人的管理方面的领域，但是人们的需求总是从底层开始的，所以可以从这里看出物联网在各领域的应用前景，指出人们生活的首要需求就是生理需求，物联网以后的发展不论延伸到哪个领域，生理需求中包括对健康医疗的需求，所以，医疗这个领域都会一直占据着重要的位置，所以物联网的发展有多快，智能医疗服务的发展就会有多快，而社区医疗服务又占据了我国医疗行业的绝大部分，所以物联网智能社区医疗服务的发展是可观的。

由于物联网在社区医疗服务中的应用处于初级阶段，还没有大规模的适用，因此在这方面的数据统计几乎没有，此处通过统计物联网在我国医疗领域的发展规模从而预测出未来 4 年它的发展前景，并从侧面反映出了智能社区医疗服务的未来发展，从分析中可以看出，未来 4 年我国的智能社区医疗的发展前景是非常广阔的，会有更多的物联网技术被应用到智能社区医疗服务中来，为人们的生活提供很大的便利。

第三节 提升智能社区医疗服务效果的对策

通过前文对智能社区医疗服务的现状和发展前景的分析，我国在智能社区医疗服务方面还是处于初级阶段，每个新生事物的开始总会有新的问题出现，任何事物的发展都是建立在不断改进的基础上。结合智能社区医疗服务现阶段存在的问题和未来的发展空间，人们提出几条能够从技术、发展方向和发展体系这几方面提升智能社区医疗服务效果的几点对策。

一、强化智能社区医疗的发展理念

1. 增强社区居民的认同感

与我国过去的医疗发展体制相关联，人们在传统的思想里都是倾向去大医院，这是人们的一种依赖心理，总觉得对社区医疗机构存有一种不相信的态度，他们更相信大医院的医生，产生这种状况的原因跟社区医疗机构本身的设施落后，医护人员全科医疗知识的不充分有一定的关系。而智能社区医疗服务的出现，恰好能在医疗设施和社区医院和大医院的对接方面显现出一定的优势，所以随着智能社区医疗服务的出现首先人们的观念是必须改变的，在智能社区医疗服务投入使用之初可以广泛的在社区内进行宣传，让人们对智能社区医疗服务从心理上产生信任，为以后智能社区医疗服务的发展和实用效果奠定基础，要将智能社区医疗服务的优势一览无余地展现在人们的面前，增强社区居民对智能社区医疗的认同感，除了在宣传方面做足功夫以外，还要切身实地的让人们感受到智能社区医疗服务所能带来的便利，RFID 标签卡和远程监护技术所带来的好处，让人们小病可以足不出户，大病可以得到更加便捷迅速，准确的治疗结果。同时也要体现出在对慢性病和老年人护理方面的便利。

社区医疗服务实现信息化、智能化可以作为新医改方案中提出的“四梁八柱”中的一柱，可以从社区医疗服务资源的共享、整合、协调和优化方面来提升智能社区医疗在人们心中的公信力，也可以提高自身在与大医院同时发展之时的竞争力。因此，在社区医疗服务逐渐实现智能化的路途中，家庭护理，便民服务，定位功能“一卡通”和优质医疗这一整套的“感动式”医疗服务模式广泛应用到社区医院中。从而，社区的医护人员就可以有更多的时间提升自己的全科医疗专业知识，和对如何进行高品质的医疗护理进行仔细和实践式的研究，从而强化人们身体有问题首选社区医院的思想。

2.发展医疗保险和智能社区医疗服务结合的模式

我国现阶段在全国医疗保险方面的发展也是比较迅速的，基本上能够达到县级以下的地域全部参保，由本人亲身的体验可以看出这几年医疗保险在农村的发展状况还是比较完善的，覆盖率广，实用率也比较高。我国在政府工作报告中提出，我国的医疗保险参加人数达到了13亿。如此之高的医疗保险效果的背后还是隐藏着一些硬性的问题，我国在医疗保险的使用和费用报销方面有着烦琐的程序，有些制度对使用范围也有一定的限制。这样的管理机制从一个侧面遏制了我国社区医疗机构的发展，在社区医疗服务实现智能化的同时，国家应该在医疗保险制度的制定上做出相应的修改，以后的智能社区医疗服务必然是社区医疗服务发展的大趋势，首先应该制定出相关的规定医疗保险可以在智能社区医疗服务机构中自由便捷地使用，德国的社区医疗系统非常发达的原因之一，就是因为关于医疗保险适用规定中强制人们的首选是社区医院，我国在借鉴国外的发展经验的同时，制定符合我国国情的规章制度，在智能社区医疗服务系统的支撑下，将医疗保险的适用范围扩展到人们身边可能接触到的医院，将智能社区医疗系统的先进技术和医疗保险系统相结合。在RFID的“一卡通”中镶入个人的医疗保险信息，在每次的就诊过程中通过社区的智能系统直接将参保人的各项保险情况跟保险中心对接，省去了人们专门去往社保中心的时间，这样一来智能社区医疗给人们带来的便利就显而易见了，为其在大范围的发展建立良好的口碑。

二、制定并统一智能社区医疗服务的技术标准

在智能社区医疗服务系统中，最困难的事情就是没有一个统一的行业技术标准，物联网在社区医疗服务方面技术的应用有两个最显著的特点。首先，应用的范围和规模非常广，信息感知层各节点之间的密度很低，虽然有着密度低的特点，但是信息感知层的技术发展已经趋于成熟化，在互联网和3G的网络传送层，这些普遍的网络应用已经基本能满足物联网在社区医疗行业的发展要求，目前对智能社区医疗服务建设方面关键的问题在于没有完善和统一的行业技术标准，物联网的出现大大地推进了社区医疗服务信息化的脚步，要在智能社区医疗服务发展的进程中从技术层面和伦理层面逐步建立起一个简单、标准化、有可靠性的统一的行业技术标准。以统一的行业技术标准为基础，逐步地推进并完善智能社区医疗服务的标准化流程。标准统一化是对物联网技术研发成果的归纳和提高，也是智能社区医疗服务提升其在医疗机构核心竞争力的手段之一，同时也是将智能社区医疗服务大规模推广和发展的先决条件，在智能社区医疗服务还处于发展的初级阶段之时，应该加大对物联网技术统一标准的制定。智能医疗服务系统统一技术标准的制定不仅要有物联网在

各个领域应用技术标准的共性，还应该突显出社区医疗服务行业的特性，具体包括：标签编码、针对性的系统架构、更强的网络安全性能这几个方面。智能社区医疗服务在未来发展中必然会实现医院本身系统和家庭医疗系统的全面互联，通过各种通信网络，使家庭的医疗系统和医院的系统进行实时相通，这样一来，物联网技术在智能社区医疗服务中技术标准的统一化就尤为重要。如果物联网技术标准不统一可能会产生不能兼容的问题，在智能社区医疗服务系统中就会产生在信息感知层面数据格式参差不齐的情况，因此，在智能社区医疗服务进行全面覆盖和推广之前，物联网技术的管理层必须对这方面加强管制，制定出能够让智能社区医疗服务系统准确、安全、高效运转的物联网技术统一标准，使得社区医疗服务机构能够进行管理的统一化，将系统接收到的源数据和信息进行全面的共享，和对数据进行统一的处理，从而让智能社区医疗服务的管理和控制水平更上一个台阶。现在我国的物联网研究中心正在加紧脚步进行对行业系统统一标准的研究，预计在智能社区医疗服务大规模投入使用的时候，统一的行业标准已经建立起来了。

三、突破物联网相关技术核心

1. 强化数据隐私保护技术

智能社区医疗服务的发展不仅能够为人们提供便利的医疗条件，在其自身的技术方面也应该进行更深度的研究，而对于智能社区医疗服务这一系统来说最重要的技术突破点就是对系统数据库和患者隐私的保护。随着智能医疗设备的引入和患者数据库系统的建立，在智能社区医疗服务发展的过程中人们对自身的隐私问题和数据安全问题呈现出一种担心的态度。其实物联网技术在医疗领域应用的初期就出现过患者隐私被盗的事情。例如，一项用于慢性长期病症患者实行监控的医疗设施在收集患者的血糖、血压、心跳频率这些基本的体征数据之后，不是直接由系统传送到社区医院的医生面前，而是将数据先传送至医院的中心数据库进行暂时储存和处理。而在一项数据的传送过程中所经过的线程转载点越多，数据被窃取、被攻击和篡改的概率就越高。对在智能社区医疗服务中患者隐私的保护应该从以下几个方面着手：首先是对患者原始基本数据的保护，原始的基本数据指的是患者本身能够提供自身的基本信息给他人，并对这组数据进行分析，但是患者对提供基本数据的隐私和安全性还心存担忧。这时，物联网技术应该能够做到对基础数据进行重新排列的技术，将患者的信息进行匿名化处理形成一组新的数据库，这个新的数据库的作用就是将患者的基本信息储存在一个加密的数据库，对这个数据库的解密就是将打乱的基础数据重新还原的一个过程，而能进行这项操作的人一定要被授予一定的权限。这样既能做到对患者基本信息的保护，又不影响医院在自身的数据库中对患者基本信息的查询。其次，是对患者位置的保护，智能社区医疗服务的一个重要应用就是患者定位系统，和远程医疗服务，这样就涉及对患者位置的保护，当患者应用到这一功能，向系统的位置服务器发出请求的时候（GPS定位系统），这时物联网技术运用一定的方法对患者的位置隐私进行保护就尤为重要，国外有关学者初步研究出利用以下方法可以实现这一技术。可以利用中介式的定位法来对患者的位置隐私进行保护，中介在这里的作用就是充当信息的收集者和信息的传递者。

首先患者将自身的地理数据发送到中介服务器中，当医院方需要获得患者的地理信息时不直接向患者发出请求，而是向中介服务器发出请求，这样就可以专门建立一个对中介服务器的保护网，省去一部分的时间和经费。这一方法的应用也可以从一定程度上将患者位置信息进行加密。最后还可以建立一个专门针对患者隐私进行保护的系统，这个系统的主要作用是要能在保证任何患者的隐私和数据不泄露的前提下，社区医院又能获得完整的数据。经过对这一技术的研究现状的分析，不难看出，大部分的技术人员只是将关注点放在了技术上，而对隐私保护体系结构的研究并没有重视起来。所以，要想在智能社区医疗服务的应用中切实做到对患者隐私的保护还是需要社会各界人士的共同努力来完成。

2.完善智能社区医院的电子病例

人们通常所理解和应用的电子病例是患者的基本信息、就诊情况和医疗记录都以数据的形式保存在医院的数据库中，这种电子病例是以互联网作为技术支持。而智能社区医疗服务中的电子病例在技术应用上面跟其有所区分，它的技术支撑点是物联网技术，这一电子病例也可以被称为移动的电子病例，也可以叫作“RFID医疗卡”。在智能社区医疗服务中电子病例的角色是举足轻重的。它的主要功能和传统的电子病例有相同的地方，也是将患者的姓名、性别、出生日期、身份证号等，能够对每个患者进行区别的信息记录下来的就诊信息卡，其中也包括对过往病史的记录，过敏情况的记录。但是智能社区医疗服务中的电子病例有所不同的是，还应该包括对患者日常体征的测量信息，这也是智能社区医疗服务便利之处的体现。这一电子病例的功能应该是齐全的，还应该从节省患者等待时间方面出发，对其技术进行完善，减少患者挂号、排队等待和医生一一输入患者诊疗信息的时间。从这些功能可以看出，电子病例在智能社区医疗服务中的应用是多么重要，所以制定一套完整有效的电子病例管理系统，是在智能社区医疗服务投入使用之初首要解决的问题。

四、控制智能社区医疗服务的建设成本和收费体系

1.控制智能社区医疗服务的建设成本

智能社区医疗服务系统的构建涉及的项目非常多，从物联网的技术层面，到有

些技术的知识产权层面，这些都应该考虑到智能社区医疗服务的建设成本中，因为物联网技术本身就是拥有多种感知对象和感应资源。这些技术在应用的过程中根据不同的需求所反映出来的情况也是千差万别的，感知定位的要求又不一而足，这样一来就会提高智能社区医疗服务的建设成本，与它成立的初衷相违背。而国外的一些企业对物联网相关技术的私有制度，这又对智能社区医疗服务的建设成本增加了压力，高昂的建设成本会在一定程度上制约智能社区医疗服务的推广。所以，从物联网的技术方面来考虑，在对智能社区医疗服务系统的建设过程中，要针对不同的感应对象应用不同的技术手段。例如对普通的医疗器械的管理可以使用比较普遍，价格适宜的二维码，而对社区医院的急救工作，远程医疗，这些比较重要的医疗器械可以用成本比较高、效果比较好的射频标签和卫星定位系统来进行追踪。这样做可以在智能社区医疗服务的建设中有重点的进行成本投入，可以达到有效降低成本的目的。其次，实践经验来看，我国很多社区医疗服务机构已经将智能视频监控系统投入使用，并且社区医院的信息系统也已经应用了先进的处理系统，所以，在智能社区医疗服务的建设过程中，应该学会利用现有的旧的设备和系统，在对智能社区医疗服务进行研究的过程中，将与旧系统和旧设施的有关兼容性考虑到其中，这样的做法也能减少重复开发的成本。

2. 拥有合理的收费体系

在我国大力发展社区医疗服务的主要目的，除了解决国家范围内的医疗难题，还要让人们都能够享受身边的初级医疗服务。社区医疗服务的目的就是为人们提供低价，高效，高质的医疗服务，不仅仅是在常见病，多发病方面，还要能够延伸到急诊，复杂疾病的救治，从而完成社区医疗服务存在的意义。

智能社区医疗服务的出现除了能够为人们提供大医院的医疗保健效果外，还可以运用地域优势，对一定区域内的社区居民实行远程医疗和定位系统，而且在智能社区医疗服务大范围投入使用时期，它的功能将在很大一部分上代替大型医院，那时，人们会将医疗首选的焦点转移到身边便利的医疗机构。而社区医疗服务能够吸引人们的不仅是便捷，还有其在费用定位方面的优势，社区医疗服务本身属于社会福利的一部分，所以费用低廉是社区医疗服务存在的一个先决条件，因此在智能社区医疗服务进入到人们生活中的时候不仅不能够增加患者的医疗费用，还应该从一定程度上让人们的医疗费用更低。这样智能医疗服务的出现才能契合时代的发展，才能顺应我国医疗改革的步伐。考虑到智能社区医疗服务在建设的过程中会产生成本的问题，首先如上所述，在从技术方面降低开发成本的同时，社区医院应该选用那些经济实用的设备。虽然智能社区医疗服务在很大程度上替代大医院的功能，但是鉴于我国全科医生十分缺乏的这个现状，对于一些复杂和疑难疾病的诊治，患者还是要转诊到大医院去进行治疗，所以在这方面只要有完善的转诊机制就可。这样便可以从硬件方面降低成本，从而降低收费标准。其次，拥有整个社区这样特定区域的地理便利条件，在远程医疗和定位系统的使用这些方面的应用可以添加多种结算方式供患者选择，在日常检测设备的使用上可以采用租用的形式，而在 RFID“一卡通”和电子档案的建立上可以提供免费服务。这样又从另一方面降低了患者医疗费用，从另一方面提高智能社区医疗服务的吸引力。

五、成立完善的智能社区医疗服务管理机构

随着智能社区医疗服务的发展脚步的加快，国家有关部门应该成立专门的管理机构，管理机构在人力资源上的配置与现有管理机构的配置不同之处在于，要配备具有物联网技术知识的专业人才，同时利用物联网技术搭建一个能够适应智能社区医疗服务体系的管理信息平台，能够对智能社区医疗服务进行同样智能化的管理，提高管理效率。智能社区医疗服务建立的评价标准可以从患者满意度和服务质量两个方面来进行，其中，对患者的治疗效果也是直接的评价标准，治疗效果关系到人们的身体健康和生命安全，对智能社区医疗服务进行强有力的监管也是其能能够持续发展的保障。我国的各级医疗管理机构要切实担起对智能社区医疗服务监管的责任。严格对智能社区医疗服务机构和人员的准入机制进行监管，在对智能社区医疗服务机构和人员进行监管的时候，还要根据其特殊性对物联网技术标准进行管理，抓紧建立智能社区医疗服务的统一技术标准和规范，建立新型的医护人员监督考核机制，从而保证就医安全，并增强人们对智能社区医疗服务机构的信任度。同时，要让社区居民亲身参与到智能社区医疗服务的监管，对其发展进程进行督促和严格的监管，引导医护人员转变思想和服务态度，能够尽快地融入并适应智能社区医疗服务体系，对患者做到主动，热情，用心和规范的服务。

第八章　物联网在精细农业实现中的应用

第一节　物联网技术在环境可控农业中的应用

一、系统需求分析

农作物对生长环境的要求很高，光、温度、湿度、CO_2浓度都能影响其生长，智能温室的意义就在于通过自动监测获取环境参数，通过参数分析调控室内环境，适应农作物的生长。传统的温室大棚都是完全靠人自身的感觉或者经验来进行调整环境参数的，但是，由于每个人的感知都是不同的，这就非常容易产生误差，以至于对环境参数的调节产生差异，进而影响到农作物的生长。而基于物联网技术打造的智能温室大棚，是借助各种物理传感器来感知监测农作物的生长环境，得到的数据比较有效和客观，可以对环境参数进行有效准确调节。实现智能温室有几个关键技术需要突破，首先是数据的采集，即采集终端技术的设计，主要包括各个环境参数传感器的选择。其次是传输技术的设计。采集终端的数据完毕后要通过无线传输技术对数据进行传输。传输技术包括短距离无线传输和远距离无线传输。最后是服务器以及控制终端的设计，主要功能是数据的分析、处理、储存等功能，其中应用的主要技术是数据融合技术。一般的系统在其实践运行过程中会出现较大的缺陷，如参数的异常、数据丢失等问题。因此，这就对整个系统的软件和硬件进行了严格的要求。例如，需要高精度传感器，以及无线传输所需要的终端硬件。除了硬件软件也十分重要，一个好的软件设计能够有效地防止数据在传输过程中出现数据丢失或者延迟。

二、系统设计原理

1. 性能稳定，运行可靠

智能温室大棚环境的监测要进行全程实时监测，数据的采集、传输、分析、存储每个环节都要保证正常运行。同时，数据在传输过程中也非常安全，并且高效、可靠。

2. 性价比高，适用性强

系统的设计实施应该以低成本为重要宗旨之一，尽可能节省开支，降低投入。系统设计之初要进行实际考察，充分利用可利用资源，并尽量节约资源的使用。在设计的过程中要充分利用现代化信息技术，广泛获取大量的信息资源，以获得在设计过程中的设计灵感。

3. 简单适用，维护廉价方便

系统的应用要以简单为宗旨，操作程序尽量去繁就简，易于上手，简单明了。在维护方面要尽量的降低成本，降低维护的投入，保证低价且正常的运行。

4. 方便扩展

系统设计之初要考虑到后期的升级换代，随着社会的发展和科技进步，任何一种先进的系统终究会被淘汰掉的，所以系统的设计最关键的一点就是考虑到以后的扩展，从而满足时代的需求。系统在设计之初要充分考虑到以后的升级换代问题，也就是软硬件扩展问题，通过不断的升级和扩展不断地满足时代发展的要求。

三、系统总体框架设计

本系统可分为三部分，分别是数据采集、传输和应用终端。他们分别对应物联网技术的感知层、网络层、应用层。本系统严格按照物联网的体系结构进行系统设计，采用模块化的设计方法进行设计。一是清晰明了，二是考虑到了以后各部分可能进行的升级换代。数据采集终端的主要作用是采集农作物生长所需要的数据信息；数据传输层主要任务是传输数据信息采集部分所采集到的各种各样的信息，本系统主要利用的 ZigBee 技术作为通信传输网络；应用终端的功能是分析、储存，作为系统和用户的中间部分还担负着把已经处理好的信息传输给用户。应用终端的任务是采集环境信息、传输已经采集到的数据信息给用户。本系统利用 SQLServer 2005 设计数据库。

为了保障系统性能的稳定以及功能的实现，本系统在数据的处理方法上进行筛选，利用集中信息采集方法和 TD-SCDMA 无线技术，这两种技术的应用可以保障系统安全运行。农作物生长信息的自动采集系统节省了大量人工，降低了成本。并且，利用本系统采集的农作物生长环境参数具有客观性、准确性。而人工在感知生长条件上具有主观性和不确定性。本系统正好弥补了这方面的缺陷。

四、数据采集

数据采集过程中各个传感器要使用统一的时间，这就需要一个统一的时间基准，可以选择使用北斗卫星统一授时信号对时间进行校对。本系统设计时参考对比了分布式和集中式采集方法。

分布式采集方法：在采集节点上安装分布式采集代理，实现对数据的采集。采集代理模块将采集到的数据通过无线网络传给服务器，采集服务器经过分析处理后存到数据库中。

集中式采集方法：信息采集节点组网，在信息采集终端安装一台数据采集服务器，配置专门的端口进行监控，用集中的方法监视和采集各节点的信息。数据采集服务器对采集到的信息进行处理，最终保存到数据库之中。

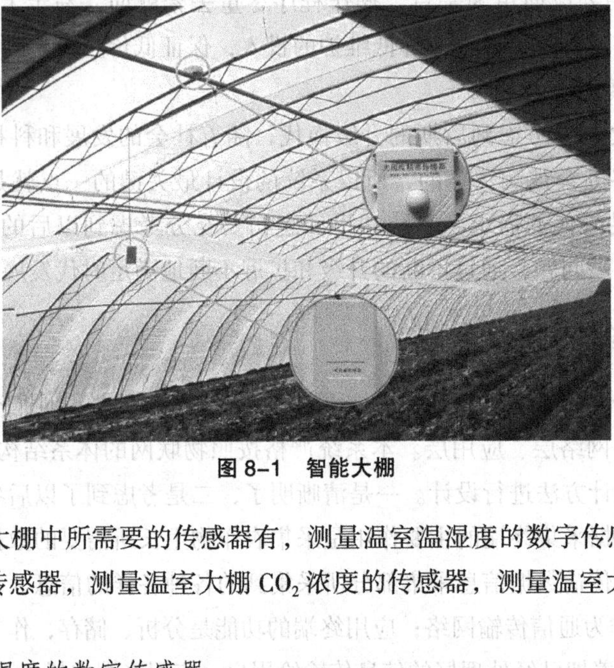

图 8-1 智能大棚

智能温室大棚中所需要的传感器有，测量温室温湿度的数字传感器，测量土壤温湿度的数字传感器，测量温室大棚 CO_2 浓度的传感器，测量温室大棚光照强度的传感器。

1. 温室温湿度的数字传感器

传统模拟式温湿度传感器在性能上较温室温湿度的数字传感器来说还有一些缺陷，尤其是其精度上不如后者，这是因为传统的传感器需要设计信号调理电路，并对电路进行校准和标定，这样就会对电路的线性度、重复性、互换性、一致性造成一定的影响，从而影响了测量的精度，数字式温湿度传感器其输出的信号都是已经转化成了数字信号，具有免调试、免外围电路、可互换等优点，它的信号调理是在芯片内部进行，采用的通信方法是 I2C 总线传输数据。

2. 土壤温湿度的数字传感器 TDR-5

TDR-5 型土壤温湿度传感器能够同时测量土壤温湿度，是集两种功能于一体的土壤数字传感器，此传感器的性能优良，具有体小精度高，实时稳定，传输效率高等优点。正是基于它的这些优点，被广泛地应用到农业的各个细分的领域，如智能温室大棚、精细农业、科学实验等土壤参数监测方面。

3. CO_2 浓度传感器 TGS4160

TGS4160 是由 FIGARO 公司生产的，此公司属于日本，总部设在日本，此传感器是使用 AM-4CO2 传感器模块的固态电解质气体，体积小、性能优越、使用时间长，此外还有耐高湿度、低温度的优越性能，可以连续长期的对 CO_2 浓度进行测量。由于它的多方面的优越性能，被广泛地应用于农业监控领域。

4. 光照强度传感器 ISL29010

ISL29010 是一款具有高精度、高性能、灵活性强等特点的光照传感器，它是由 Intersil 公司推出的，它属于数字型光照强度传感器，访问传感器测量值是通过一个标准的 I2C 接口来实现的。

五、数据传输

数据传输部分在整个系统中处于重要的地位，相当于人体的神经给身体的各个部位传输信号，如何高效地、准确地、及时地传输采集模块采集到的数字信息是一个重要的课题。

1. 信息传输方式

数据传输就是按照一定的规程，通过一条或者多条数据链路，将数据从数据源传输到数据终端，它的主要作用就是实现点与点之间的信息传输与交换。一个好的数据传输方式可以提高数据传输的实时性和可靠性。

数据的传输方式可以分成两种，即有线传输和无线传输。有线传输即通过铺设有线电路实现点与点之间的信息交换，但是，有线传输方式需要布线，土壤以及潮湿会对线路产生一定的腐蚀，影响线路的寿命，进而对数据传输的精度和稳定产生一定的影响。还有一点，线路的铺设具有很大的局限性，建好网络后，如果后期需要进行拓展就需要重新布线，大大地增加了后期更新换代的难度，如果施工量较大时，有可能造成原来线路的破坏从而造成不必要的损失。综合这几点来看，无线传输方式就没有这样的麻烦，几乎不受地理位置的局限，只需将新旧设备与无线传输终端相连接即可，操作简单，施工便捷。

常见的无线传输技术有前面几章提到的蓝牙、无源 RFID，ZigBee，WiFi、无线传输和 GPRS，而其中的 ZigBee 技术拥有频谱灵活性强，支持多种接口接入，拥有较好的抗干扰能力。

2. 数据传输无线通信协议 ZigBee 设计

任何通信网络的建立，要实现其通信的功能必须设计一定的规则来运行，这种规则就是通信协议，无线传感网络节点之间进行通信的最关键的一点就是靠本系统所选择的 ZigBee 协议的支持。

ZigBee 所具有的特点优势十分明显，它容易实现、安全可靠、功耗低并且可扩展性强，适合应用于小工作量、短距离传输作业中。他的工作频率段是 2.4GHzISM，速率超过 10Mbps。ZigBee 技术被嵌入到相关设备中，能实现定位查找。

在此精细化农业系统设计中搭建的网络被称为 ZigBee 网络，多个网络模块组成了网络平台，每个模块的功能就相当于传输基站，传输基站保证每个模块通过网络进行交流信息。这样一来，原来传输距离近的 ZigBee 网络传输的距离就大大地增加了。一般情况下，数据的采集点或者说监控点比较多，而且所需要传输的信息量也不是特别的大，并且组网成本预算有限的情况大多都会选择 ZigBee 无线网络通信技术。在一些特别的环境下，人工所不容易监测到的地方，ZigBee 技术都可以轻松地监测到。ZigBee 中的节点能量来源一般都是选择电池供电，节点的体积很小，在节点布测上施工方便。

六、数据存储

从数据采集终端上采集来的数据需要进行实时的存储，通过这些数据来实时的了解当前的情况，另外，根据这些数据可以去构建环境参数模型。

1. 数据的存储方案

数据的存储方式直接关系到整个系统的运行效率，因此选择一种好的存储方式是十分重要的。目前，大多的存储方式都选择了 SQLServer 数据库储存数据。SQLServer 数据库被广泛地应用于各大企业之中，它是一款企业级别的数据管理系统，它有高效、稳定、安全等特点，如果将来项目扩展，可以为更多的温室提供知识库服务。使用 SQLServer 数据库可以跟任何的开发工具开发的终端软件进行良好的链接，保证数据的安全存取。

结构化查询语言 SQL 是常用的数据库操作语言，包含对数据库中的数据进行构建、编辑、删除和检索，拥有很多数据库操作的指令，包括 CREATE、UPDATE、DELETE、SELETE 等，其中检索指令 SELETE 是使用最多的一个，可以设定查询条件对数据库中的数据进行精确和模糊检索。

2. 数据字典

采集终端采集到的数据主要包括这几个方面，数据值、位置、采集日期、采集次数等。这些信息都需要在数据库的关系表中标识出来，为了快速有效的存取数据，需要建立一个关系表。关系表是否合理在很大的程度上决定了查找的效率。

这样设计的结构中，分别用字段 Wdnum、Sdnum、QTnum 和 GZnum 来记录温度、湿度、二氧化碳和光照在当天被采集的次数，本文系统设计每小时采集 6 次，数据记录了次数后有利于之后的分析比较，可以看到随着时间的变化环境参数的变化。

再有，这样设计的结构有利于后期扩展，当终端传感器发生变化的时候，不用再修改数据库程序和关系表结构就能将新增加的终端采集的数据直接存储到表中。

七、控制终端

本系统控制终端的主要功能是对采集到的数字信息整合、分析、处理、存储，主要内容是对数据的处理方法。

多传感器数据最终进行融合的系统是由传感器、识别、校准、相关、估计等部分组成，数据融合技术可提高数据的传输可靠性，可有效解决数据传输中拥堵以及能耗等问题。系统采用的数据融合方法是自适应加权平均值。单个传感器具有不确定性和局限性，经过自适应加权融合技术处理可得到被测对象的一致性描述和解释。采用计算数据分散程度的方法对数据进行有效分析，排除无效的传感器，在数据融合之前先要检查传感器是否存在较大的差异，如果存在将会降低数据融合技术的准确度。检查的方法是，观察测量值与假定真值之间是否存在较大的差距，如果差距较大超过一定的范围就认定其为无效传感器，将数据从中除掉，有效数据经过数据融合算法得到最终大棚环境的实时信息。检验有效性和剔除误差大量的实验表明，自适应加权估值算法比平均估值算法拥有更好的数据融合效果。而且其不需要知道传感器测量数据的任何先验知识，只依靠传感器测得的数据，就可以融合出均方差最小的数据融合值。自适应数据融合算法能够在空间和时间上对来自同类传感器的数据进行数据融合，再根据测得的数据自适应地找到其对应的权值。

系统选择空气温度、空气湿度、土壤温度、土壤湿度、CO_2 浓度和光照强度这 6 个物理量的传感器来综合监测温室环境。数据采集终端采集到的数据经过无线网络传输存储到数据库之中，人们要想了解农作物生长环境的参数，要去数据库中提取。为了方便简化读取数据，在控制终端上设计可显示界面编程，使人们更加直观的操作管理。

第二节　物联网技术在农产品流通中的应用

一、应用背景

近年来，经济发展为提高人们的生活水准以及饮食要求提供了最基础的保障。人们对饮食健康、食品安全的要求日益苛刻，但是事实上食品安全问题层出不穷：2015 年 1 月份的毒豆芽事件；2015 年 6 月份僵尸肉事件；2016 年 12 月开封市黄焖鸡带牙肉事件。这些安全事件的发生对人们的身心健康以及财产安全产生了极大的冲击，同时，也引起了人们对食品安全问题的关注以及追求。市场上被人们广泛认可的农产品价格往往令工薪阶层家庭难以长久消费，例如有机蔬菜要比起普通蔬菜昂贵 4 倍左右，由于缺乏可靠信息，极有可能在农产品市场上出现“以次充好”的现象。大多数消费者缺乏对高质量农产品的认识，不能很好地将有机、无公害的农产品和普通带有成分添加的农产品区分开来，而是对价位比较低廉的农产品趋之若鹜，高质量的农产品由于生产成本较高而售价昂贵，从而在市场上没有立足之地。与其他商品不同的是，并没有任何一项国家标准对农产品质量进行约束，导致消费者在选购农产品时难度更大。

因此，将物联网技术应用于农产品流通的各个环节进行监督具有重要的意义，通过对农产品的加工、运输、仓储、零售等环节的监督，可以有效保障农产品的安全。

二、物联网在农产品加工环节的设计

本设计把农产品的初步加工作为总起点，农产品加工环节主要任务是制作电子标签、电子封条以及运输车辆的电子标签，并在车辆出发前将信息输入系统。在此，加工中心的主要功能是包装农产品，加工中心利用 RFID 系统对各个包装单位编码写入标签。深加工企业在读取农产品的电子标签后，读取信息，并将进一步加工信息添加到农产品电子标签中，电子标签在农产品的加工环节作用重大。

对于价值高的产品，应用单个的 RFID 电子标签，对于价值低的产品，在运输的大包装上贴标签，单个产品上面使用条形码。将条形码贴在商品上，在装车的时候把信息录入到数据管理中心。运输汽车在准备起运前将汽车上所有的商品信息写入运输汽车的电子标签中。

此外，随着社会的发展，物联网技术将进一步地渗入到农产品深加工中，农产品将向着自动化和智能化的方向发展。在未来的发展中，计算机视觉和图像识别技术将逐步地应用到农业活动中，从而实现降低成本，提高生产效率的目的。

三、物联网在农产品运输环节的设计

对于农产品运输而言，运输货物的速度、效率以及准确性和安全性等对于物联网的发展具有重要的意义和作用。在整个物联网运输环节中它链接了原材料供应商、生产企业、销售商以及零售商，并组成一个相对依存的运输系统和渠道。随着我国运输行业的飞速发展，运输业也成了我国物联网的重要组成部分。物联网和其他运输行业相比自动化程度更高，运输成本更低。物联网运输环节中能够根据运输部门所接收到的运单进行自动运输和查看相关信息，在整个过程中并不需要人为干预，物联网系统终端能够利用相关职能程序等安排合理的运输数量、最优的运输路线等方案，从而真正做到运输方案的最优化，大大地降低了运输成本。同时，物联网运输环节中智能程序的使用能够起到节能减排的作用，从而更加有利于环境保护。它能够提高运输行业的自动化水平。运输前，首先完成装车，采用标签对不同的货物进行快速、准确的分类，并将其装到相应的运输车辆中；同时，采用标签更加有利于海关通关，提高了运输效率。标签从大的角度来说属于一个门卡，它能够同时读取多个，且读取所耗时间较短，使得多数货物信息能够在短暂的时间内完成，再加上电子信息技术，如：海关电子政务网站的研发和使用，使得关税的缴纳也实现了自动化，从而实现了无障碍通关格局。

物联网运输过程中，每一辆运输车辆上均安装了读写器、传感器等电子装备，能够实现物流信息在不同部门之间的运输，更加有利于物流企业对物流车辆的定位、监控，实现了真正意义上的可视化物流。安装在物流运输车辆上的电子装置能够对车辆的准确位置、信息等进行动态监控，从而更加有利于了解运输货物的具体信息，对于突发事件也能够及时采取积极有效的方法进行处理。运输车辆上安装的装置能够对实时货物信息以及运输的原始清单之间进行自动比对，确定货物是否发生破损、遗失或被盗等。当货物需要运输到多个不同的目的地时，保证缺货没有差错。此外，传感器装置还能够对货物所处的环境信息，如：温度、湿度等进行监测和搜集，这对于需要特殊处理的货物，如：药物、冷冻食物、金属等至关重要。无线传输技术则能够将不同的装置搜集到的信息反馈到供应链管理信息系统，方便物联网人员进行查看、监控。根据相关研究结果显示：采购者如果能够详细了解具体的运输情况，对提高其忠诚度具有很大的帮助。当前，世界连锁超市沃尔玛对商品的运输过程中均沿途设置监测点，对货物的运输时间、货物的状态进行动态监测，保证货物能够按时、安全到达。另外，物联网技术的使用还能够更加有利于对运输设备等进行保养、维护。

四、物联网在农产品仓储环节的设计

在农产品物流过程中，最重要的核心部分是仓储。想要实现对货物的优先管理，仓储环节无疑需要进行良好的控制。如何控制存货投资金额，加强存货监管，更加合理利用有限的人力与空间、缩短运输时间以及查货时间等因素直接影响到企业的各项成本以及影响力的发展前景。信息技术的日新月异已成为仓储环节中不可替代的重要技术支持，仓储作业自动化与信息采集决策系统的有效结合加之无线射频技术的广泛使用将仓储作业变得更加智能化。物联网将货物与互联网紧密结合，以实现货物的仓储过程全程可控。因此，物联网化在农产品智能仓储环节中占有着举足轻重的地位。智能物流仓储系统不仅要能够监控入库流程、出库流程、货物移动、货物查点、货物调动、售后管理和货物清单分析，还要能够监测货物的位置是否按照要求摆放和存放地的温湿度，对库房进行有效的监控和防火警戒等。在农产品进行储存过程中，为了对仓储货物实施全面有效监控，使用了大量物联网技术，包括传感器、无线传输技术、识别技术等。智能仓储系统中货物的处理大致分为以下几个步骤：

1. 入库流程

首先验证入库货物附属的电子标签，以实现对其身份的验证，并将验证信息上传至数据中心，以实现对货物的完整登记，并且安排好上架仓位以及确定运输路线，然后向叉车下达上架信号，对货物进行全程跟踪和定位，以确保货物按照要求正确存放。

2. 库存管理

对库存货物进行仓库内部操作管理，主要包括货物检索定位以及到位检查、自识别货物存放位置和数量清点、是否按照要求分配库区、退换货处理、包装处理和报废处理等功能。

3. 出库流程

首先工作人员向仓库信息系统递交产品出库申请，智能仓储管理系统自动生成最优方案，查询货物目前的存储位置，然后向叉车下达运货命令，叉车确认货物信息正确后，开始输送货物。

目前，物联网技术还无法实现连锁仓库运输应用，仍然独立于其他环节。但是借助物联网技术，可以把彼此之间相对独立的系统进行连接，实现信息交流，这样就形成了一个更大的储存环节。如果真正实现大规模仓储物联网，就能够实现货物在仓储物联网大系统中更加具有智能化，让物流中的现实物品按照人的意愿自动存放，此时的物联网技术比较过去陈旧的物联网技术无疑又是一场质的飞跃。这将颠覆物流信息系统落后的架构，甚至可以改变现代物流设备的结构与功能，对现代仓储、物流中心的结构带来革命性的变化。

五、物联网在农产品零售环节的设计

物联网技术的运用可以帮助零售商对产品的存储进行优化管理，实现零库存管理和及时货物补充提醒，并能够随时掌握货物运输过程中的所有信息，大大增强了零售环节管理效率。因而实现及时的货物补充，有效降低库存成本，并且能够实现货物防盗功能。另外，标签内存储了相当丰富的产品信息，例如产品的生产日期、保质期、产品的正确存放方法，这样，可以有效地降低因商品耗损导致的经济损失。利用商品货架上的标签可对商品余量进行实时监控，当存货不足时，将会发出货物补充信息。此外，还可以及时纠正错置商品，极大地方便了货物存放管理。作为消费者，在购买商品后，可以根据商品识别标签所提供的信息，直观地了解商品从生产到购买过程中所有信息，真正做到放心使用。同时，企业也可以了解消费者购买商品后的使用情况后，进行产品革新以及各项售后服务，以实现更好地占领市场。

第三节　物联网在水产养殖中的应用

一、水产养殖物联网技术的研究意义

中国是水产养殖大国，占全世界水产总量的比重很大，但是，相比西方发达国家，我国的水产养殖智能化信息获取和监控技术手段严重滞后。其中水产养殖物联网所需监控的参数易受生物干扰，化学侵蚀，天气干扰和人类生产活动等多个方面影响，多影响因素对参数的影响机理复杂，具有非线性和不确定等特点。可以通过人工判断水质的优劣，但该方法可靠性差，也可以将水质样本运输到实验室去判断养殖水质参数的优劣，但该方法的时效性严重滞后，难以对实时发生的水质进行判断，并实时处理，可能会造成较大的经济损失。所以，需要利用现代物联网技术对水产养殖业进行实时监控，准确预警和控制水产养殖水质，使所养殖的水产品在合适的水质环境中生长，最终达到水产品质量和产量的提高。

通过利用自动化环境信息获取技术，信息处理技术和控制技术，可以搭建面向水产养殖的物联网系统，该系统可以实施数据和图像的实时采集，信息传输，信息自动化处理，发布预警信息和辅助制定实施决策，该系统还可以检测水产养殖环境的浑浊度，pH 值，盐碱度和养殖环境水温，并通过获取的水产养殖环境参数对水产养殖环境的水质进行调节，达到适宜所养殖水产品的最优生长环境，节省成本并增加产量。

随着物联网技术的快速发展，在华东、华中和华南部分地区已经对水产养殖物联网系统进行推广。但在实际操作层面，已经搭建的水产养殖物联网系统存在以下问题：部分地区的水产养殖物联网系统过度追求信息获取和处理时效性造成功能过剩；一些地区的水产养殖物联网系统仅考虑在最优条件下的运作结果；一些地区的水产养殖物联网系统的成本过高，难以在水产养殖中实际应用，这些缺陷严重制约了水产养殖物联网在中国渔业方面的应用，因此需要搭建适合中国实际的水产养殖物联网系统。

二、水产养殖物联网技术的研究现状

针对我国的水产养殖的实际情况，目前对于物联网的需求主要体现在以下 4 个方面：

1. 我国目前的水产养殖场的检测技术和水平还较差，渔业水质环境的实时检测

和自动控制水平较差，所以迫切需要环境信息，特别是水质信息的在线检测和自动控制方法。

2. 目前我国应用于物联网的传感器虽然较多，但稳定性差，并且准确度较低，进行维护时需要投入较高的人力和财力成本。

3. 目前我国水产品疾病灾害频发，技术人员严重不足，为了解决相关问题，需要实施喂养精细化，并且构建智能化的养殖管理系统。

4. 目前的农业相关节目和网络信息十分分散，不利于农民进行信息获取。

三、水产养殖物联网系统总体框架

传统的水产养殖手段缺乏实时的水质信息检测手段，并且自动化控制水平较低，采用水质传感器，无线网络，自动化控制和 Internet 等技术，此处设计实现了水产养殖物联网系统，该系统在线实时获取水产养殖水质和周边环境信息，并能针对异常水产养殖水质进行报警，通过传感系统，Internet 和通信网络，以安卓手机为信息接收终端设备，将水质异常信息及时通知给养殖用户。该系统同时根据获取的检测结果，实时对增氧机等设备进行启动以保持稳定水质，为水产养殖维持其适合生存的水质，并为水产养殖提供安全高产的环境。

1. 温度传感器

本研究选取 JCJ100TW 温度传感器作为水产养殖温度监控用传感器。

该传感器作为温度探头，利用不锈钢进行全金属外表封装处理，利用绝缘导热材料进行内部填充，并且加以密封。该传感器尺寸较小，有较好的灵敏度，可以防水和抗震，并且针对不同的应用环境，该产品系列提供多种产品。除了可以应用于鱼塘水分温度的测量，该传感器还可以进行环境，气体，物体表面和冷藏温度的测量。由于该产品采取全密封材质，可以直接放置在水池中使用，测量水池的温度，适合于水产养殖的温度感知。

2. pH 值传感器

本研究选取天仪科达公司的水产水质检测仪作为水产养殖 pH 值监控传感器。

该传感器采用电极设计和固体电路技术，pH 分辨的最好结果可达到 0.005pH 单位。为了对比不同偏移电位下的测量值，维持参比电极的电位为恒定值，为了使用上的需要，pH 电流表的表盘刻有相应的 pH 数值，该传感器也可以数字方式显示 pH 值。

3. 溶解氧传感器

本研究选取大华融源环保仪器公司的溶解氧传感器作为水产养殖溶解氧监控传感器。

该溶氧传感器为高稳性传感器，不需要换透气膜，也不需要更换电解液。但切忌用锐器接触表面，以避免透气膜破裂。在贮存和携带过程中，应套上保护套。保护套的套上和取下，要用顺时针旋转方式缓慢进行，应避免强压猛拉，造成透气膜损坏。

该传感器具有高度稳定性，使用期间，不需要更换透气模块合并使用的电解液体。但在使用期间，该传感器会受到锐器的影响，可能会使透气膜损坏。所以，在运输和携带该传感器时，应采用保护措施，并应采取顺时针旋转方式进行保护套的装卸，运输过程中应防止强烈的按压和损坏传感器的透气薄膜。

对传感器的清洗方式可以采取10%到15%的盐酸溶液浸泡2分钟至5分钟，然后再利用蒸馏水清洗。而对于有机的污染物，可对其利用高浓度酒精进行浸泡，利用清水清洁，保证后续的使用。

4. 盐度传感器

本研究选取美国威尼尔公司产品型号为SAL-BTA的水质快速分析仪作为水产养殖盐度传感器。

盐度传感器利用所测液体的导电性的差异来判断所测液体盐分的高低。对于所测的溶液，盐度的概念定义为单位溶液重量的溶解盐的质量，传统的盐度测试手段为化学分析，但是该方法不准确，并且消耗较多的时间。随着传感器技术的发展，利用密度结合导电性测试盐度成了主流方法，本研究所采用的传感器的使用方法正是该方法。该盐度传感器利用溶液的导电率性来确定它的盐分，该传感器的应用环境为海水环境或者存在一定盐度的水中，可以准确获取现场的盐度，准确观察被测水域，物质层面的离子和分子差异性；利用该传感器还可以获取目标水域中导电率和离子浓度的关系，并获取目标水域的未知物质浓度。

该传感器已配备支持自动识别的电路。当使用LabQuest、LabPro连接、SensorDAQ，EasyLink或CBL2时，数据采集软件会识别传感器，然后用已定义的参数来设置配合识别传感器。

5. 基于无线传感网络WSN的传感器网络设计

本水产养殖物联网系统利用无线传感单元组成，该处理单元直接面向现场，利用ZigBee无线传感网络作为主要的硬件，实现无线传感网络的搭建，该传感网络由控制节点，传感器节点，汇聚节点组成。根据大部分渔业养殖的鱼塘位置的实际情况，本研究的无线传感网络利用簇状的拓扑结构。该系统利用RS232/485总线进行数据交换。

五、水产养殖物联网系统网络层

考虑到技术应用的可靠性，本水产养殖场通过Internet将终端与现场数据进行数据的实时数据交互。

六、水产养殖物联网系统应用层

1. 基于 Android 智能手机客户端的应用层

本研究以安卓手机为核心部件，进行应用层设计，利用智能手机将用户与现场进行数据交互。利用智能手机开发友好的交互界面，将在线检测的水产养殖物联网相关传感器获取的环境信息提供给用户，通过该智能手机交互界面，还可以远程控制设备节点。

该智能手机的应用层软件核心功能包括：

① 实现手机对接点的远程控制。

② 实现手机对接点传感器的远程监控。

2. 基于人工和远程控制中心的水产养殖物联网自动控制应用层

该水产养殖物联网系统可实现换水、增氧、增温、喂料等功能。自动控制应用层设计是对整个系统的输出，也是水产养殖的实施部分。可以通过控制终端和智能手机两种方式，对输出进行控制。

七、系统运营效果

物联网技术在水产养殖中的应用，可以实时监控养殖过程中的温度、pH 值、溶解氧和盐度，并通过自动和人工两种方式对水塘进行换水、增氧、增温、喂料等功能，为水产养殖经营者提供了便利，极大降低了水产养殖经营者的管理成本。

1. 系统在池塘合理拓扑位置内设置盐度，温度传感器和传感器节点，建立了基于无线传感技术的水产养殖物联网系统。

2. 提供了强大的水产养殖系统信息查询、管理服务，为各类用户提供强大的信息传送和终端处理功能。

上述基于物联网的水产养殖系统的应用，能够促进水产养殖系统的透明管理，使水产养殖系统的自动化程度更高，可以显著减少水产养殖系统的损失，保证养殖用户的经济利益。

第九章　物联网环境下智能交通系统模型设计及架构研究

第一节　物联网技术对智能交通系统的影响分析

一、智能交通系统研究综述

1. 国外研究现状

美国、日本、加拿大、英国、法国、韩国等国家都投入了较大的人力和物力从事智能公共交通系统研究，在国际上处于领先地位，并取得了显著的成果。自20世纪80年代以来，许多国家公共交通部门开始应用先进的信息与通信技术进行公交车辆定位、车辆监控、自动驾驶、计算机辅助调度及提供各种公共交通信息等以提高公交服务水平。

（1）美国ITS研究现状

美国的交通管理自动化水平在相当一段时间内落后于日本和欧洲，但美国拥有丰富的土地资源，可以在短时间内通过公路路网建设来解决交通拥堵问题。当发展到一定规模之后，对于已经相当庞大的公路网，要想进一步占用大量土地，投入大量的资金进行规模化道路建设已经不太现实，因此，1991年美国国会通过了"综合地面运输效率方案"（ISTEA），旨在应用高新技术和合理的交通分配提高整个路网的效率。根据计算机仿真结果，路网通行能力的可行域约在20%～30%之间。ISTEA的主要内容之一就是智能交通系统的应用与实施，并确定由美国运输部负责全国的ITS发展工作，并在以后的六年中由政府拨款6.6亿美元用于ITS的研究工作。1994年，美国提出了ITS的七个服务领域（即ITS的7个子系统）：先进的交通管理系统、出行信息服务系统、商用车辆运营系统、电子收费系统、公共交通运营系统、应急管理系统和先进的车辆控制系统。

美国城市公共交通管理局（UMTA）已经启动了智能公共交通系统项目

“Advanced Public Transportation Systems（APTS）”。经过现场试验，UMTA关于APTS的评价是：“APTS可以显著提高公共交通服务水平，吸引更多乘客采用公交和合伙乘车的出行模式，从而带来了减少交通拥挤，空气污染和能源消耗等一系列社会效益”。根据1998年美国运输部的联邦公共交通管理局（FTA）出版的“APTS发展现状”，美国的APTS主要研究基于动态公共交通信息的实时调度理论和实时信息发布理论，以及使用先进的电子、通信技术提高公交效率和服务水平的实施技术。具体包括车队管理、出行者信息、电子收费和交通需求管理等几方面的研究。其中车队管理主要研究通信系统、地理信息系统、自动车辆定位系统、自动乘客计数、公交运营软件和交通信号优先。出行者信息主要研究出行前、在途信息服务系统和多种出行方式接驳信息服务系统。

（2）日本ITS研究现状

日木是最早进行ITS研究的国家。早在1990年日本的井口雅一命名了智能运输系统（ITS），越正毅提议将ITS（美国成为IVHS，欧洲称为RTI）作为统一术语，从而ITS在世界上得以广泛应用。

20世纪70年代是日本研究ITS的初始阶段，1973年日本国际贸易和工业省发起了全面地车辆交通控制系统的研究。日本最初正式投入的系统有汽车综合控制系统（Comprehensive Automobile Control Systems，CACS）。通过CACS实验，积累了汽车在城市公路网的动态路线引导方法以及相关技术方面的经验，但由于条件所限，未能进行广泛应用。

20世纪80年代前期，继CACS之后日本在全国设立了交通控制中心，成立了日本交通管理协会（Japanese Transportation Management Association，JTMA），开发了汽车交通信息化系统。通产省设立了汽车行驶电子技术协会（JSK），其目的是改进道路、车辆间（直接或中继数据传输）的通信研究。20世纪80年代后期，ITS的发展推动了以建设省为主导的道路、车辆间通信系统和以警察厅为主导的新交通信息通信系统两个项目。

自1990年之后，日本ITS逐渐走向国际化：日本参加了ISATA（汽车技术和自动化国际会议）、VNIS（车辆导航与信息系统会议）、ITS美国年会等ITS领域的国际会议，并且在1994年1月成立了道路车辆智能化推进协会。

道路车辆信息通信系统VICS是日本出行者信息系统的核心，由道路上安置的交通流检测器和车辆装载的发射器将动态交通信息传输至信息中心，经由信息中心进行数据处理后通过FM多重放送等手段将多种诱导信息再发送至车辆，结合车载GPS接收器的定位功能，从而实现车辆引导，更好地满足旅客出行要求。

综上所述，日本的ITS具有如下特点：

1）日本的运输咨询公司较少，由于ITS科研项目与国家工业紧密挂钩，所以大多数ITS项目均由实力雄厚的汽车、电子业的大公司或由政府机构承担。

2）政府和工业部门对ITS研究的长期支持促使相关ITS研究具有一定的连续性。

3）ITS的研究成果直接面向市场，这种研究动力促使注入车辆导航系统等产品的快速研发与应用。

4）成立于1994年的VERTIS作为日本ITS发展战略制定者、协调工业和公用部门，同时也是制定ITS标准方面产生国际影响的跨政府部门的组织，政府通过VERTIS来对国内的ITS研究走向进行影响。

5）日本在交通管理系统（ATMS）和出行者信息系统（ATIS）的实施部署已经处于国际领先地位。

（3）欧洲ITS研究现状

欧洲从1986年开始涉足ITS研究领域。由欧洲主要汽车公司发起的欧洲高效安全道路交通计划，计划旨在以汽车为主题，利用先进的信息、通信自动化技术来改善运输系统，解决交通问题。由欧洲社团委员会（European Community，EC）发起的欧洲汽车安全专用道路设施计划（Dedicated Road Infrastructure for Vehicle Safetyin Europe，DRIVE）主要涉及公路和交通控制技术的研究。在ITS的研究、发展和实施过程中，欧洲也应用了较有代表性的智能交通系统。

1）交通效率与安全蜂窝式通信系统：这是一种有效发挥传统的蜂窝无线电话基础设施（地面站）的作用，使交通控制中心与行驶中车辆进行双向通信的系统，它构成了DRIVE的核心。德国的黑森州、英国伦敦以及瑞典的斯德哥尔摩是实验项目地区。

2）EUROSCOUT：EUROSCOUT是以德国西门子公司为主开发并推向市场的，是以红外信标为媒体的动态线路引导系统。由于车辆和信标之间的红外线通信是双向进行，因此汽车则变为一个探头，可将行程时间、排队等待时间及OD信息等交通信息数据传输给中央引导计算机，并可经常更新中央数据。

3）交通主控（Trafficmaster）：Trafficmaster是以伦敦为中心的大范围高速公路使用的系统，是采用袖珍传呼机网络提供交通信息的系统。该系统由传感器、控制中心及车载信息终端组成。传感器检测车辆的速度，传感器控制仪的微型计算机计算出每隔3分钟车辆的平均速度，当平均速度在48.3km/h（30mile/h）以下时，便向控制中心发出信息。车载终端装置可显示全区域或放大区域的速度下降区域，并且可以了解事故以及施工等特殊信息。

综上所述，欧洲ITS研究的特点主要有以下几点：

① 在广泛的ITS交通领域都进行研究与开发。

② EC发起组织的ITS研究着重技术的部署与评价，具有高度的研究连续性，但

是与实际应用上存在一定距离。

③ 欧洲在公路上部署了车辆专用电台，可以向用户提供声音或编码信息。

④ 将公共交通视为重要的研究内容，公交优先和公交乘客信息系统已投入使用。

从国外研究现状来看，ITS 的理论和技术研究开展得较早，通过研究实验将成熟的 ITS 技术应用于相关领域，并进行项目推广和后续研发，从而不断对智能交通系统体系进行改进和完善。

2. 国内研究现状

我国自 20 世纪 90 年代开始 ITS 的相关研究工作，实际上早在 1970 年以后我国在交通运输管理就广泛应用信息工程的技术与理论，当时称为交通工程。在 1995 年至 2001 年间，中国的 ITS 经过了研讨、实验、重视、工程应用的长期历程：初始阶段仅有部分政府部门、研究机构和院校认识到 ITS 的潜力和重要性，他们开始这方面的工作，但是在多数场合和各种开发计划中都对 ITS 的开发和应用持怀疑态度。但随着对外交流的增多，以及国内经济的发展和交通现状的压力，各方面开始了一系列相关研究，成效显著。20 世纪 70 年代中期至 2000 年左右，ITS 的应用研究在中国各地广泛开展。

基础技术研究、产品开发等在智能交通的产业链条上包括 ITS 的建设者、使用者和提供商。建设者包括政府、交通管理部门、高速公路公司等，其次是设备提供商和服务商，包括各类系统供应商、集成商及服务商，还有与之相关的电信运营商或内容提供商等，最后是使用者，包括交通管理与指挥部门、汽车原厂商、出租汽车公司、公交公司、物流公司、其他团体以及个人用户等。因此，智能交通的用户包括三类：相关部门的管理者、道路交通的使用者和相关企业。它们分属在产业链的不同位置。

二、物联网技术对智能交通系统的影响分析

由于物联网在电子技术、通信技术、计算机技术和人工智能方面具有成熟的技术优势，因此与智能交通系统的结合为现代交通运输行业提供了发展的新思路。此处对物联网技术体系及相关内容进行完善的分析和研究，根据物联网体系架构的要求提出了智能交通系统的改进方向。

1. 智能交通系统对物联网技术需求分析

由于 ITS 主要应用对象是通过感知手段获取的交通要素信息，因此交通运输行业发展物联网需要从构建交通要素身份认证体系，构建交通要素信息精准获取体系，构建物联网环境下智能交通系统三方面入手。

（1）构建智能交通主体认证体系

智能交通运输行业发展物联网的核心在于为交通要素（交通对象、交通工具、

交通基础设施）建立起以身份特征信息为核心的、可靠的、唯一对应的“电子镜像”，然后依托以 RFID、传感器、网络传输为主的系列信息技术手段，将这一“电子镜像”真实、可靠、完整、动态地映射到应用系统的数字化平台上，通过广义的处理方式，对“电子镜像”进行系统性、智能化分析与处理，从而实现对交通要素（交通对象、交通工具、交通基础设施）物理实体的监管、协调控制和服务。交通要素身份识别是构建物联网的基础。所谓交通要素身份识别，通俗说就是给交通对象、交通工具、交通基础设施这些交通要素赋予全球唯一的识别码，一物一码，再将它们的唯一识别码联成身份认证系统。

在现有的交通信息化和智能交通发展基础上，需要进一步应用 RFID 技术、物联网感知等技术在交通管理、运输工具管理以及其他方面的应用，构建“运输精准管理体系”“车联网体系”，以及“出行移动支付体系”，从而有效实现运输工具和交通对象这两大交通要素的身份识别和认证。

（2）统一信息化系统数据标准

交通要素的信息获取体系主要是实时获取交通要素的相关状态信息与动态运行信息。目前交通运输行业已经应用了大量的交通传感器，来实时“采集”交通系统的状态、动态运行信息。如通过感应线圈、视频检测、微波检测器、GPS 卫星定位等传感器技术采集车辆、道路系统的运行信息；通过二维码等技术采集货物的身份和状态信息。

由于过去普遍采用“功能 - 信息”这一发展模式，各功能子系统“采集”的交通要素信息相互独立，而且存在信息重复采集现象；同时由于各子系统的数据接口标准未统一，造成采集的交通要素信息难以互联共享。

因此，要构建“物物感知”和“物物协同”的智能交通运输新体系，势必需要构建互联共享、融合协同的交通要素信息获取新模式，在现有的交通数据采集系统的基础上，接下来需要做以下两方面工作：

1）制定交通信息化子系统数据输入输出接口标准。通过制定各交通信息化子系统应用的交通传感器的数据输入标准，规范所采集的交通要素信息的存储格式；通过制定各交通信息化子系统的数据输出标准，规范各子系统所能提供的交通要素信息的接口格式。从而为各交通信息化子系统所采集的交通要素信息融合提供基础，有效构建交通运输信息获取新体系。

2）建立基于 RFID 身份识别的交通要素信息采集体系。RFID 技术是物联网最重要、最核心的基础技术之一，未来的交通要素很大一部分需要通过 RFID 技术唯一化的接入互联网络。因此有必要研究基于 RFID 身份识别的信息获取、信息处理和信息融合技术体系。

（3）建立物联网环境下的ITS模型

通过建立智能交通系统模型，将物理世界的交通对象、交通工具、交通基础设施等交通要素同虚拟世界交通要素建立镜像关系，基于智能化的数学方式实时再现交通运输系统运行状态，实现对交通运输系统海量物联信息的分析、管理和显示，为交通对象、交通工具、交通基础设施的互动提供系统决策支持，以实现系统功能的智能化和系统运行的最优化。

综上所述，从以上三个方面入手，推动物联网在交通运输行业的发展，实现交通运输领域的智能化识别与管理，有效“感知交通”，构建“智慧的交通”，是未来推动交通运输信息化建设和现代交通运输业发展新的切入点，也是有效“感知中国”，实现“智慧地球”所不可或缺的重要组成部分。

第二节　物联网环境下智能交通系统模型与架构设计

物联网技术环境下的ITS是开放复杂的巨系统，因而ITS的系统建模具有一般开放复杂巨系统建模的共性问题。此外，ITS的系统建模问题还具有以下几个特点：① 人的因素的处理问题；② 人机关系的处理问题；③ 智能模型的建立与应用问题；④ 信息在模型中的作用问题。此处针对以上四方面问题，以现有智能交通系统模型为基础，构建新环境下的ITS模型与架构。

一、现有智能交通运输模式

根据目前智能交通系统的运行特点，总结出ITS控制方式的通用模型主要分为三部分内容：数据采样、数据存储分析与更新、信息反馈控制与显示。

智能交通系统体系架构作为整个系统的体系说明和规格说明，决定了系统的整体构成，并确定各功能模块以及允许模块间进行通信和协同的协议和接口。其中用户服务是指在ITS体系框架中，某一导向接近于最终用户相邻层提供的服务能力；服务主体（服务提供商）是指服务起点和发起者，与用户主体为服务和被服务的关系。系统功能是指该系统为完成用户服务必须具有的基本能力。通常智能交通系统的体系框架包含逻辑框架和物理框架。

1. 现有智能交通系统的逻辑层框架

逻辑框架是组织复杂实体和关系的辅助工具，其重点是系统的功能性处理和信息流处理。开发逻辑框架有助于明确智能交通系统的功能结构和信息动态变化，并有助于得出对改进系统和新系统的功能性需求。逻辑框架通常用分层的数据流图、数据词典和处理说明等进行描述。

根据现有的服务领域和用户主体的确定可以构建智能交通系统逻辑框架，现有智能交通系统的逻辑框架为层次结构，逻辑层次分为功能域、系统功能、过程、子过程。功能域包括交通管理与规划、电子收费、出行者信息、车辆安全和辅助驾驶、紧急事件预警和应急处理、交通运营管理、综合运输、自动公路、交通地理信息及定位技术平台和评价。逻辑框架的主要研究对象就是描述系统功能和系统功能间的数据流，与物联网的信息控制功能相契合，因此在研究对象和应用主体方面智能交通系统与物联网环境实现了本质的统一。

2.现有智能交通系统的物理层框架

与智能交通系统的逻辑框架不同，物理框架的本质是系统的物理视图，即逻辑框架的具体实现，其主要功能是关于系统应该如何提供用户所要求的功能的物理性表述。物理框架将逻辑框架所认定的“处理过程”通过映射分配到物理实体（即智能交通系统的应用子系统）中，根据各物理实体所含的“处理过程”之间的数据流来确定实体之间的体系结构。物理框架与智能交通管理体制相关，并且在具体应用过程中通过实体运输功能层次和信息流通层次的相关活动，进行不同的交通运输管理组织之间的信息交互和相互作用。

现有智能交通系统物理框架的主要映射对象是应用端的各类职能，即系统或子系统的应用功能，智能交通系统物理框架的结构同样为系统、子系统、模块的层次结构。其中各子系统与应用层各物理组件相对应，可分为中心子系统、路侧子系统、车辆子系统和用户主体子系统四部分。

二、物联网环境下智能交通模型

通过对现有智能交通系统模型的研究，本节对系统的逻辑框架模型和物理框架模型进行了深化和改善，并结合物联网技术内容和物联网架构的相关特点，建立了物联网环境下的智能交通系统功能服务模型和网络层次模型。

1.物联网环境下智能交通系统的服务功能模型

在物联网技术的广泛应用的情况下，智能交通系统所提供服务的领域更为广阔。本节建立了基于应用的物联网智能交通系统服务功能模型，通过分析不同用户各方面的需求和交通系统可提供的服务种类，能更好地发挥物联网技术与智能交通系统的作用，提高基础设施的利用率。

ITS系统控制中心主要负责交通流控制、车辆智能识别、车辆停泊统筹管理、公共车辆时间规划、城市交通基于统计知识的交通规划与管理；在应用层面分为三个方面：应用服务、建维管理和运行管控。

在应用层面中核心的部分是基础信息/数据的采集与实时发布。在应用服务中交通信息中心收集路况信息、实时天气状况，同时包含公共车辆的日程安排、路网的数字化地图以及一些特定条件下的路径引导算法，传送给管理部门和需要信息服务的旅行者，用户可根据需要选取相应的信息；建维管理则对交通运输过程涉及的静态设施和环境信息进行定时采集和处理，并根据实际状况进行信息应用；运行管控是体现物联网智能交通系统特点的重要组成部分，其核心部分在于信息的反馈与控制，着重运输行为的调度、货物的运输路线规划，并对车辆和运行环境的安全性提出更高要求。

2. 物联网环境下智能交通系统的网络层次模型

在前文物联网体系架构研究中，根据不同的层级的应用和功能划分，以三层架构模型来实现对物联网体系架构的描述。因此，本节将智能交通系统进行层次模型化，从系统角度进行模型功能和性质的阐述。

首先，基于物联网 ITS 的具体应用是基于相关硬件基础设施（车辆、人员、环境），包括道路本身和辅助性设施如信标、路边传感器等基础感知工具或信息采集终端均属于感知层。其次，基于物联网的 ITS 强调信息的共享及充分利用，信息在各个子系统的动态运行及选择由网络层来完成，包括短程微波通信、卫星、光缆通信、Internet、无线移动通信等相关技术和基础内容。同时网络层还包含信息的提取、处理、存储功能，并针对不同部门或不同服务的要求提供不同的信息。第三，应用层划分为服务应用和反馈控制两方面内容：服务应用包括基于统计知识的专家系统如公共车辆日程安排、辅助决策如自动路径引导及规划、自适应处理如根据实时交通流信息、调整交通灯以及用户对交通信息的实时查询；反馈控制一方面根据智能层所提供的功能用于不同的服务领域进行交通管理或信息处理，另一方面根据不同的服务需求不断地对智能层的功能进行扩展。

总之，基于物联网的智能交通系统作为一个开放的网络体系，感知层的信息采集、网络层的传输方式和信息、处理、应用层的服务范围和水平都会随着科技的进步与人们需求的增长不断扩展与提高。

三、物联网环境下智能交通系统架构

智能交通系统是一个由实现不同功能的多个子系统进行互联互通、有效集成，而形成的复杂的系统或巨系统。在物联网环境下的智能交通系统中，一方面要对大量的静态交通信息和实时性动态信息进行采集、传输和处理；另一方面，更侧重于各类信息的整合、信息传输、信息汇总、信息融合、信息的深度发掘和共享利用，增加了“人－车－环境”的信息交互与共享，加强了人、道路、车辆和系统管理的一体化运作。

由于智能交通系统是以信息高速公路为技术平台，交通信息（通过动态采集、处理和提供服务）系统为基础，因此在真正意义上促成了交通出行者、交通工具、交通设施以及交通环境所构成的智能交通系统各大要素间的有机联系，并从根本上提高了交通系统的安全性和交通效率。从上述分析可知，智能交通系统是以先进的交通信息系统为基础的。例如日本率先在世界上建立起的“道路车辆信息交换系统”（包括车内诱导、信息板诱导、出发前信息诱导等），以及车辆导行系统（CNS，Car Navigation System）。

综合本章提出的物联网环境下智能交通系统的服务功能模型和网络层次模型，结合物联网技术需求分析和智能交通系统技术构成，针对ITS基本机构应用的关键技术进行归属划分，提出了基于物联网的智能交通系统架构，它包括感知层、网络层、应用层三部分内容。

1.感知层

处于最下方的为感知层是该体系的末端神经，也是物联网技术在智能交通中应用的基础层面，它为上层的作业控制和业务管理等提供高效的信息交互技术手段，为整个交通体系采集交通环境中发生的物理事件和数据。在感知层中又分为数据采集层和传感器组网信息协同处理两部分内容。

（1）数据采集层：数据采集层包括各类交通物理量、标识、音频、视频数据。物联网的数据采集涉及传感器、RFID、物品编码、智能嵌入和纳米技术等多种技术。在交通运输过程中，信息的感知作为基础内容，需要根据不同的应用采用相应的方式和技术完成。

（2）传感器组网信息协同处理：自低速与中高速短距离传输技术主要是指传感器网络组网和协同信息处理技术实现传感器、RFID等数据采集技术所获取数据的短距离传输过程应用的技术；自组织网络技术则可提高网络的灵活性和抗毁性，增强数据传输的抗干扰能力，而且建网时间短、抗毁性强。然而，它在组网中的同步技术的重要性却日益突出。同时，组织组网以及多个传感器要通过协同信息处理技术对感知到的信息要进行处理，经传感器中间件进行转换和过滤筛选之后传递到网络层进行远距离传输。

2.网络层

网络层在智能交通系统中的应用时为了实现更加广泛的互联功能，能够把感知到的信息无障碍、高效安全地进行信息传送，因此需要传感器网络与移动通信技术、互联网技术相融合。现阶段移动通信、互联网等技术已比较成熟，基本能够满足物联网交通信息传输的需要，无线网络和行业专网技术的研究有助于促进物联网信息传输新的发展需求，而异构网络间融合的技术有利于物联网时代更加充分的应用已有的网络资源，实现信息大规模、高速度的安全传输。由于智能交通系统需要对末端感知网络与感知结点进行标识解析和地址管理，因此物联网的网络层还要提供相应信息资源管理和存储技术，M2M无线接入和远程控制技术是为了实现物联网中物与物之间的直接智能化控制。数据经过汇总、处理和分流通过相应的系统接口高速准确地传输至相应的交通系统，从而服务于各类交通管理和应用。

3. 应用层

应用层依据感知层所采集的交通数据资源按入到智能交通系统平台中，通过统一的数据标准形成各类交通子系统的应用规范，应用于支撑平台和应用服务，其中数据接口用于支撑跨行业、跨应用、跨系统之间的信息协同、共享、互通的功能。在物联网数据支持下，智能交通系统的主要应用分为四大模块：交通管理系统、用户服务系统、道路交通管理系统、交通控制系统。

（1）交通管理系统

交通管理系统主要包括交通规划与决策、物流管理、环境管理、公共交通服务等内容。交通规划与决策依据物联网采集的基础交通数据，结合运输活动，依据相应交通规划理论与方法，最终提出规划方案和决策意见；物流管理在系统中的主要内容是根据物质资料实体流动的规律，通过运输活动的计划、组织、指挥、协调、控制和监督，使各项物流活动实现最佳的协调与配合，提高物流效率和经济效益；环境管理包括物联网环境与交通运输环境，系统对这两方面的基础设施、环境属性进行信息实时采集与反馈管理；公共交通服务主要针对出行者或系统用户的交通活动进行组织优化，提供运输辅助。

（2）用户服务系统

物联网环境的智能交通系统在用户服务方面注重以人为本，为用户提供在线实时信息查询服务和出行信息服务，将物联网中海量的交通信息资源，有效信息传递至客户终端；系统结合民航和铁路等交通方式，为用户提供快捷方便的出行订票服务；用户服务系统在用户自主出行的过程中通过对车辆或其他终端设备的管理诱导，以达到道路网络交通流运行稳定的要求。

（3）道路交通管理系统

道路交通智能管理分为交通综合信息管理、自动检测系统、信号控制系统和警务指挥系统四个方面。交通综合信息管理依据基础数据采集获取当前交通网络的使用水平，并对各种运输模式的交通需求和交通运输规划的历史数据进行统计存档处理；自动检测系统主要针对交通流检测信息、实施交通流信息获取、交通流控制测量以及违章信息等方面进行信息获取，为道路管理提供基础数据；信号控制系统包括交通设施设备管理、交通地理信息、气象信息以及提供 VIP 服务；警务指挥系统主要面向交通管理过程中的突发事件应急处理，通过感知层的探测和预报，获取事件发生的位置、事件性质以及当前交通状况等信息，及时为相关部门提供数据支持，以实现交通损耗最小化。

（4）交通控制系统

智能交通系统下的交通控制系统实现信息流通的关键步骤：反馈控制。感知层所获取的数据提供给交通系统进行运输规划和交通流优化，核心部分即为交通控制管理。其中交通决策支持包括交通仿真和交通信息统计分析，为系统对运输过程的操作提供信息处理支持；交通业务管理针对事故处理、车辆和人员控制以及路政设施设备管理分别对“事－人/车辆－环境”进行一对一控制管理；交通管理指挥调度分为交通信号控制和 VMS 信息展示两方面，采用自适应控制策略对交通流进行控制，从而实现城市或区域的交通流运行的通畅和平稳；交通诱导主要通过 VMS 信息发布、车辆导航和交通广播等信息和控制手段保障交通管理策略的实现。

第三节　物联网环境下智能交通系统方案评价及应用研究

从实际应用情况来看，智能交通系统方案的选择通常是多种关联因素共同作用的结果，因此需要建立相应的评价指标体系并依据相应的评价方法，从实际对象、实际方式及技术水平出发对基于物联网的智能交通系统架构进行充分论证。本节根据新环境下 ITS 架构分析了系统的评价需求，建立了相应的评价指标体系，并应用经典 AHP 算法和基于三角模糊数多属性决策法对方案进行实证研究。

一、物联网环境下 ITS 方案的评价需求

基于物联网的智能交通系统评价是从系统应用的角度出发，对 ITS 本身的合理性、应用性和可操作性等内容进行论证和分析。通过对 ITS 进行综合评价，一方面能够验证系统的组成构架、对系统的功能和性能可行性，另一方面以系统定性和定量相结合、主观和客观相结合为出发点对新环境下的智能交通系统进行整体评价。

物联网环境下的智能交通系统在技术层面、经济层面、环境影响层面包含了多种独立因素，这些因素分别体现了 ITS 在功能和应用方面的各类性质，因此需要建立起相应的指标体系对其进行整体判断和评价，最终得出总体评价值来反映物联网环境下的智能交通系统的特性和整体水平。其中技术评价、经济评价和环境影响评价主要分为以下内容：

1. 技术评价

技术评价从物联网技术和智能交通技术的角度出发，通过对ITS项目中采用的各类技术相关指标的分析和测算，从系统的功能和技术层面对ITS项目的合理性、可扩充性、实用性和合理性进行评价，考察项目是否达到了设计的技术目标。物联网环境下智能交通系统体系架构技术评价的目标是完善系统本身具有的性能和提高系统运行的性能。因此，评价主要可以从以下两方面展开：基于体系架构各部分特征的系统性能评价，即定性分析为主的评价；基于ITS各部分系统设计的运行性能评价，即定性与定量结合的评价。

2. 经济评价

经济评价通常包括国民经济评价和财务评价，这主要是从不同的评价主体出发对项目提出的评价要求：国民经济评价是从国家整体的角度出发，考察项目的效益和费用，并且分析、计算项目对国民经济的净贡献，以判断项目的合理性；财务评价则是在现行国家财税制度和价格体系下，从企业财务角度出发，测算项目的财务效益和费用，考察项目的财务盈利能力和清偿能力，判断项目的财务可行性。在对物联网环境下的ITS项目进行经济评价中，人们主要考虑项目直接费用和效益等具体指标。

3. 环境影响评价

环境影响评价就是从宏观角度分析ITS项目对社会及环境所产生的影响以及带来各种直接的、间接的效益。ITS项目对社会及环境的影响基本上可以分为直接社会环境效益和间接社会环境效益两类：直接社会环境效益是指通过ITS项目给城市交通系统和城市环境带来的实际成果和利益，具体表现为降低行车成本、减少出行时间、延长车辆使用寿命、提高路网通行能力、降低环境污染等方面。间接社会环境效益是从社会经济系统的角度考察通过ITS项目改善交通环境，对促进城市建设和发展，促进经济繁荣等方面产生的效益。

综合智能交通系统的评价需求后可以得到，物联网环境下智能交通系统方案评价工作主要包括三方面的内容：① 建立综合评价指标体系及其评价标准，来当作整个评价工作的前提；② 选定定性或定量的评价方法；③ 针对系统案例进行实证分析，包括综合算法和权重的确定、总评价值的计算等。

二、物联网环境下ITS方案的评价指标体系

物联网环境下智能交通系统方案评价指标体系，能够反映所评价系统的总体目标和特征，并且具有内在联系、起互补作用，是反映系统整体状况指标群体。在评价指标体系的构成原则上可表现为五个方面。

1. 整体性原则

智能交通系统是一个完整的人机系统，系统各组成部分需协同运动才能发挥作用。评价指标体系应能全面地反映所评价系统的综合情况。

2. 可量化原则

指标的含义必须明确，同时，指标体系内部及外部的同类指标之间能够比较，同一指标要具有历史可比性。

3. 动态性原则

在ITS发展的不同时期，对于信息系统的不同类型，都应能在评价指标体系中得到体现。根据需要可作相应的调整和改变。

4. 层次性原则

层次性首先是指标结构自身的多重性，即一个指标由若干其他指标所决定而构成树形结构；其次是信息系统所属部门的层次，各层的子系统都应有相应的评价指标；第三是系统技术特征上的层次性。

5. 相对独立性原则

各指标之间应尽可能避免显见的包容关系；对隐含的相关关系，要设法以适当的方法进行规避。

根据物联网环境下的智能交通系统方案的特点和综合评价指标体系的构成原则，从ITS的组成和评价对象出发，按照技术、经济、环境影响等评价内容构建了综合评价指标体系。

位于最顶层的为评价主体，即物联网环境下的智能交通系统；之后从评价主体的角度提出智能交通系统所涵盖的主要内容，包括技术评价、经济评价、社会和环境评价三方面主要内容，其次按照各部分的限定条件提出相应的评价目标，并基于评价目标分层次、有步骤地建立评价指标内容。

1. 系统安全性

智能交通系统安全主要分为事故监测、突发事件预警和车辆信息交互成功率三个方面。其中车辆信息交互与事故监测作为系统感知层的基础评价指标，针对信息采集的及时性和准确性进行评价；突发事件预警主要针对系统对偶发事件的反应灵敏度进行评价。

2. 信息传输速度及系统容量

信息传输速度及系统容量评价指标上要面向物联网环境下系统网络层的主要功能和网络结构，对数据的实时传输、信息交互的及时性进行标定，并对系统容量和可扩展性进行分析评价。

3. 系统项目费用

系统项目费用针对 ITS 的可实现性和资金支持展开评价，通过建立效益费用比和资金净现值指标，考察项目的财务盈利能力和清偿能力，判断项目的财务可行性。

4. 直接 / 间接环境影响

直接社会环境影响是指通过 ITS 项目给城市交通系统和城市环境带来的实际成果和利益，通过用户满意度和出行单位能耗两方面指标进行量化；间接社会环境影响是从社会经济系统的角度考察 ITS 项目对交通环境的影响，属于定性分析指标。

综上所述，物联网环境下的智能交通系统方案评价指标体系根据评价需求，并从系统定位的基础上进行全面权衡以决定系统指标构成，并从实际对象、实际方式及技术水平出发对系统各组成部分的实际技术与使用要求进行充分论证。因此，该评价指标体系不仅仅是系统的构成、功能和性能定性及定量的反映，也是系统设计思想及设计方对系统的理解程度的反映，为系统方案的实施提供依据。

三、物联网环境下 ITS 方案的评价方法选择

在确定了系统评价指标体系之后，需要选择相应的评价方法对物联网环境下的智能交通系统方案进行评价分析。在技术评价方法中除了常用的经典层次分析法（Analytic Hierarchy Process）外，还有三角模糊数多属性决策（Triangular Fuzzy Number Multiattribute Decision）、多属性效用度方法（Multiattribute Utility Approach）和消去与选择转换法（Elimination EtChoice Translation Reality）等多种方法，本节主要讨论经典层次分析法（AHP）。

层次分析法是将决策问题按总目标、各层子目标、评价准则直至具体的备投方案的顺序分解为不同的层次结构，然后使用求解判断矩阵特征向量的办法，求得每一层次的各元素对上一层次某元素的优先权重，最后再加权求和的方法递阶归并各备择方案对总目标的最终权重，此最终权重最大者即为最优方案。层次分析法的评价步骤如下：

① 建立层次结构模型。将不同因素分组，每个组作为一个层次，自上至下依次为目标层、准则层和方案层，上一层次对相邻的狭义层次的全部或部分元素起支配作用，形成从上至下的支配关系，即递阶层次关系。

② 构造判断矩阵。判断矩阵由层次结构模型中各层元素的相对重要性数值列表构成。判断矩阵表示针对上一层某因素，本层与之有关因素之间相对重要性的比较。

③ 层次单排序，并将判断矩阵的特征向量归一化。根据判断矩阵，计算判断矩阵的最大特征值及对应的特征向量，可以通过 Matlab 和 MathCAD 等数学软件求精确解，近似的计算方法有和根法、根法、幂法等。

④ 层次单排序一致性检验。在建立判断矩阵时，由于主题认识的多样性以及客观事物的复杂性，判断矩阵不可能完全满足公式，也就是说判断矩阵不可能具有完全一致性。而且进行 n（n-1）/ 2 次两两比较判断可以从不同角度的反复比较中，有利于得到一个合理反映决策者判断的排序，然而整个判断矩阵也不应偏离一致性太大。

⑤ 层次总排序。上面的层次单排序得到一组元素相对于上一层中某元素的权重向量，然而人们最需要的是最底层中的各方案（或与方案直接联系的属性层）相对于总准则的合成权重（或属性权重），以便进行方案比选。计算合成权重的过程称为层次总排序，合成权重的计算需要自上而下进行，将单准则权重进行合成，最终进行到最底层得到合成权重。

在此前的研究基础之上，本节对物联网环境下的智能交通系统进行定量的技术分析评价，应用层次分析模型对三个主要目标进行有效评价：道路交通系统的安全性、智能交通系统的运行效率及容量、环境影响与能源消耗。依据技术评价指标体系的内容，本次评价在主要目标基础上设定了七个方面（事故监测 / 突发事件预警准确率、车辆信息、交互成功率、子系统数量与可扩展性、通信系统容量、信息传输速度、用户满意度和交通单位出行能量消耗）进行检验，以保证技术验证的准确性。

根据层次分析法的步骤，将物联网环境下的智能交通系统中各评价目标以及相关因素按照不同属性自上而下地分解成准则层，同一层的诸因素从属于上一层的因素或对上层因素有影响，同时又支配下一层的因素或受到下层因素的作用。最上层为目标层，即选择最优方案；最下层通常为方案层，即物联网环境下的智能交通系统与现有智能交通系统；中间为准则或指标层。

从层次结构模型的准则层开始，对于从属于（或影响）上一层每个因素的同一层诸因素，用成对比较法和 1–9 比较尺度构造成对比较阵，直到位于底部的方案层。对于每一个成对比较阵计算最大特征根及对应特征向量，利用一致性指标、随机一致性指标和一致性比率做一致性检验。若检验通过，特征向量（归一化后）即为权向量：若不通过，需重新构成对比较阵。

第十章　新的历史机遇推动物联网大发展

第一节 “互联网 +”国家行动计划

国务院总理李克强在 2015 年政府工作报告中，对“互联网 +”行动计划的战略目标做了明确阐述：“推动移动互联网、云计算、大数据、物联网等与现代制造业结合，促进电子商务、工业互联网和互联网金融健康发展，引导互联网企业拓展国际市场。”

“互联网 +”行动计划将重点促进新一代信息技术与现代制造业、生产性服务业等的融合创新，发展壮大新兴业态，打造新的产业增长点，为大众创业、万众创新提供环境，为产业智能化提供支撑，增强新的经济发展动力，促进国民经济提质增效升级。

一、什么是“互联网 +”

“互联网 +”代表一种新的经济形态，即充分发挥互联网在生产要素配置中的优化和集成作用，将互联网的创新成果深度融合于经济社会各领域之中，提升实体经济的创新力和生产力，形成更广泛的以互联网为基础设施和实现工具的经济发展新形态。

马化腾认为：“互联网 +”是以互联网平台为基础，利用信息通信技术与各行业的跨界融合，推动产业转型升级，并不断创造出新产品、新业务与新模式，构建连接一切的新生态。

马云认为：所谓“互联网 +”就是指以互联网为主的一整套信息技术（包括移动互联网、云计算、大数据技术等）在经济、社会生活各部门的扩散应用过程。

李彦宏认为：“互联网 +”计划，是互联网和其他传统产业的一种结合的模式。这几年随着中国互联网网民人数的增加，现在渗透率已经接近 50%。尤其是移动互联网的兴起，使得互联网在其他产业当中能够产生越来越大的影响力。人们很高兴地看到，过去一两年互联网和很多产业一旦结合的话，就变成了一个化腐朽为神奇的东西。尤其是O2O（线上到线下）领域，比如线上和线下结合。

雷军认为：李克强总理在报告中提出“互联网+”，意思就是怎么用互联网的技术手段和互联网的思维与实体经济相结合，促进实体经济转型、增值、提效。

分析不同的版本，人们可以发现其内涵有共性，也有细微的差异。比如把马化腾版和官方版做比较，可以发现，尽管两者措辞不同，但从整体上看两个版本基本是在讲同一件事：发挥互联网在经济发展和社会生活中的基础性作用。从落脚点来看，二者表述略有不同：官方表述是“新的经济形态、经济发展新形态”；马化腾提到的是“连接一切的新生态”。应该说前者更宏观，强调了整体、大局；后者更基础、更科技、更人性。

而对于“互联网+”行动计划，报告提出将重点促进以云计算、物联网、大数据为代表的新一代信息技术与现代制造业、生产性服务业等的融合创新，发展壮大新兴业态，打造新的产业增长点，为大众创业、万众创新提供环境，为产业智能化提供支撑，增强新的经济发展动力，促进国民经济提质增效升级。

二、“互联网+”的几点解读

1. 走出“互联网+”工具论的狭隘视野

不能只是从实用主义的角度、以自我为中心做取舍；一定把它当作更具生态性的要素来看待，它就是人们的生存环境、人们的生活、人们的生命不可分割的存在。

2. 每个人都有一个“互联网+”

它和你的时间、你的空间、你的生活、你的事业、你的行业、你的关系、你的现实世界与虚拟世界纠缠在一起。每个人都有权对“互联网+”做出定义、进行解读。比如，漂在北京的你和老北京人，“互联网+”对人们的意义是有所不同的；你从在媒体行业做采编到做汽车售后市场服务，对于互联网的界定是有巨大差异的；而一个游戏初级者和一个深度沉迷者，对于游戏公司的价值完全不可同日而语。所以，你不需要迷信别人的定义。同时，你在任何时间对“互联网+”给出的界定都不会是最终答案。

3. “互联网+”的初步研究线索

“互联网+”的特质用最简洁的方式来表述，只有八个字——“跨界融合，连接一切”。如果说连接一切更加代表了“互联网+”和这个时代的未来，那么，跨界融合是“互联网+”现在真真切切要发生的事情。正是这种跨界、融合会面临各种可能与不确定性，所以就像第二点强调的，“互联网+”是动态的。

4. 切忌孤立地看待、解读“互联网 +”

“互联网 +”是生态要素，当然，生态要素具有很强的协同性、全局性、系统性。其实大家综合地去看待创新驱动发展、大众创业、万众创新、“中国制造2025”、智慧民生，会发现它们是无法分割、片面理解的，串起这些珍珠的线就是“互联网 +”。有些人可能会说这是误读，是歪曲。他们坚定地认为“互联网 +”就是工具，就是一个选择。好在“互联网 +”允许他们试错，因为“互联网 +”主导的创新生态提供了试错纠错的平台。

“互联网 +”不会是停留在字面上的一个概念，未来它对于产业、经济和整个社会都会有非常长远深刻的影响，而且一定会汇成一股越来越强大的力量，推动一个新时代的来临。

三、“互联网 +”的层次分析

理解“互联网 +”要从不同层次来区别看待、整体把握，以便于更通透地考察“互联网 +”。理解“+”的 5 个层次，至少应该从以下层次来把握“+”，据此来制订计划，描绘路线图。

1. 第一层：互 + 联 + 网

互联网是什么？连接，形成交互，并纳入网络或虚拟网络。IOT 改变了距离、时间、空间，虚拟与现实都成为一种存在，每一个个体都被自觉不自觉地划分到不同的社群、网络。从另外一层意思上讲，互联网产业的企业、从业者也有一个连接、联盟、生态圈的问题，而不要局限于自己的一亩三分地，或者店大欺客，否则你根本没有“+”别人的能力，像在通用电气（GE）的倡导下，AT&T、思科（Cisco）、通用电气、IBM、英特尔（Intel）等公司就已经在美国波士顿宣布成立工业互联网联盟（IIC），以期打破技术壁垒，促进物理世界和数字世界的融合。

2. 第二层：互联网 + 移动互联 + 物联网 + 产业互联网（如工业互联网、能源互联网）

不管什么名头，连接是目标，互联互通是根本，是一体两面而不是曲高和寡。如果单纯去讲某一方面的网络，和连接本身就是对立的，更谈不上连接一切。同时，万物互联，不论何种网络，一定不要变成孤岛。

3. 第三层：互联网 + 人

移动终端是人的智能化器官，让用户触觉、听觉、视觉等都持续在线、无处不达。“互联网 + 人”，这是“互联网 +”的起点和归宿，是“互联网 +”文化的决定因素，也是“互联网 +”可以向更多要素、更多方向、更深层次延展的驱动力之所在。

4. 第四层：互联网＋其他行业

其他企业不能简单地归类为传统行业，互联网产业也需要自我革命、持续迭代，新兴行业要拥抱互联网，而创新创业更离不开互联网。现在进展最快的有“互联网＋零售”产生的电子商务，“互联网＋金融”出现的互联网金融，“互联网＋通信”也越来越成熟。

5. 第五层：互联网＋∞

∞代表无穷大，这就是连接一切的阶段。人与人、人与物、人与服务、人与场景、物与物，这些连接随时随处发生；不同的地域、时空、行业、机构乃至意念、行为都在连接。同时，后面也可能有各种各样的排列组合，这里面蕴含了形如“互联网＋X+Y”这样的基本模式，比如“互联网＋汽车售后市场服务”，往往会再“+保险”“+代驾”“+救援”“+拼车”等服务，这才能真正体现跨界与融合，才有可能产生细分领域的创新。

其实即便对于“+”本身，也需要有更结构化的体察和更超脱的定义，在不同的场景，其内涵与方式都是不一样的。一般地，它代表了连接，至于连接的基础、协议、方式、持续等，可能要视情况而有很大的差异。

四、“互联网＋”行动计划战略目标

1. 转型与发展目标

平稳转型，提质增效升级，创新驱动发展取得重要成果。平稳就是不造成巨大波动，不要硬着陆，要兼顾速度和效能，保持健康，但创新驱动发展坚定不移。民众享受智慧生活的同时，也可以促进信息消费、生产性服务业等成为新增长点。

2. 连接目标

将大力推动移动互联网、云计算、大数据、物联网建设，整体连接指数大幅提高，对内基本消灭数字鸿沟，还要提高面向全球的连接能力。

3. 生态目标

让移动互联网、云计算、大数据、物联网等成为生态的基础，让连接更畅通，让跨界融合更具可能性，让要素的流动性更足，让科技创新的机制更灵活，让创业的环境更健康。

4. 民生目标

真正以人为本，创新发现与放大人的价值，各得其所；通过互联网融入生活，提供更加优质、更有效率的公共服务；让每一个个体体会互联网技术带给他们的生产、生活、创新创业的巨大便利性；在衣食住行、健康、娱乐等诸方面，获得连接一切的智慧化生活体验。

第二节 物联网催生了制造方式的工业革命

物联网是一个产业，同时又是一种新型的制造方式，这是物联网最伟大的一个贡献，它有望实现工业制造方式的又一次革命，使工业从机械化、电气化的制造方式，发展到由网络管理或控制的精准化的制造方式。

一、对现有工业制造方式困局的反思

人类社会的发展总是按照自身规律进行的，其中包括否定之否定的规律。

工业化给人类社会创造了比农业社会更多更丰富的产品、财富，给人们带来了更有品质的生活与享受。“无农不稳、无工不富、无商不活”曾作为经典迅速传播。但随着技术进步的加速，工业化由初级阶段进入中、高级阶段之后，人们突然发现，工业化带来的可持续发展问题随之产生，且越来越严重。

1. 工业消耗的资源与能源越来越大、越来越快。现在一年工业消耗的矿石、水资源、石油、煤炭、天然气等是工业化初期的十几倍，少数品种甚至是几十倍，而地球存有的各种资源、各种能源越来越少，少数品种即将枯竭，因石油这种兼有资源、能源双料性质的物质而发生的国与国之间的争端也不断加剧。

2. 工业生产造成的各种污染越来越多，对环境与气候的影响越来越大。水的污染面积越来越大，水质越来越差，雾霾的天数越来越多。喝上干净的水、呼吸清新的空气、吃上放心的食品、保持健康的身体，成为人们日益关心与关注的事情。某个化学医药生产企业集中的地方，当地老百姓甚至喊出了“与恶臭为敌、为生态而战”的口号，因环境引发的群体性事件不断增加。

3. 因区域工业的发展差别，导致区域、城乡经济发展的差别越来越大。一些农民背井离乡到发达地区、到城市打工，从事辛苦甚至肮脏、危险的工作，新一代农民工进城定居、争取平等地位的诉求越来越强烈，劳资纠纷增加，保持社会稳定、和谐的挑战加大。

4. 从事一般制造业的企业，原料成本、能耗成本、污染治理成本、工资成本和财务成本不断增加，比较利润率不断下降，工业制造企业发展面临的内外部环境挑战越来越大。现实的矛盾、诸多的问题，加上某些误导，“工业”一下子成为消耗资源、污染环境、影响和谐的代名词。办工业太污染“不值得论”、搞工业太辛苦“不合算论”、做工业不如做其他产业的“去工业论”一时占据了上风，工业的发展陷入“左不是，右也不对”的困局。

另外，人们还发现，物联网的制造方式是将“虚实融为一体”的发展模式。信息化与工业化的深度融合，是一种把虚拟经济与实体经济融合为一体的发展模式。如前所述，物联网是融装备的货物贸易、网络的服务贸易、高档芯片与云计算技术等技术贸易为一体的发展模式，这就是典型的“虚拟经济与实体经济融为一体”的最好的发展范式。如果大家能从这个角度去理解我国的“信息化与工业化深度融合的实现方式”，那将是一件有重要意义的事情。

二、对新的一次工业革命的认同

当前，国际范围内的一场新科技革命正在孕育兴起，以大数据、云计算与物联网、互联网共同形成的网络智慧技术取得了重大突破，带动新材料技术、生物技术、新能源技术与各种工程技术迅速发展，显示了巨大的应用前景。新科技革命日新月异的发展，引发了新的一场工业革命的研究与实践。

1.学界：出现了“第三次工业革命”研究热

2011 年，美国宾夕法尼亚大学教授杰里米·里夫金出版了《第三次工业革命》的专著。他提出了“能源互联网”的概念，认为第三次工业革命是由“新能源 + 互联网”催生的，分布式的新能源生产、分布式的能源利用（加上储能技术的应用），可以通过互联网来实现；分布式的能源，又主要通过网络分布式协同制造与生活、办公消耗加以利用。因此，第三次工业革命是在互联网管理之下的，包括分布式新能源生产、分布式工业制造、分布式能源生活与办公消耗为一体的工业革命。他认为，这场工业革命在中国最有希望。

美国奇点大学维韦·沃德（Viver Wadhwa）教授在《华盛顿邮报》撰文指出，“将人工智能、机器人和数字制造技术相结合，会引发制造业革命。”并且他认为，这样的制造业革命将有助于美国与中国进行制造业的竞争，让美国夺回制造业的主导权。

2012 年 4 月 21 日，英国《经济学人》杂志发表了题为“第三次工业革命”的专栏文章。文章认为这次工业革命以制造业数字化为核心，生产过程通过办公室管理完成，产品更加接近客户需求。这其实是说，产品可由客户参与定制（个性化）；生产过程没有一线的操作工人，全部由数字化、自动化、网络化来实现；企业的工人只在办公室里上班，负责监管。

2012 年 9 月 6 日，英国《金融时报》刊登了题为“新工业革命带来的机遇”的专栏文章。其主要内容是，由于 3D 打印技术的出现，一场新工业革命可能正在到来。由此，提出了“堆积法制造”是一场新的工业革命的构想，即“网络技术管理 +3D 打印设备 + 新材料”的制造模式。

中国《求是》杂志2013年第6期组织了一批专家进行专题讨论，发表了中国人民大学教授贾根良、中国社会科学院工业经济研究所所长吕铁、中国电子信息研究院院长罗文的文章，专题讨论的主题是“新一轮工业革命正在叩门，中国准备好了吗？”

2. 政界：各发达国家陆续开展了新的工业革命部署

美国前总统奥巴马提出并进行了“再工业化”的部署，在2011年6月美国正式启动了“先进制造伙伴”，同年12月宣布成立制造业政策办公室，2012年2月制定了《美国先进制造业国家战略计划》。

欧盟于2010年制定《欧盟2020战略》，把《欧洲数字化议程》作为七大行动计划之一，加快实施《竞争和创新框架计划》，在柏林、巴黎、赫尔辛基等地组建6个知识和创新联合实验室，重点支持信息技术创新应用。

英国出台了《低碳工业战略》，旨在重建核电优势，削减对石油的依赖，从而向低碳经济转型。英国将发展低碳经济作为国家战略，明确了发展低碳经济路线图，并动员政府、企业和公众等所有力量，采用行政、经济、技术、宣传等多种综合手段，大力推动低碳经济发展。

芬兰出台《21条和谐芬兰之路》、《TCT2023年计划》，以推进网络化协同创新为重点，率先在欧盟实现研发（R&D）支出占国内生产总值（GDP）3.5%的目标。芬兰的装备、化工、服装、钢铁企业在智能化、绿色化、服务化转型中实现了稳健增长，德国在2013年4月汉诺威工业博览会上正式推出“工业4.0战略”。该报告认为，人类的第一次工业革命始于18世纪，以蒸汽机为动力的纺织机械彻底改变了纺织品的生产方式；第二次工业革命始于19世纪末20世纪初，采用电能驱动实现了大规模生产；第三次工业革命始于20世纪70年代初，电子信息技术使制造过程实现了自动化；目前正发生的是将物联网和服务网应用到制造业的第四次工业革命。

“工业4.0战略”的主要特征是把企业的机器、存储系统和生产设施融入虚拟网络与实体物理系统（CPS），从根本上改善包括制造、工程、材料使用、供应链和生命周期管理的工业过程。说到底，就是由工业物联网进行工业的精准制造。

总而言之，无论是学界还是政界，虽然对第三次或第四次工业革命有不同侧重的表述，但其共同点都认为这次工业革命是数字化、网络化制造方式的革命。无论是英国提出的第四次工业革命，德国推出的“工业4.0战略”，还是美国提出的“制造业革命”，围绕的主题都是工业制造业，所采取的主要手段都是将新一代网络技术应用于制造过程，并融入制造的产品与装备之中，使其制造的产品、装备能由网络控制，从而能更加节能与健康安全。

三、物联网精准制造方式的革命

大数据、云计算、物联网、互联网新技术的突破，催生了精准制造方式革命，这就是网络精准制造方式的工业革命。其本质就是制造过程由工业云与网络、智能装备管控，工业物联网成为主要制造方式。由于企业的具体情况不同，各行业的发展要求也不同，因此不同类型不同水平的网络精准制造方式应运而生。

1. 网络制造方式的构成

（1）工业设计、创新设计是网络制造方式的龙头。工业设计从外观设计不断向产品、装备的功能设计、结构设计、技术的利用设计延伸，把“产品与装备的硬件+技术与软件”设计成为一体，把产品的设计与制造方式的设计合二为一；创新设计更是把整机的制造设计与各类组件、部件的加工图设计集为一身，且把这种设计的图纸数字化，把发送传输方式网络化，因而一下子成为工业制造过程的重要部分、网络协同制造的依据与龙头。

同时，由于网络技术的发展，在网络设计软件的支持下，各种产品的设计相对简化，客户参与设计成为可能。制造过程的网络化，组成产品的各种组件、部件设计实现了模块化、数字化。数字化的每个组件、部件加工图的发送就像手机发短信那么简单。因此，以设计为龙头的网络协同制造模式应运而生。

最典型的案例如“小米”，这家企业没有自己的工厂，只有1500人搞研发设计，还有2500人开展网络营销，但“小米”公司却形成了由网络设计手机，网络组织小米手机、小米电子产品的制造，并由网络进行销售的模式。工业设计与自动化制造相结合的模式，10年前就开始在浙江绍兴（现为柯桥区）出现。有一家企业化运作的纺织面料设计中心，正式的名称叫纺织（设计）创新服务中心，它为众多中小纺织制造企业提供各种产品设计，设计完方案后，让客户直接看样订货，设计结果通过软盘直接插入数字化加工制造装备或自动化生产线，形成了“快速设计+快速生产”的制造模式，很有活力。

需要注意的是，工业设计、创新设计是网络制造的组成部分。因此，这与创意产业是不能等同的。

（2）具有网络接入功能的智能化制造装备。原中国工程院院长路甬祥院士对智能化制造有非常精彩的描述：智能设计/制造信息化系统是一种由智能机器和人类专家共同组成的人机一体化智能系统，它在制造过程中能进行智能活动，诸如感知、分析、推理、判断、控制、构思和决策等。通过人与智能机器的合作共事，去扩大、延伸和部分地取代人类专家在制造过程中的脑力劳动，提高制造水平与生产效率。它把制造自动化的概念更新，扩展到柔性化、智能化和高度集成化。

新一代的网络制造装备，不仅自身具有智能制造的能力，同时又具有无线网的接入功能，形成了貌似独立、实则为网络制造方式组成单元的特点。它可以是“一台机床+一个机器人”组成的一个网络化的制造单元，也可以是“一组机床+一组机器人”组成的一个网络化的制造单元，灵活性大，为分布式的网络协同制造添加了新的适应能力。这种制造方式的价值在于社会化的分工协作，可以为加盟某一紧密型产业联盟的个体工商户、小微企业提供参与制造的机会，特别适宜于环境、安全问题极少的行业，也特别适宜于小微企业多的地区。

（3）自动化的生产线。通过泛在网协调的每一条自动化生产线，都是网络精准制造方式的组成部分、一个具体的制造单元，“自动化生产线+机器人”，也是这样的一个网络制造单元。

（4）物联网工厂——未来的智能工厂。物联网工厂往往用于造纸、印染、化工、钢铁、医药等容易污染的制造行业。通过物联网的控制技术、数字化的实时计量检测技术、智能化全封闭流程装备的自控技术的集成，能够对每个阀门、每一台机器、每一个生产环节进行精准控制，防止泄漏，防范事故。在云计算支持的物联网生产、经营的系统管控下，实现信息化的计量供料、自动化的生产控制、智能化的过程计量检测、网络化的环保与安全控制、数字化的产品质量检测保障、物流化的包装配送，确保了全过程、每个环节的精准生产与管控。这个网络制造系统，即使个别环节有泄漏，也可以及时发现，上道环节会通过内置的芯片进行自动调控，包括中断供应与停止生产，控制泄漏量的继续增加，避免环境污染与安全生产事故的发生，实现“微泄漏”与“零事故”。

所谓智能工厂，其技术核心则是物联网。作为未来科技发展的大趋势，物联网目前受到越来越多科技公司的关注。作为全球领先的工业制造强国，德国目前紧跟数字革命潮流，借力最新科学技术占据未来工业制造的发展先机。位于德国巴伐利亚州东部城市安贝格（Amberg）的西门子工厂就是德国政府、企业、大学以及研究机构合力研发全自动、基于物联网智能工厂的早期案例。

从本质上讲，工业4.0是由机器、人以及产品组成的实际网络，能够实现整个制造流程的实时优化。智能制造将为从工厂车间到制造、供应商和分销商的整个价值链带来更高的生产效率。现在，德国的工业制造也将未来寄托在物联网技术上。虽然这类智能工厂现在还处于试点阶段，但德国人工智能研究中心已经与不少德国企业进行合作，并在该领域取得了不少最为先进的成果。

2. 网络制造方式的分类与具体形式

网络化制造方式，是实现精准制造要求的一种革命性的方式。具体有两种基本的类型：一是在同一个厂区里，通过机联网或厂联网，由云计算平台统一管控每台机器、每条生产线，进行精准制造，这是物联网工厂的模式；二是在不同地区的企业或同一地区的不同企业之间进行的，这是网络的协同制造。欧洲空客公司的大飞机就采取了这种世界性、分布性的网络协同制造模式，许多跨国大公司也采用了这种网络协同制造方式。但是对于大多数非跨国公司而言，对于像中国这样的发展中国家而言，网络协同制造的模式大多采用了以局域网为主的物联网协同制造模式，物联网的协同制造模式有更广泛的适应性。网络统一管控制造与网络组织的协同制造可适用于不同的制造组织架构。

由网络组织协同制造，可以通过泛在网接入一台至几台机器形成制造单元（小企业），也可以接入一条至几条自动化生产线形成制造单元（企业），还可以接入若干个物联网工厂。它适应性强、效率高、成本低，是一种先进的制造方式。了解这些，有利于人们消除对网络制造方式神秘感与高不可攀的误解。

3. 网络制造方式的特点与作用

网络精准制造方式发展了新型工业，颠覆了工业就是消耗资源、浪费能源、污染根源、危险之源的结论，为否定之否定规律再次提供了良好的注解。网络精准制造方式的特点与作用见表 10-1。

表 10-1 网络精准制造方式的特点与作用

序号	特点	作用（意义）
1	精准利用资源与能源的制造	实现了资源能源的最充分利用
2	绿色与安全的制造	保障了环境友好、社会和谐
3	个性化、协同型的制造	客户可以参与设计，与厂商协同合作，减少了客户对厂商的投诉
4	硬件与软件融合为一体的产品制造	促进了高技术、高增值产业的发展
5	制造、工程、运维融为一体的服务型制造	产生了货物贸易 + 服务贸易 + 技术贸易为一体的新型商务模式

网络精确制造的实质是发展新型制造工业。网络精确制造方式的革命，包括美国的再工业化、德国的“工业 4.0 战略”，其实与中国的新型工业化是一致的，就是信息化与工业化深度融合的新型工业化。新型工业化包括两个基本方面：一是产品与装备的信息化，或者说产品与装备的智能化、网络化与绿色化；二是制造方式的信息化、网络化。只不过要注意对信息化进行不同阶段的区分，不能停留在初级阶段的理解上。现在，信息化已进入网络化、智能化与云智慧技术的应用阶段。网络

化的制造方式，必须有网络制造装备为前提，这二者之间是互促发展的。

因此，利用物联网的机遇，就是要坚定不移地走新型工业化道路，充分利用新一代网络技术的红利，大力发展“新型制造工业”，用“新型工业的制造方式”逐步替代“现有工业的制造方式”。关键要真正下决心、花力气走好新型工业化道路，务实推进“新型工业”的发展，不要等，不能拖，更不能因为知识能力的不足、缺乏担当而错失这个宝贵的机遇！

四、物联网与“工业 4.0”

简单地说，“工业 4.0”是以智能制造为主导的第四次工业革命。这是以信息技术与工业技术的高度融合，网络、计算机技术、信息技术、软件与自动化技术的深度融合为背景的。德国人称其为“工业 4.0”。该战略旨在通过充分利用信息通信技术和网络空间信息物理系统相结合的手段，推动制造业向智能化转型。

工业 4.0 所涉及的数据处理（传感器、大数据处理、云服务）、智能互联（智能机床、物联网、工业机器人）、系统集成（工业自动化、工业互联网）等，毋庸置疑会成为投资与竞争的热点。据工信部估算，中国未来 20 年工业互联网的发展至少可带来 3 万亿美元左右的 GDP 增量。

工业 4.0 包含了由集中控制向分散式增强型控制的工业基础模式的转变，目标是建立一个高度灵活的个性化和数字化的产品与服务的生产模式。在此模式下，传统行业界限将消失，并会产生各种跨界领域和合作形式。

工业 4.0 概念主要分为三大主题。一是“智能工厂”，重点研究智能化生产系统及过程，以及网络化分布式生产设施的实现。二是“智能生产”，主要涉及整个企业的生产物流管理、人机互动以及 3D 技术在工业生产过程中的应用等。该计划将特别注重吸引中小企业参与，力图使中小企业成为新一代智能化生产技术的使用者和受益者，同时也成为先进工业生产技术的创造者和供应者。三是“智能物流”，主要通过互联网、物联网整合物流资源，充分发挥现有物流资源供应方的效率，而需求方则能够快速获得服务匹配，得到物流支持。

德国制造业是世界上最具竞争力的制造业之一，在全球制造装备领域拥有领头羊的地位。这在很大程度上源于德国专注于创新工业科技产品的科研和开发，以及对复杂工业过程的管理。德国拥有强大的设备和车间制造工业，在世界信息技术领域拥有很高水平，在嵌入式系统和自动化工程方面也有专业化技术，这些要素共同奠定了德国的制造工程工业的领军地位。工业 4.0 战略的实施，将使德国成为新一代工业生产技术（“信息 - 物理”系统）的供应国和主导市场，将使德国在继续保持国内制造业发展的前提下，再次提升它的全球竞争力。

对于即将到来的工业 4.0，一项更为伟大的工具——互联网将深度参与到生产过程中去。不仅如此，在工业 4.0 时代，未来制造业的商业模式就是以解决顾客问题为宗旨的互联网化。所以说，未来制造企业将不仅仅进行硬件的销售，还能通过提供售后服务和其他后续服务来获取更多的附加价值，这就是软性制造。而带有“信息”功能的系统成为硬件产品新的核心，个性化需求、大规模定制将成为潮流。

第三节　物联网与“中国制造 2025”

一、什么是“中国制造 2025”

2015 年 3 月 25 日，国务院常务会议上讨论了“中国制造 2025 规划”方案，提出了中国制造理念建设的“三步走”战略，这是第一个十年的行动纲领，即力争到 2025 年从制造大国迈入制造强国行列。届时，将通过实施一批重大工程，主要包括国家制造业创新中心建设、智能转型、基础建设工程、绿色制造、高端装备创新五大类，来解决中国制造业的高端技术、核心技术薄弱等问题。

智能手机、智能电视、智能汽车、智能机器人、智能车间、智能工厂、智能家居，所有这些无不表明一个智能新时代的到来。而在智能新时代，智能制造是核心。当前，以制造业数字化、网络化、智能化为标志的智能制造，是两化深度融合的切入点和主攻方向，这其实已经成了业界共识。智能制造不仅可以改造提升生产制造水平、提高生产质量和效率、优化组织结构和业务流程、提高管理效率，实现产品全生命周期管理、延伸产业链条、发展新型业态，还可以带动自主可控的重大智能装备、新一代信息技术产业发展，有利于产业结构向中高端迈进，打造制造业竞争新优势，实现跨越式发展。

二、重点行业融合创新工程

目前，物联网的创新不仅在消费市场层出不穷，而且在交通、能源、制造等行业也开始了创新的应用——道路上车辆被连接、油田里钻井被连接、工厂里机器人被连接等。

物联网带动信息消费，万物互联擎起信息消费。随着信息技术加速深度融合和集成优化，电子信息产业发展模式正在发生重大变革，新的产业生态体系正在孕育形成。从“智能工厂”到“智能生产”，从数字娱乐到“智慧家庭”，从数字医疗到数字教育，从智能手机到智能家居，从智慧交通到“智慧城市”，已经全面步入智能新时代，各种数字化技术的创新和应用，也已深刻改变着人们这个时代的产业和生活。中国的信息消费已经形成了新的增长点，以线上线下互动为特征的新型消费也已成为拉动经济增长的新动力。

可以说，物联网正在改变传统的生产与工作方式，把传统的物和互联网所代表的数字世界融为一体。

目前，全球范围之内，各国政府已经把物联网的变革作为一项国家战略——特别是德国的“工业 4.0”、中国的“中国制造 2025”以及美国的“工业互联网”等。

通过传感系统，物联网让数字世界的连接延伸到工业网络和各种物理世界中的物体，通过数据采集、大数据分析、综合决策，可以让工业制造的效率成倍提升。物联网能否提升整个行业乃至整个国家的竞争力，核心是其能否形成一个健康的产业。这就需要一套开放的物联网通信标准、成熟的物联网基础设施、围绕物联网的完备生态圈以及通用的物联网行业应用开发平台，此外，还包括最为重要的：需要那些愿意尝试物联网、为行业做出典范示例的实践者和开拓者积极参与。

物联网能否实现真正的跨越，关键在于上述先行者与实践者们能否通过跨越创造出新的价值和产业。过去几年之中，在诸如城市管理、智能电表、健身设备监控、热水器检测以及楼宇能耗管理等各个生活与工作实用领域，已经有越来越多这样的实践者出现。随着应用实践的逐步深入，一个相对成熟的物联网架构也在逐渐形成，共分为以下 4 层：

① 传感器层：通过传感器和网络连接层来接入和控制各种传感器和终端；

② 网络连接层：通过网关建立安全和可靠的连接，并且基于敏捷的网络快速传输数据；

③ 云平台层：通过云平台层对终端和设备进行统一管理、数据收集与存储；

④ 应用层：通过数据与流程的深度融合，在应用层为各个行业提供丰富的业务功能和服务体验。

有相关权威机构预测，到 2025 年，物联网设备的数量将接近 1000 亿个，每小时将有 200 万个传感器得到部署——且 55% 的物联网应用将集中在如智能制造、智能电商、智慧城市、智能公共服务等的商业领域。因此，提供一个标准、开放的物联网架构，并在多个行业构建物联网解决方案，就成为当前的关键问题。

三、智能化、智慧化之势——“智慧地球”概念

2008 年 11 月，IBM 公司提出“智慧地球”概念；2009 年 1 月，前美国总统奥巴马公开肯定了 IBM“智慧地球”设想；2009 年 8 月，IBM 发布了《智慧地球赢在中国》计划书，正式开启 IBM“智慧地球”中国战略的序幕。

近两年，IBM“智慧地球”战略已经得到了各国的普遍认可。数字化、网络化和智能化，被公认为是未来社会发展的大趋势，而与“智慧地球”密切相关的物联网、云计算等，更成为科技发达国家制定本国发展战略的重点。2009 年以来，美国、欧盟、日本和韩国等纷纷推出本国的物联网、云计算相关发展战略。

《智慧地球赢在中国》计划书中，IBM 为中国量身打造了 6 大智慧解决方案：“智慧电力”“智慧医疗”“智慧城市”“智慧交通”“智慧供应链”和“智慧银行”。随着中国发展物联网、云计算热潮的不断升温，IBM 在“智慧的计算”“智慧的数据中心”等方面也投入了更多研发力量，并积极与国内相关机构寻求合作。2009 年以来，IBM 的这些智慧解决方案已陆续在中国各个层面得以推进。仅“智慧城市”一项，中国就有数百个城市正在或即将与 IBM 开展合作。

2008 年 11 月，时任 IBM 首席执行官彭明盛发表了“智慧地球：下一代领导人议程”的演讲。关键之处在于，“智慧地球”要将物理基础设施和 IT 基础设施统一成智慧基础设施。如彭明盛所言，传统上物理基础设施和 IT 基础设施是分离的。一方面是机场、公路、建筑物、发电厂、油井；另一方面是数据中心、个人电脑、移动电话、路由器、宽带等。现在，两者合二为一的时候到了。“智慧地球”是将实体的基础设施与信息基础设施合二为一，IBM 又要把商业触角延伸至公共设施领域。金融和电信行业的信息化已经非常成熟，IBM 牢牢占据了这两个行业的市场主动权。水利、交通、电力等行业的信息化与金融和电信相比，还处于拓荒阶段，但市场规模却丝毫不逊。

IBM 已经推出了很多相关方案，也在进行各种不同的试验和试点。多年来，IBM 希望通过“智慧地球”理念去主动影响政府的投资决策。近年来，彭明盛频繁出访华盛顿和各国首都，推销“智慧地球”理念。彭明盛 2009 年就向美国政府提出建议：智慧基础架构是目前创造新就业岗位、刺激经济增长的最佳途径。在未来几年内，如果每年在宽带网络、“智慧医疗”和“智慧电力”方面投入 300 亿美元，那么每年可以产生 100 万就业机会。

相对地，中国在“智慧地球”领域要面对不少问题。

① 技术路径选择：从技术层面看，中国在发展与智慧地球相关的传感器、云计算等物联网技术方面面临两种选择：一是完全采用 IBM 公司的“智慧地球”技术和产品，这将导致中国相关技术自主研发能力的丧失；二是依靠自己的力量，发展自己的智慧系统（或称“智慧中国”），从而掌握“智慧中国”构建的主动权。在高端传感器方面，中国生产能力严重缺乏，现有的传感器灵敏度较低，直接影响传感器的作用距离；在与云计算密切相关的云计算基础架构等方面，关注程度也很不足，核心电子器件、高端通用芯片和大型系统软件等，仍过多依靠购买国外的成品；在

核心晶片制造工艺和技术方面也很不成熟；中间件、开发环境和应用软件开发等也普遍薄弱。

② 重复建设和市场风险问题：目前，已有上百个地区提出建设智慧城市，30 多个省市将物联网作为产业发展重点，80% 以上城市将物联网列为主导产业，已经出现了明显过热的发展苗头。此外，人们发展物联网、云计算等智慧系统，也面临着中国市场被跨国企业垄断的风险。

③ 海量数据管理与信息安全问题：IBM“智慧地球”战略在我国的实施，必将引发深层次的国家信息安全风险。“智慧地球”所倡导的“更全面的互联互通”，目标是要实现国家层面乃至全球基础设施甚至自然资源的互联互通。而这种互联互通，则极有可能为某些跨国大公司借助技术手段，掌控全球范围的各种资源提供便利。

四、物联网助力创造“中国智造”的新格局

“中国制造 2025”将以加快新一代信息技术与制造业融合为主线，以推进智能制造为主攻方向。工信部不久将启动智能制造试点示范专项行动，以促进工业转型升级，加快制造强国建设进程。

“中国制造 2025”借互联网 + 之力，一定会创造“中国智造”的新格局。大家需坚定这样一个信心：物联网在中国充分发展发育，会给其他领域带来很强的溢出效应，这是“互联网 +”工业最大的基础。有智慧、有市场、有相对完备的结构，来应对新一轮科技革命和产业变革。这需要大家选好重点领域，以点带面，层层推进，加快转型升级、提升增效，提高大规模个性化定制能力和整体智能、绿色水准。

参考文献

[1] 马化腾 . 互联网 + 国家战略行动路线图 [M]. 北京：中信出版社，2015.

[2] 张开生，著 . 物联网技术及应用 [M]. 北京：清华大学出版社，2016.

[3] 马建 . 物联网技概论 [M]. 北京：机械工业出版社，2011.

[4] 卢建军 . 物联网概论 [M]. 北京：中国铁道出版社，2012.

[5] 郑军 . 无线传感器网络技术 [M]. 北京：机械工业出版社，2012.

[6] 刘静 . 物联网技术概论 [M]. 北京：化学工业出版社，2014.

[7] （美）立德威尔，（美）霍顿，（美）巴特勒，著 . 通用设计法则 [M]. 北京：中央编译出版社，2013.

[8] 杨明洁，黄晓靖，著 . 设计趋势报告 [M]. 北京：北京理工大学出版社，2012.

[9] 郎为民，编著 . 大话物联网 [M]. 北京：人民邮电出版社，2011.

[10] （美）塞缪尔·格林加德，著 . 物联网 [M]. 北京：中信出版社，2016.

[11] 杨正洪，编著 . 智慧城市——大数据、物联网和云计算之应用 [M]. 北京：清华大学出版社，2014.

[12] 李晓妍，编著 . 万物互联 物联网创新创业启示录 [M]. 北京：人民邮电出版社，2016.

[13] （美）杰里米·里夫金，著 . 零边际成本社会 [M]. 北京：中信出版社，2014.

[14] 黄峰达，著 . 自己动手设计物联网 [M]. 北京：电子工业出版社，2016.

[15] 徐勇军，刘禹，王峰，编著 . 物联网关键技术 [M]. 北京：电子工业出版社，2012.

[16] （美）弗朗西斯·达科斯塔，编著 . 重构物联网的未来：探索智联万物新模式 [M]. 北京：人民邮电出版社，2016.

[17] 高建良，贺建飚，编著 . 物联网 RFID 原理与技术 [M]. 北京：电子工业出版社，2013.

[18] 阿里研究院，田丰，张騄，编著 . 互联网 3.0：云脑物联网创造 DT 新世界 [M]. 北京：社会科学文献出版社，2015.

[19] 燕庆明 . 物联网技术概论 [M]. 西安：电子科技大学出版社，2012.

[20] 董健，编著 . 物联网与短距离无线通信技术 [M]. 北京：电子工业出版社，2016.

[21] （英）麦克依文，（英）卡西麦利，著 . 物联网设计——从原型到产品 [M]. 北京：人民邮电出版社，2015.

后　记

至此，这本有关物联网技术与应用的研究正式结束。随着科学技术的迅速发展，物联网技术已经渗透到工业、农业、交通运输、航空航天、国防建设等国民经济的诸多领域，物联网技术是物物相连的互联网，是新兴的电子信息技术，既是在互联网基础下的延伸和扩展的网络，又将用户端延伸和扩展到任何物品与物品之间，进行信息交换和通信。它是一门发展迅速、应用面宽、实践性强且十分重要的应用学科，在现代科学技术中占有举足轻重的作用和地位。我国在物联网方面具有十分广阔的前景，望相关学者、学生、从业人员都能为在今后的物联网事业上积极拼搏、有所作为。